U0156061

“十四五”国家重点出版物出版规划重大工程

量子科学出版工程（第四辑）

The Physics of

Quantum Information

［荷］迪尔克·鲍米斯特

［波］阿图尔·埃克特　　主编

［奥］安东·蔡林格

柳必恒　译

量子信息物理

中国科学技术大学出版社

安徽省版权局著作权合同登记号：第 12212023 号

First published in English under the title *The Physics of Quantum Information*：*Quantum Cryptography*，*Quantum Teleportation*，*Quantum Computation* edited by Dirk Bouwmeester，Artur K. Ekert and Anton Zeilinger，edition：1

© Springer-Verlag Berlin Heidelberg，2000

This edition has been translated and published under licence from Springer-Verlag GmbH，DE，part of Springer Nature.

Springer-Verlag GmbH，DE，part of Springer Nature takes no responsibility and shall not be made liable for the accuracy of the translation.

此版本仅限在中华人民共和国境内(不包括香港、澳门特别行政区及台湾地区)销售.

图书在版编目(CIP)数据

量子信息物理/(荷)迪尔克·鲍米斯特(Dirk Bouwmeester)，(波)阿图尔·埃克特(Artur Ekert)，(奥)安东·蔡林格(Anton Zeilinger)主编;柳必恒译. —合肥:中国科学技术大学出版社,2024.4

(量子科学出版工程. 第四辑)

国家出版基金项目

"十四五"国家重点出版物出版规划重大工程

ISBN 978-7-312-05190-6

Ⅰ. 量⋯ Ⅱ. ①迪⋯ ②阿⋯ ③安⋯ ④柳⋯ Ⅲ. 量子力学—信息技术 Ⅳ. O413.1

中国国家版本馆 CIP 数据核字(2023)第 245138 号

量子信息物理

LIANGZI XINXI WULI

出版	中国科学技术大学出版社 安徽省合肥市金寨路 96 号,230026 http://press.ustc.edu.cn https://zgkxjsdxcbs.tmall.com
印刷	合肥华苑印刷包装有限公司
发行	中国科学技术大学出版社
开本	787 mm×1092 mm 1/16
印张	19
字数	372 千
版次	2024 年 4 月第 1 版
印次	2024 年 4 月第 1 次印刷
定价	129.00 元

编委会

帕尔马(G. M. Palma)　　斯特恩(A. Steane)

潘建伟(J. W. Pan)　　索米宁(K-A. Suominen)

普莱尼奥(M. B. Plenio)　　韦德拉尔(V. Vedral)

波佩斯库(S. Popescu)　　魏斯(G. Weihs)

波亚托斯(J. F. Poyatos)　　魏因富尔特(H. Weinfurter)

雷蒙(J-M. Raimond)　　瓦尔特(H. Walther)

雷勒蒂(J. G. Rarity)　　蔡林格(A. Zeilinger)

施密特-卡勒(F. Schmidt-Kaler)　　措勒尔(P. Zoller)

内容简介

本书包含国际上量子科学领域的主要专家,包括多位诺贝尔物理学奖得主及其团队的开创性发现和奠基性研究成果,系统性地介绍了量子信息的物理原理与技术应用。书中主要讲解了量子密码学、量子隐形传态和量子计算。不仅描述了量子密集编码、多粒子纠缠、退相干、量子纠错及纠缠纯化等内容,还对量子算法及其相对于经典算法的速度优势进行了细致阐述。

本书可作为量子科学领域的理论研究者和实验人员的参考书,也可供对量子信息技术的发展脉络与基本概念感兴趣的读者阅读。

前言

信息是通过物理方式存储、传输和处理的。因此,信息和计算的概念可以在物理理论的背景下表述,而对信息的研究最终需要实验。这句话乍一看平平无奇,但其蕴含的道理不容小觑。

根据摩尔定律,大约每 18 个月,微处理器的速度就会提高一倍,而且使它们显著变快的唯一途径就是使其变得更小。在不久的将来,逻辑门将达到很小的地步,以至于每个逻辑门仅由几个原子组成。这时,量子力学效应将变得重要。因此,如果计算机要继续变得更快(并因此变得更小),新的量子技术就必须替代或补充我们现在的技术。但是事实证明,与更小、更快的微处理器相比,这种技术可以提供更多的功能。最近的一些理论结果表明,可以利用量子效应来提供全新的通信和计算模式,在某些情况下,其作用要比经典模式强大得多。

这项新的量子技术正在许多实验室中诞生。最近的 20 年,人们见证了一系列实验,以前所未有的精度控制和操纵不同种类的单个量子粒子。许多在量子力学早期非常著名的思想实验已经实现。现在,新的实验技术使存储和处理在单个量子系统中编码的信息成为可能。结果,我们有了一个新兴的量子信息领域,它代表了量子物理学原理与计算机和信息科学原理的高度融合。从为物理定律本质的基本问题提供全新视角,到探究计算机和通信行业潜在的商业开发价值,都在该领域讨论范围之内。

作为该领域全球协作的一部分,欧盟委员会在研究人员培训和流动计划(Training and Mobility of Researchers,TMR)的框架内,正在支持一个名为"量子信息物理学"的项目。本书的各章主要由该项目的各成员以不同的协作形式编写,都是为了对至关重要的新领域进行详尽的介绍。此外,有几个部分介绍了TMR项目之外的研究人员的重要成果。但是,我们并不奢求为该领域撰写一部完整的概述。该领域的研究非常活跃,因此任何深入的综述都可能会在短时间内过时。本书涵盖的主题包括量子纠缠、量子密码学、量子隐形传态、量子计算、量子算法、量子态的退相干、量子纠错和量子通信的理论与实验等。

我们希望本书能为所有有一定量子力学背景且对它提供给我们的无限可能有真正兴趣的人提供有价值的帮助。

我们非常感谢托马斯·延内魏因(Thomas Jennewein)为本书绘制的大量插图。

迪尔克·鲍米斯特

阿图尔·埃克特

安东·蔡林格

2000年3月于英国牛津、奥地利维也纳

目录

第3章

量子密集编码和量子隐形传态 —— 046

第6章

量子网络与多粒子纠缠 —— 175

第7章
退相干与量子纠错 —— 203

第1章

基本概念

鲍米斯特　蔡林格

1.1　量子叠加

叠加原理在所有有关量子信息的考虑因素中,以及在大多数思想(gedanken)实验乃至量子力学的悖论中,都发挥着最核心的作用。我们将在这里讨论量子叠加的典型实验,即双缝实验(图1.1),而不是进行理论研究或抽象定义。费曼[1]曾说过,双缝"有量子力学的核心"。这类实验的基本元件包括光源、双缝组件和能够让我们观察到干涉现象的观察屏。若假定从源射出的粒子具有波动特性,则可以轻易地理解这些干涉条纹。这里要提到的是,双缝实验已用许多不同种类的粒子进行过,从光子[2]、电子[3],到中子[4]和原子[5]。在量子力学中,量子态是相干叠加

$$| \Psi \rangle = \frac{1}{\sqrt{2}}(| \Psi_a \rangle + | \Psi_b \rangle) \tag{1.1}$$

其中，$|\Psi_a\rangle$和$|\Psi_a\rangle$描述当只打开狭缝 a 或狭缝 b 时的量子态。

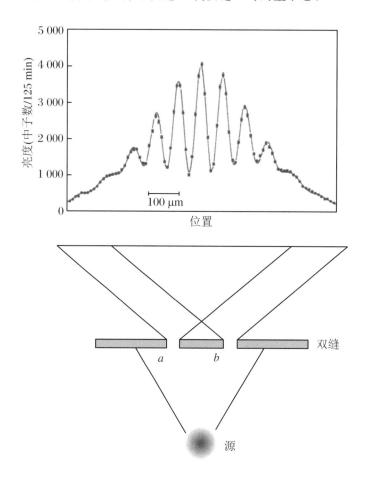

图 1.1　双缝实验原理
即使光源的亮度非常低，以至于装置中一次只能有一个粒子，也会在双缝后面的观察屏中产生干涉图样。这里显示的实际干涉曲线是中子双缝实验获得的实验数据。[4]

　　量子双缝实验中有趣的特征是，迄今为止所有实验都证实，干涉图样可以被一个接一个地收集，即由于具有极低的强度，每个粒子只与其自身发生干涉。如果发生这种情况，我们可能会想问自己粒子在实验中"实际"通过了两个狭缝中的哪一个。对于"粒子通过哪个狭缝"的问题，标准量子力学的答案是，不采用适当的装置来回答这个问题是不可能给出任何合理的解释的。实际上，如果我们想要进行任何类型的实验来确定粒子穿过两个狭缝中的哪一个，都将不得不以某种方式与粒子相互作用，而这将导致退相干，即失去干涉。只有在哪怕理论上都无法知道粒子穿过哪个狭缝的情况下，我们才能观察到干涉。

作为一个小小的提醒,我们认为,人们甚至不可以说粒子同时通过两个狭缝,尽管这是一种常见的观点。一方面,因为粒子是局域化的实体,所以这个句子是自相矛盾的;另一方面,这种表述没有可操作的意义。我们还注意到,人们可以以部分退相干为代价,获得对粒子所通过狭缝的部分了解。

1.2 量子比特

信息科学中最基本的实体是比特。这是一个带有两个可能值"0"和"1"的系统。在其经典实现中,它是一种被设计为具有两种可分辨状态的系统(比如可以想象成一个机械开关);这两种状态之间应该有足够大的势垒,从而保证它们之间不会发生明显有害的自发跃迁。

因此,与比特对应的量子比特[6]也必须是两个状态的系统,这两个状态简称为$|0\rangle$和$|1\rangle$。基本上任何具有至少两个状态的量子系统都可以用作量子比特,并且存在多种可能,其中许多已经在实验中实现。量子态用于编码比特时最基本的特性是存在相干和叠加的可能性,一般状态为

$$|Q\rangle = \alpha |0\rangle + \beta |1\rangle \tag{1.2}$$

其中,$|\alpha|^2 + |\beta|^2 = 1$。这并不是说量子比特的值在"0"和"1"之间,而是量子比特是这两个状态的叠加态。如果我们测量量子比特,将发现得到"0"的概率为$|\alpha|^2$,得到"1"的概率为$|\beta|^2$:

$$p(\text{"0"}) = |\alpha|^2, \quad p(\text{"1"}) = |\beta|^2 \tag{1.3}$$

尽管根据量子比特的定义,我们似乎对其特性失去了确定性,但重要的是要知道式(1.2)描述的是"0"和"1"之间的相干叠加而不是非相干的混合。这里的重点是,对于相干叠加,总有一个基矢来确定量子比特的值,而对于非相干的混合,无论我们选择哪种描述方式,它都是一种混合。为简单起见,我们考虑特定状态

$$|Q'\rangle = \frac{1}{\sqrt{2}}(|0\rangle + |1\rangle) \tag{1.4}$$

显然,这意味着将以50%的概率发现量子比特是"0"或"1"。但是有趣的是,在希尔伯特空间中旋转45°的基矢中,量子比特的值是确定的。我们可以通过对量子比特进行适当

的变换来直接研究它。量子信息学中基本的变换之一就是所谓的阿达马(Hadamard)变换,其对量子比特的作用是

$$H\,|\,0\rangle \to \frac{1}{\sqrt{2}}(|\,0\rangle + |\,1\rangle), \quad H\,|\,1\rangle \to \frac{1}{\sqrt{2}}(|\,0\rangle - |\,1\rangle) \tag{1.5}$$

将其作用在上面的量子比特$|\,Q'\rangle$,得到

$$H\,|\,Q'\rangle = |\,0\rangle \tag{1.6}$$

即一个确定的量子比特值。对于非相干的混合,这是永远不可能的。

1.3 单比特变换

通过研究简单的 50/50 分束器的作用,可以了解一些量子信息物理学中最基本的实验过程。这样的分束器不仅用于光子,也已经应用于许多不同类型的粒子。如图 1.2 所示,对于一般的分束器,我们来研究按图中方式布置的两个入射模式和两个出射模式的情况。

对于 50/50 分束器,从上方或下方入射的粒子出现在上方或下方的输出端口的概率相同,都是 50%。这样一来,量子幺正性(即如果分束器没有吸收,则不能损失任何粒子)就意味着在分束器具有一个自由相位的作用下满足一定的相位条件。[7]描述分束器作用的一种非常简单的方法是固定相位关系,以便通过式(1.5)的 Hadamard 变换描述分束器。

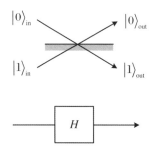

图 1.2 50/50 分束器(上)和使用 Hadamard 变换 H 的对应图(下)

让我们再次假设入射态是一般量子比特:

$$|\,Q\rangle_{\text{in}} = \alpha\,|\,0\rangle_{\text{in}} + \beta\,|\,1\rangle_{\text{in}} \tag{1.7}$$

对于单个入射粒子,这意味着 α 是从上路找到粒子的概率幅,β 是从下路找到粒子的概率幅。那么分束器的作用会导致最终状态:

$$|Q\rangle_{\text{out}} = H|Q\rangle_{\text{in}} = \frac{1}{\sqrt{2}}((\alpha + \beta)|0\rangle_{\text{out}} + (\alpha - \beta)|1\rangle_{\text{out}}) \quad (1.8)$$

其中,$\alpha + \beta$ 现在是在出射的上路找到粒子的概率幅,而 $\alpha - \beta$ 是在出射的下路找到粒子的概率幅。对于 $\alpha = 0$ 或 $\beta = 0$ 的特殊情况,我们发现在任一出射端口中均以相同的概率找到粒子。对于另一个特殊情况,$\alpha = \beta$,我们发现肯定会在上路找到粒子,而不会在下路找到。

考虑这样的分束器的级联是有趣且有启发性的,因为它们实现了级联的 Hadamard 变换。对于两个连续的变换,将得到带有两个相同分束器的马赫-曾德尔干涉仪(图 1.3)。

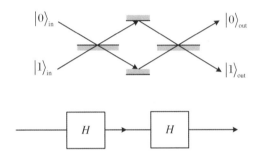

图 1.3 马赫-曾德尔干涉仪(上)是两个 Hadamard 变换的级联(下)

此外,所示的反射镜仅用于重新定向光束。假定它们对两个光束具有相同的作用,因此可以在分析中省略。现在可以简单地将干涉仪的全部作用描述为作用于式(1.7)的一般入射态的两个连续的 Hadamard 变换:

$$|Q\rangle_{\text{out}} = HH|Q\rangle_{\text{in}} = |Q\rangle_{\text{in}} \quad (1.9)$$

这是由于两次式(1.5)的 Hadamard 变换的作用对应单位操作。这意味着如图 1.3 所示的马赫-曾德尔干涉仪,分束器在其输出端实现了 Hadamard 变换,并再现了与输入相同的状态。让我们再次考虑极端情况,当输入仅包含一束光时,即在不失一般性的情况下,我们假设 $\alpha = 1$,即下路输入为空。然后,根据式(1.9),肯定会在上路找到该粒子。最有趣的是,这是因为在两个分束器之间,都会以相同的概率在两个路径中发现粒子(具有正确的相对相位)。在第二个分束器上的两个振幅之间的干涉导致粒子最终确定地出现在其中一路,而不是另一路。

用量子信息语言来讲就是,如果输入的量子比特具有确定的值,则马赫-曾德尔干涉仪的输出量子比特也将具有确定的值,这正是因为在两个 Hadamard 变换之间,量子比特的值是最大不确定的。

除了 Hadamard 门,另一个重要的量子门是移相器,它在图 1.4 中额外引入到马赫-曾德尔干涉仪中。它的操作很简单,就是将相位变化 φ 引入其中一束光的振幅中(在不失一般性的情况下,我们可以假设这是上路光束,因为只有相对相位才有意义)。用我们的符号表示,移相器的作用可以通过幺正变换来描述:

$$\Phi \mid 0\rangle = \mathrm{e}^{\mathrm{i}\varphi} \mid 0\rangle, \quad \Phi \mid 1\rangle = \mid 1\rangle \tag{1.10}$$

因此,可以通过将所有适当的变换连续作用到输入量子比特上来计算输出量子比特:

$$\mid Q\rangle_{\mathrm{out}} = H\Phi H \mid Q\rangle_{\mathrm{in}} \tag{1.11}$$

我们将任意输入量子比特的通用表达式留给读者来计算。这里只讨论在仅有一个输入,即 $\alpha = 1$ 且 $\beta = 0$(也就是 $\mid Q\rangle_{\mathrm{in}} = \mid 0\rangle$)的情况下,最终状态变为

$$\mid Q\rangle_{\mathrm{out}} = \frac{1}{2}(\mathrm{e}^{\mathrm{i}\varphi} + 1) \mid 0\rangle + \frac{1}{2}(\mathrm{e}^{\mathrm{i}\varphi} - 1) \mid 1\rangle \tag{1.12}$$

这有一个非常简单的解释。首先,我们通过检查式(1.12)知道,对于 $\varphi = 0$,量子比特的值肯定为"0"。另一方面,对于 $\varphi = \pi$,量子比特的值肯定为"1"。这表明相移 φ 能够在 0 和 1 之间切换输出量子比特。一般来说,输出量子比特有值"0"的概率为 $P_0 = \cos^2(\varphi/2)$,量子比特携带值"1"的概率为 $P_1 = \sin^2(\varphi/2)$。

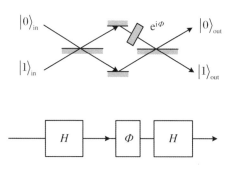

图 1.4　移相器

上图:在其中一束光中加入移相器 φ 的马赫-曾德尔干涉仪。这完全改变了输出。下图:采用 Hadamard 变换和移相器的等效表示。

在本节中,我们讨论了量子比特线性变换的一些基本概念。现在我们来谈谈纠缠的量子比特。

量子信息物理
The Physics of Quantum Information

1.4 纠缠

设想一个发射一对粒子的源,其中一个粒子向左而另一个粒子向右(见图1.5中的源 S),因此该源发射的两个粒子具有相反的动量。如果向左运动的粒子(我们称为粒子1)出现在上路,那么向右运动的粒子2一定出现在下路。相反地,如果在下路发现粒子1,则总是在上路发现粒子2。用量子比特语言,我们可以说两个粒子携带不同的比特值。粒子1携带"0",则粒子2肯定携带"1",反之亦然。在量子力学中,这是双粒子叠加态:

$$\frac{1}{\sqrt{2}}(\,|\,0\rangle_1\,|\,1\rangle_2 + e^{i\chi}\,|\,1\rangle_1\,|\,0\rangle_2)\tag{1.13}$$

其中,相位 χ 只由源的内部属性确定。为简单起见,我们假设 $\chi = 0$。式(1.13)描述了所谓的纠缠态。[8]① 有趣的是,两个量子比特都没有确定的值,但是从量子态中得知,一旦对其中一个量子比特进行测量(该测量结果是完全随机的),就会立即发现另一个携带相反的值。简而言之,这是量子非局域性的难题,因为在测量时两个量子比特可以相隔任意距离。

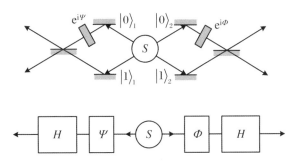

图 1.5　源发射纠缠的两个量子比特

上图:双粒子干涉仪验证。下图:单光子门的原理。

当两个量子比特都经历相移和 Hadamard 变换时,会出现一个最有趣的情况,如图1.5所示。对于两次 Hadamard 变换之后的探测事件,即对于分束器后面探测双粒子

---

① 英语里"纠缠",即 entanglement,是德语 Verschränkung 的意译,该词由薛定谔于1935年引入,以表征复合量子系统的这一特殊特征。[9]

干涉仪验证[10]的情况,都会产生有趣的非局域关联,这违反了贝尔不等式[11]。在这里不讨论理论和形式上的细节(有关更多信息,请参见第 1.7 节),这种违反的本质是,不可能仅根据量子比特的局域性质来解释两粒子之间的关联。假设一个特定的探测器在一侧记录粒子,而这个探测器不受参数设置的影响(即不受另一个粒子相位选择的影响),就无法理解双方之间的量子关联。目前有很多方法可以精确表达贝尔不等式的含义,并且有很多种表达形式。其中一些讨论将在 1.7 节中介绍。其余部分请读者参考相关文献(例如参考文献[12]及其中的参考文献)。

如果研究两个以上量子比特的纠缠,那么就可以得到一个非常有趣且与量子计算相关的推广结论。例如,考虑三个量子比特之间纠缠的简单情况,如图 1.6 所示。我们假设粒子源发射三个粒子,每个粒子进入图中所示的设备,以特定的方式叠加,即处于所谓的格林伯格-霍恩-蔡林格(Greenberger-Horne-Zeilinger,GHZ)态[13](另请参见第 6.3 节):

$$\frac{1}{\sqrt{2}}(|0\rangle_1 |0\rangle_2 |0\rangle_3 + |1\rangle_1 |1\rangle_2 |1\rangle_3)\tag{1.14}$$

该量子态具有一些非常特殊的性质。就像在双粒子纠缠中一样,这三个量子比特都不携带任何信息,它们都没有明确的值。但是,一旦用选定的 0-1 基对其中一个粒子进行测量,其他两个的值就会完全确定。该结论与三个测量值之间的空间分离无关。

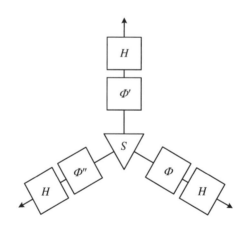

图 1.6 三粒子处于所谓的 GHZ 纠缠态

在这里,我们仅显示基本逻辑门的表示形式。对于读者而言,考虑三粒子干涉仪中的物理实现将更加简单直接。

最有趣的是,如果在通过移相器和 Hadamard 变换后去看 GHZ 态,即式(1.14)预测的三个测量值之间的关系,就会发现对于三个参数的某些联合设置情况,仍会产生许多完美的关联。[14]有趣之处在于,即使是最完美的关联也根本无法用局域模型来解释。这表明,量子力学与经典的局域世界观不仅在理论统计预测领域存在差异,而且在可以确定的预测方面也不一致。

1.5　纠缠与量子不可分辨性

为了了解纠缠的本质和产生纠缠的方式,人们必须认识到,在量子态的一般形式,即式(1.13)和式(1.14)中,我们得到的是直积态的叠加。从对双缝衍射现象(第1.1节)的讨论中可知,叠加意味着我们没有办法分辨其实际上属于形成叠加的两种可能性中的哪一种。该规则也必须应用于理解量子纠缠。例如在状态

$$|\varPsi\rangle_{12} = \frac{1}{\sqrt{2}}(|0\rangle_1 |1\rangle_2 + |1\rangle_1 |0\rangle_2) \tag{1.15}$$

中,无法判断量子比特1取值"0"或"1",同样,也无法判断量子比特2取值"0"或"1"。但是,如果测量一个量子比特,那么另一个量子比特立即取一个确定的量子态。这些发现直接吸引我们去探究如何产生和观察量子纠缠态。

为了产生量子纠缠态,我们可采用各种可能的方法。首先,可以创建一个通过其物理构造而使得产生的量子态已经具有上述不可分辨性的源。例如,在内部角动量守恒的条件下,将自旋为0的粒子衰减为两个自旋为1/2的粒子来产生纠缠。[15]在这种情况下,新产生粒子的两个自旋必须是相反的,并且如果不存在允许我们从源头上分辨出可能性的其他机制,则产生的量子态为

$$|\varPsi\rangle_{12} = \frac{1}{\sqrt{2}}(|\uparrow\rangle_1 |\downarrow\rangle_2 - |\downarrow\rangle_1 |\uparrow\rangle_2) \tag{1.16}$$

这里,$|\uparrow\rangle_1$ 代表粒子1自旋向上。量子态(1.16)具有明显的特性——旋转不变,即无论我们沿着什么方向测量,两个自旋都是反平行的。

第二种可能性是,源实际上可能会以式(1.15)的形式产生各个分量的量子叠加态,但这些态仍可能以某种方式分辨。例如,这会发生在Ⅱ型参量下转换中[16](第3.4.4小节),沿着某个选定的方向,两个新的光子态是

$$|H\rangle_1 |V\rangle_2 \quad 与 \quad |V\rangle_1 |H\rangle_2 \tag{1.17}$$

这意味着光子 1 是水平偏振的,光子 2 是垂直偏振的,或者光子 1 是垂直偏振的,光子 2 是水平偏振的。然而,由于下转换晶体内部 H 和 V 偏振光子的速度不同,两种情况下两个光子之间的时间关联并不同。因此,式(1.17)中的两项可以通过时间测量来分辨,并且因为存在分辨这两种情况的可能性,所以不会产生纠缠态。但是在这种情况下,也仍然可以通过在两个光子波包产生之后使它们彼此相对移动,从而使它们在时间上变得无法分辨来产生纠缠。这就是量子擦除技术[17]的应用,由于标记(在这种情况下为相对时间顺序)被擦除,从而获得量子不可分辨性,最终得到的量子态

$$| \Psi \rangle_{12} = \frac{1}{\sqrt{2}} (| H \rangle_1 | V \rangle_2 + \mathrm{e}^{\mathrm{i}\chi} | V \rangle_1 | H \rangle_2) \tag{1.18}$$

是纠缠态。

产生纠缠态的第三种方法是将非纠缠态投影到纠缠态上。例如,我们指出纠缠态永远不会与它的任何分量正交。具体来说,考虑源产生的非纠缠态

$$| 0 \rangle_1 | 1 \rangle_2 \tag{1.19}$$

假设该量子态通过由投影算符

$$P = | \Psi \rangle_{12} \langle \Psi |_{12} \tag{1.20}$$

描述的滤波器,其中 $| \Psi \rangle_{12}$ 是式(1.15)的状态,则产生下面的纠缠态:

$$\frac{1}{2} (| 0 \rangle_1 | 1 \rangle_2 + | 1 \rangle_1 | 0 \rangle_2)(\langle 0 |_1 \langle 1 |_2 + \langle 1 |_1 \langle 0 |_2) | 0 \rangle_1 | 1 \rangle_2$$

$$= \frac{1}{2} (| 0 \rangle_1 | 1 \rangle_2 + | 1 \rangle_1 | 0 \rangle_2) \tag{1.21}$$

它不再归一,因为投影过程意味着丢失了量子比特。

尽管以上讨论的三种方法中,每种方法原则上都可以用于产生纠缠态,但还存在另一种在观察一个态时产生纠缠的可能。通常,这意味着我们处于某种形式的未纠缠或部分纠缠状态,并且测量过程本身使其投影到纠缠态,方式与上述方法大致相同。例如,在第一个实验展示三个光子的 GHZ 纠缠中使用了此方法(请参见第 6.3 节)。[18]

1.6　受控非门

到目前为止,我们仅讨论了单量子比特门,即仅涉及一个量子比特的逻辑门。对于

量子计算应用而言,最重要的是双量子比特门,其中,一个量子比特的演化取决于另一量子比特的状态。这些逻辑门中最简单的是图 1.7 所示的量子受控非门。受控非门的本质是,当且仅当控制(control)量子比特具有逻辑值"1"时,才对目标(target)量子比特的值取反。整个过程中控制量子比特的逻辑值不变。量子受控非门的作用可以通过如下变换来描述:

$$|0\rangle_c\,|0\rangle_t \rightarrow |0\rangle_c\,|0\rangle_t,\quad |0\rangle_c\,|1\rangle_t \rightarrow |0\rangle_c\,|1\rangle_t$$
$$|1\rangle_c\,|0\rangle_t \rightarrow |1\rangle_c\,|1\rangle_t,\quad |1\rangle_c\,|1\rangle_t \rightarrow |1\rangle_c\,|0\rangle_t \tag{1.22}$$

其中,$|0\rangle_c$ 和 $|1\rangle_c$ 表示控制量子比特,而 $|0\rangle_t$ 和 $|1\rangle_t$ 表示目标量子比特。量子受控非门与第 1.3 节所述的单量子比特变换一起,可用于实现量子计算网络。一种有趣的明确应用是使用这些逻辑门去制备双量子比特或多量子比特纠缠态。[19]

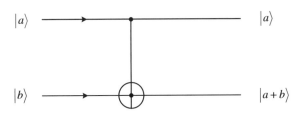

图 1.7 受控非门是涉及两个量子比特的变换

控制量子比特(图中上方)的值会影响下方量子比特的值:如果上方携带"1",则下方的值将翻转;如果上方携带"0",则下方的值将不翻转。这等效于模 2 加法。

1.7 EPR 佯谬和贝尔不等式

在发现现代量子力学之后,人们立即意识到它具有新颖的、违反直觉的特征,这在尼尔斯·玻尔(Niels Bohr)和阿尔伯特·爱因斯坦之间的著名论战中最为明显。[20] 最初,爱因斯坦试图论证量子力学是不稳定的,后来他修正了论据以证明量子力学是不完备的。在开创性论文[21]中,爱因斯坦、波多尔斯基和罗森(EPR)①探讨了由两个粒子组成

---

① EPR 是爱因斯坦(Einstein)、波多尔斯基(Podolsky)和罗森(Rosen)这三位物理学家姓氏的首字母缩写。三人于 1935 年合著的论文[21]中提出的悖论,即本段所述内容,称为 EPR 佯谬。

的量子系统。虽然这两个粒子的位置和动量均不确定,但它们的位置之和,即它们的质心位置,以及它们的动量差,即它们在质心系中的单个动量,都是确定的。文中接着说,如果对粒子1的位置或动量进行测量,则立即确定了粒子2的精确位置或动量,且与该粒子不发生相互作用。假设两个粒子可以分开任意距离,EPR认为对粒子1的测量不会对粒子2产生任何实际影响(局域性条件),因此,粒子2的特性必须与对粒子1进行的测量无关。所以对于它们而言,位置和动量可以同时都是一个量子系统的确定性质。

尼尔斯·玻尔在他著名的回复[22]中指出,EPR情况下的两个粒子始终是量子系统的一部分,因此对一个粒子进行测量会改变对整个系统以及对另一个粒子可能作出的预测。

虽然长期以来人们普遍认为EPR-Bohr的讨论仅是哲学上的,但戴维·玻姆(David Bohm)[15]在1951年引入了自旋纠缠系统,且1964年约翰·贝尔(John Bell)[23]表明,在量子力学中,对于这样的纠缠系统,如果假设被测系统的性质在测量之前已确定,并且与测量无关,那么对相关量的测量将产生与预期不同的结果。尽管现在许多实验已经证实了量子预言[24-26],但从严格的逻辑观点来看,这个问题依然没有解决,因为现有实验中的一些漏洞仍然使得至少在原则上有可能支持局域实在论[27]。

让我们简单推导一个等价于原始贝尔不等式的不等式。设想一个双比特纠缠源(图1.8),其量子态为

$$| \Phi^+ \rangle_{12} = \frac{1}{\sqrt{2}}(| H \rangle_1 | H \rangle_2 + | V \rangle_1 | V \rangle_2) \tag{1.23}$$

将其中一个量子比特发送给爱丽丝(Alice,图1.8的左侧),另一个量子比特发送给鲍勃(Bob,图中右侧)。Alice和Bob采用偏振分束器(polarisation beamsplitter,PBS)进行偏振测量,在偏振分束器的输出端口中有两个单光子探测器。根据探测器D_1或D_2的响应,Alice将分别得到量子比特的测量结果"0"或"1",且得到这两种结果的概率相等。无论她决定采用哪种偏振测量基,该结论都是有效的,实际结果是完全随机的。但是,如果Bob选择相同的测量基,他将始终获得与Alice相同的结果。因此,按照EPR推理的第一步,Alice可以确切地知道Bob的结果。第二步采用局域性假设,即没有物理影响可以立即从Alice的装置传播到Bob的装置,因此Bob的测量结果应仅取决于他的量子比特的性质,以及他选择的测量基。结合这两步,贝尔研究了Alice和Bob选择倾斜的测量基时可能得到的关联。对于三个任意方向α,β,γ,可以看到必须满足以下不等式[28]:

$$N(1_\alpha,1_\beta) \leqslant N(1_\alpha,1_\gamma) + N(1_\beta,0_\gamma) \tag{1.24}$$

其中

$$N(1_\alpha, 1_\beta) = \frac{N_0}{2}\cos^2(\alpha - \beta) \tag{1.25}$$

是 Alice 在方向 α 上测量得到"1",而 Bob 在方向 β 上测量也得到"1"的量子力学预言的事件数目；N_0 是 EPR 源发出的纠缠对的数目。如果我们选择角度 $\alpha - \beta = \beta - \gamma = 30°$，则量子力学预言该不等式将被违背。该不等式的违背说明至少有一个推出贝尔不等式的假设必定与量子力学相矛盾。这通常被认为是非局域性的证据，尽管这绝不是唯一的可能解释。

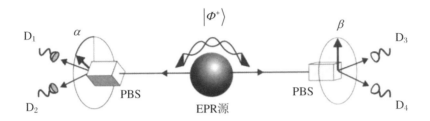

图 1.8　对于不同测量基的选择

角度 α 和 β 表示偏振分束器(PBS)的方向，Alice 和 Bob 测量事件之间的关联违背了贝尔不等式。

1.8　结语

就在 10 年前，本章讨论的问题仍被认为是一些哲学性质的问题，尽管这与我们了解周围的世界和我们在其中的作用非常相关。在过去的几年里，令该领域的大多数早期研究人员感到非常惊讶的是，叠加和量子纠缠的基本概念已经成为新兴的量子通信、量子计算方案的关键组成部分。在这里，我们仅作简要介绍，更丰富的信息包含在本书的其他各个章节中。

第 2 章

量子密码

埃克特　吉辛　胡特纳　稻森仁　魏因富尔特

2.1 经典密码学有什么问题？

2.1.1 从密码棒到恩尼格码机

　　人类对保密通信的渴望至少与写作本身一样古老，并且可以追溯到人类文明的开端。许多古代社会（包括两河流域文明、古埃及、古印度和中国）都开发了保密通信的方法,但有关密码学①起源的详细信息尚不清楚。[29]

我们知道,斯巴达(古希腊最好战的城邦)人在欧洲开创了军事密码学。他们在公元前 400 年左右采用了一种名为密码棒(scytale)的装置用于军事将领之间的通信。该装置由一个锥形指挥棒组成,上面包裹一条螺旋形的写有消息的羊皮纸或皮革。文字沿指挥棒纵向书写,每旋转一圈就写一个字母。这样,将羊皮纸展开后,消息中的字母就显得杂乱无章。接收者将羊皮纸包裹在另一个相同形状的指挥棒上,原始消息就得以再现,如图 2.1 所示。

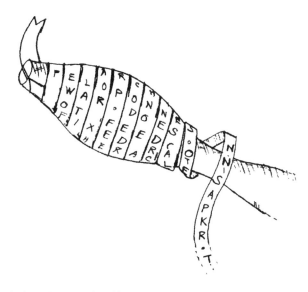

图 2.1　欧洲第一台密码装置——密码棒

到了古罗马时期,尤利乌斯·恺撒(Julius Caesar)据称在其信件中使用了一种简单的字母替换方法。恺撒的信息中每个字母都被它后面的第三个字母替换:字母 A 替换为 D,字母 B 替换为 E,以此类推。例如,恺撒替换后的英语单词 cold 会显示为 frog。之后无论用于替换的移位大小如何,这类方法仍称为恺撒密码。

这两个简单的例子已经包含了两种基本的加密方法,即转置和替换,如今密码学家仍在使用这两种加密方法。在转置(如密码棒)中,明文("待传送消息"的专业术语)的字母通过特殊的排列重新组合。在替换(如恺撒密码)中,明文中的字母被其他字母、数字或任意符号替换。一般来说,这两种技术可以结合起来。

直到 20 世纪,复杂的加密技术还主要局限于军事领域。只有军方才有足够的资源

---

① 安全通信的科学被称为"密码学"(cryptology),源于希腊语中"隐藏"(kryptos)和"单词"(logos)。密码学体现了密码术(编码制作技术)和密码分析(编码破解技术)的艺术。

来生产复杂的机械设备,例如二战期间德国人广泛使用的著名的恩尼格码机(Enigma)或美国的同类设备 M-209。Enigma 密码于战争爆发前被波兰破解过,在战争期间于英国布莱奇利庄园(Bletchley Park)也被破解过。包括艾伦·图灵(Alan Turing)在内的布莱奇利庄园团队受命开发机电工具来破解这些密码,从而制造出了名为"巨人"(Colossus)的世界首台数字计算机。因此,现代密码学[30-32]是与计算机科学一起诞生的。正如罗纳德·李维斯特(R. L. Rivest,RSA 公钥体系的发明者之一)所说的那样,密码分析是"计算机科学的助产士"。

2.1.2　密钥及其分发

最初,加密文本的安全性取决于整个加密和解密过程的保密性。但是,我们现在使用的密码可以在不损害特定密码安全性的情况下向任何人透露其加密和解密的算法。在这种密码中,一组特定的参数(称为密钥)与明文一起被提供给加密算法,并与密文一起被提供给解密算法。这可以写成

$$\hat{E}_k(P) = C, \quad 且相反地,有 \quad \hat{D}_k(C) = P \tag{2.1}$$

其中,P 代表明文,C 代表密文或密码,k 代表密钥,$\hat{E}$ 和 $\hat{D}$ 分别代表加密和解密操作。

加密和解密算法是公开的。密码的安全性完全取决于密钥的安全性,并且该密钥必须由足够长的随机比特串组成。解释此过程的最佳方法可能是快速参考一下维尔南(Vernam)密码,也称为一次一密。

如果我们选择一个非常简单的仅包含大写字母和一些标点符号的数字字母表,例如:

A	B	C	D	E	⋯	X	Y	Z	?	,	。
00	01	02	03	04	⋯	23	24	25	26	27	28	29

那么我们可以通过下面的简单示例(参考电影《007》中主角邦德的调酒喜好)来说明密钥加密过程:为了获得

S	H	A	K	E	N		N	O	T		S	T	I	R	R	E	D
18	07	00	10	04	13	26	13	14	19	26	18	19	08	17	17	04	03
15	04	28	13	14	06	21	11	23	18	09	11	14	01	19	05	22	07
03	11	28	23	18	19	17	24	07	07	05	29	03	09	06	22	26	10

密文(最下面一行数字),我们将明文(最上面的一行数字)加上密钥(中间行),这里密钥是从 0~30 之间随机选择的,将它们的和除以 30 并取它们的余数,即执行模 30 加法运算。例如,消息的第一个字母"S",其明文对应的数字是"18",那么 18 + 15 = 33;33 = 1×30 + 3,因此我们得到的密文是 03。加密和解密可以分别写成 $P + k \pmod{30} = C$ 和 $C - k \pmod{30} = P$。

该密码由美国电话电报公司(AT & T)工程师吉尔伯特·维尔南(Gilbert Vernam)于 1917 年发明。后来,由克劳德·香农(Claude Shannon)[33]证明,只要密钥是真正随机的,且与消息等长,并永不重复使用,一次一密就是绝对安全的。那么,如果该系统真的坚不可摧,继续使用经典密码学又有什么问题吗?

这里有一个小问题,称为密钥分发。密钥一旦建立,后续的通信就是通过信道发送密文,即使该信道很容易受到完全的被动窃听(如大众媒体中的公开发布)。这个阶段确实是安全的。然而,为了建立密钥,两个最初不共享秘密信息的用户必须在通信的某个阶段使用可靠且非常安全的信道。由于拦截是窃听者在该信道上执行的一组测量,因此无论从技术角度来看这可能多么困难,原则上,在合法用户不知道发生了窃听的情况下,任何经典密钥的分发始终可能遭到被动监视。如果一劳永逸地建立了密钥,这就不再是个问题。在这种情况下,用户可能得花费足够多的资源(例如强大的保险措施和保护装置)以确保密钥安全地到达接收方。但是由于必须为每条消息更新密钥,密钥分发将变得非常昂贵。有鉴于此,在大多数应用中,人们不需要绝对的保密性,而是选择不那么昂贵而又相对安全的系统。

对于更普通的传输,选择的系统是数据加密标准(Date Encryption Standard,DES)。该标准于 1977 年发布,目前仍用于敏感但非秘密的信息,尤其是商业交易等。该系统仅需要一个 64 比特的短码,其中 56 比特由算法直接使用,剩下的 8 比特用于错误探测。用它可以加密 64 比特的明文片段。最简单的实现方法是将很长的明文分成小段,然后使用密钥对每段进行加密。在更复杂(也更安全)的系统中,通过使每个加密段都依赖于先前的加密段,可以进一步保护消息。尽管经常有传言称 DES 已经被破解,但却从未被证实,看来 DES 的设计似乎采用了非常出色的标准。在密钥长度较短时,DES 是一个非常好的算法。关于 DES 的众多可能性的进一步论述已不在本书讨论的范围内,相关信息可以在文献或互联网中找到。然而如上所述,这些都不是完全安全的:由于多次使用同一密钥,密文中存在明文的信息。加密的目的是尽可能地隐藏它。专用的密码分析器可以破解密码并获取消息,但是如果花费的时间太长,信息可能会过时。因此,在大多数情况下,建议一份密钥使用几天之后就替换成新的。当然,将密钥发送到接收端的问题仍然存在,但是对于所有实际应用而言,由于所需的密钥量要小得多,该问题就变得不那么突出了。

如此一来,就可以实现很好的安全性,但是有没有可能实现完美的安全性呢?从上面的简短讨论可以得出,只要解决了密钥分发问题,原则上我们就可以通过一次一密来实现完美的通信安全性。问题是,我们可以解决密钥分发问题吗?答案是"可以"。有两种非常有趣的解决方案:一种是数学的,另一种是物理的。数学上的称为公钥密码,物理上的称为量子密码。

2.1.3 公钥和量子密码学

在继续下一步讨论之前,先介绍一下我们的三个主要角色:两个想秘密通信的人Alice 和 Bob,以及一个窃听者夏娃(Eve)。情境是这样的:Alice 和 Bob 想要建立一个密钥,Eve 想要获得密钥的至少部分信息。

密码学家已尽力使 Alice 和 Bob 获得优势并解决密钥分发问题。例如在 20 世纪 70 年代,他们提出了一个巧妙的数学发明——公钥系统。当今使用的两种主要的公钥加密技术是迪菲-赫尔曼(Diffie-Hellman)密钥交换协议[34] 和 RSA 加密系统[35],分别于 1976 年和 1978 年在学术界揭晓。但是,其实相同的技术在此之前就为英国政府机构所掌握,尽管直到最近官方才承认。实际上,这些技术是詹姆斯·埃利斯(James Ellis)于 70 年代初在英国政府通信电子安全小组(Communications-Electronic Security Group,CESG)里首次发明的,他称其为"非秘密加密"。1973 年,科克斯(C. Cocks)在埃利斯想法的基础上,设计了类似于今天 RSA 的协议。1974 年,威廉森(M. Williamson)提出了与后来 Diffie-Hellman 相同原理的密钥交换协议。

在公钥系统中,用户在发送消息之前不需要就密钥达成一致。其工作原理是一个有两把钥匙的保险箱,一把公钥用来锁,另一把私钥用来开。每个人都有一把锁保险箱的钥匙,但是只有一个人的可以再次打开它,因此任何人都可以在保险箱中留言,但是只有一个人可以取出它。另一个类比是图 2.2 中所示的挂锁示例。这类系统利用了这样一个原理:某些数学运算在一个方向上比另一个方向更容易执行。虽然避免了密钥分发问题,但不幸的是,其安全性依赖于未经验证的数学假设,如大整数因数分解的高难度。也就是说,破译者完全有可能从公共密钥中找出私钥,只是很困难。例如,以罗纳德·李维斯特(Ronald Rivest)、阿迪·沙米尔(Adi Shamir)和伦纳德·阿德曼(Leonard Adleman)三位发明家的姓氏命名的 RSA(一种非常泛用的公共密钥密码系统)[35],其安全性来自于分解大数的困难。数学家们坚信(尽管他们尚未实际证明),为了分解具有 N 个数位的数,随着 N 变大,任何传统计算机所需的(计算)步骤都呈指数级增长。也就是说,被分解的数每增加一个数位,分解所需的时间就要延长固定的倍数。因此,随着数位的增加，任务迅速变得棘手。

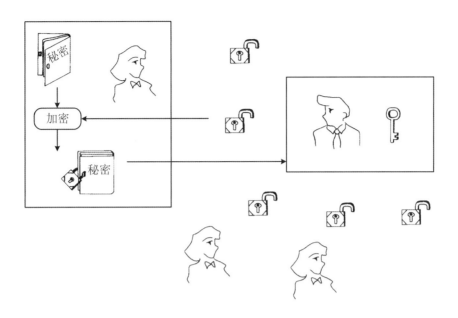

图2.2　可用来类比公钥密码系统的挂锁示例

想象一下，Bob 可以生产许多挂锁，而任何想向 Bob 发送秘密消息的人都可以收到 Bob 制造的打开的挂锁。因此，可以将打开的挂锁视为公钥。假如 Alice 也得到了一把挂锁，一旦挂锁被 Alice 锁上，就只有 Bob 可以打开它，因为只有 Bob 有钥匙——私钥。因此，Alice 可以使用此挂锁锁定她想发送给 Bob 的任何数据。一旦数据被锁定，就只有 Bob 可以访问它，因为他有私钥。

这意味着，如果数学家或计算机科学家设计出了快速而巧妙的程序来分解大整数，那么公钥密码系统的整体安全与私密性可能会在一夜之间消失。确实，最新的量子计算研究成果表明，至少在原理上，量子计算机的因数分解速度比经典计算机快得多！[36] 从某种意义上讲，这意味着公钥密码系统已不再安全：今天记录的任何 RSA 加密消息在第一台量子计算机开启后即刻可读，届时 RSA 将无法用于加密任何仍需保密的信息。诚然，这一天可能还有几十年才会到来，但是有谁可以证明或给出可靠的保证吗？现在 RSA 系统的安全性完全建立在对技术进步缓慢的确信之上。

量子密码学（quantum cryptography，QC）带来了一种解决密钥分发问题的全新方法。量子计算一方面给传统密码学带来了巨大威胁，另一方面又（至少部分地）补上了自己的解决方案。量子密码学是一种最简单的量子计算类型，如今已经是实验室中的常规操作，并且可能很快成为商业命题。它提供了绝对安全的密钥分发，因为与所有传统的密码学不同，它依赖于物理定律，而不是给成功窃听设置大量的计算障碍。

在我们详细讨论量子密码学之前,先简要介绍一下通信安全的另一个难题,即身份验证。

2.1.4　身份验证

到目前为止,我们相信信道的完整性(安全性):我们允许 Eve 窃听 Alice 和 Bob 之间交换的消息,但是我们认为 Eve 不能伪造或修改它们。也就是说,我们假设 Alice 和 Bob 可以访问完美的公开信道,该信道可以由任何人自由监视;然而,修改通过这样的信道发送的信息(如无线电广播)则是不可能的。在许多现实情况下,这可能是一个有风险的假设。在某些情况下,狡猾的 Eve 可能会通过将 Alice-Bob 信道切成两半,并在与 Alice 通信时假扮成 Bob,反之亦然,从而干扰 Alice-Bob 信道。

在这种情况下,她可以生成两对公共密钥,将一个公共密钥提供给 Alice,将另一个公共密钥提供给 Bob,并告知 Alice 她已经获得了 Bob 的公共密钥,通知 Bob 他现在拥有 Alice 的公共密钥。Eve 则保留了双方相应的私钥,从现在开始,Alice 和 Bob 之间的任何后续通信都将在 Eve 的完全掌控之中。

同样,如果敌人知道要发送的消息,则诸如一次一密之类的私钥密码系统就很容易被做手脚。假设一个驻外使馆正在使用先前描述的 Vernam 密码与其国内进行通信。如果 Eve 确切地知道正在发送的消息,例如某些人的名字,那么她就可以拦截加密的消息并阻止它到达目的地。同时,她通过对消息执行密文的模 30 减法运算来获得相应的 Vernam 密钥。之后,密钥就会任其摆布,她也可以使用密钥来传递假情报。这个例子表明,即使是完全安全的密码系统,也不应盲目使用。

"认证"公钥或"验证"消息是一种加密技术,用于应对上述攻击,即中间人攻击。

一旦 Alice 和 Bob 真正共享了一个密钥,就存在便捷、有效的身份验证方法。但是到目前为止,尚没有便捷的方法来认证公钥。检查密钥真实性的唯一可靠方法是与密钥所有者面对面交流。不幸的是,量子密钥分发也没有提供任何更方便的身份验证方法来抵抗中间人攻击。Alice 和 Bob 应该至少见面一次以交换验证密钥。[①]

在下文中,我们假设 Alice 和 Bob 确实可以访问完美的公开信道,但是我们还会再回头(非常简短地)讨论一下身份验证问题。

---

① 在这两种情况下,Alice 和 Bob 都可以依靠第三方(受信任的仲裁者)负责数据密钥的验证。

2.2 量子密钥分发

在接下来的内容里,我们会先综述量子密钥分发中的一些基本原理,再进行更加深入的细节讨论,并在第 2.6 节呈现一些实验情况。

2.2.1 预备知识

量子密钥分发始于 Alice 与 Bob 之间单个或纠缠量子的传输。从物理角度来看,窃听是基于窃听者对信息载体(在这种情况下是对传输的量子)进行的一组测量。通常,根据量子力学的规则,Eve 进行的任何测量都不可避免地会改变传输的量子的状态,Alice 和 Bob 可以在随后的公开通信中发现这一点。[①] 因此,量子密钥分发系统的主要组成部分是:用于交换量子的量子信道和用于测试通过量子信道的传输是否失真的所谓公开信道(图 2.3)。让我们重复一遍,任何人都可以自由监视任何公开信道;但是,并不能修改通过此信道发送的信息。

在量子传输过程中,密钥要么使用单个粒子的一组规定的非正交量子态进行编码,要么从传输之后对纠缠粒子执行的一组规定的测量中获得(在这种情况下,密钥甚至在传输过程中都不存在)。

2.2.2 非正交量子态下的安全性:不可克隆定理

使用非正交量子态对秘密信息进行编码的想法来源于斯蒂芬·威斯纳(Stephen

---

① 这里有一个合理的问题:我们如何确定量子力学的规则是正确的? 答案是量子力学已经过反复的高精度验证,它是我们目前拥有的最好的理论。要求物理学家证明一般的物理学定律,尤其是量子力学的定律没有多大意义。当然,再多证实量子力学的实验都无法使量子力学更加"正确",相反只需一个证伪的实验便可以驳斥这一理论。我们科学知识的增长是基于猜想和反驳的,极有可能量子力学最终将被一种新理论所取代,但是这种新理论似乎不可能在量子力学的当前应用领域中给出不同的结果。相反,我们会在更极端的条件下发现新的效应,例如在强重力场中。

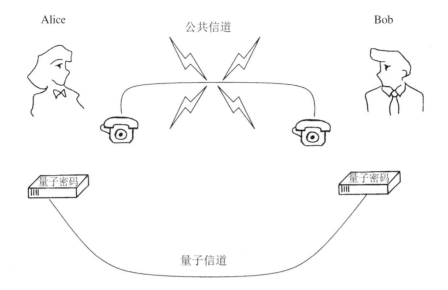

图 2.3　量子密钥分发的情境

Alice 与 Bob 由两条信道相连：一条量子信道，一条传统的公开信道。

Wiesner)提出的"量子货币"[37]，该货币不能通过复制来伪造。这是因为人们无法克隆非正交的量子态(或任何未知的量子态)。为了理解这一点，设想两个归一化量子态$|0\rangle$和$|1\rangle$，使得$\langle 0|1\rangle \neq 0$。假设存在一个克隆机(记作 machine)，其运行方式如下：

$$|0\rangle | \text{blank}\rangle | \text{machine}\rangle \rightarrow |0\rangle |0\rangle | \text{machine}_0\rangle \qquad (2.2)$$

$$|1\rangle | \text{blank}\rangle | \text{machine}\rangle \rightarrow |1\rangle |1\rangle | \text{machine}_1\rangle \qquad (2.3)$$

其中"blank"(即"空白")是粒子的初始状态，在操作之后该粒子将成为克隆体，并且所有状态都已正确归一化。此操作须为幺正、保积的，因此我们需要

$$\langle 0|1\rangle = \langle 0|1\rangle \langle 0|1\rangle \langle \text{machine}_0 | \text{machine}_1\rangle \qquad (2.4)$$

而该式仅当$\langle 0|1\rangle = 0$(两个状态是正交的)或$\langle 0|1\rangle = 1$(两个状态是不可分辨的，因此不能用于编码两个不同的比特值)时才可能成立，这与我们最初的假设相矛盾。因此，如果有人秘密地准备了$|1\rangle |0\rangle |1\rangle |1\rangle$…类型状态的随机序列，其中$|0\rangle$和$|1\rangle$是随机选择的，则不可能如实地再现该序列。威斯纳的量子货币要有无法克隆的量子签名，需要将非正交量子态存储在纸币上，这比将非正交量子态从一个地方发送到另一个地方要困难得多。这就是威斯纳的想法被用于密钥分发的原因。查尔斯·本内特(Charles Bennett)和吉勒·布拉萨尔(Gilles Brassard)建议使用偏振光子的非正交态来分发加密密钥。[38]任何试图在量子传输过程中分辨非正交的$|0\rangle$和$|1\rangle$的窃听者都要面对一个问题。假设

Eve 一开始将其测量设备设置为归一化状态$|m\rangle$,并且想在不干扰二者状态的情况下分辨$|0\rangle$和$|1\rangle$,即她想实现以下幺正操作:

$$|0\rangle\,|\,m\,\rangle\rightarrow|0\rangle\,|\,m_0\,\rangle \qquad (2.5)$$

$$|1\rangle\,|\,m\,\rangle\rightarrow|1\rangle\,|\,m_1\,\rangle \qquad (2.6)$$

幺正性条件意味着$\langle0|1\rangle\langle m\,|\,m\rangle=\langle0|1\rangle\langle m_0\,|\,m_1\rangle$,即$\langle m_0\,|\,m_1\rangle=1$,这两种情况下测量设备的末态状都相同。这两个态没有受到干扰,但是 Eve 也没有获得有关编码比特值的信息。还有一种更通用的测量方式(但仍不是最通用的),它会干扰原始状态,从而导致$|0\rangle\rightarrow|0'\rangle$和$|1\rangle\rightarrow|1'\rangle$,其形式如下:

$$|0\rangle\,|\,m\,\rangle\rightarrow|0'\rangle\,|\,m_0\,\rangle \qquad (2.7)$$

$$|1\rangle\,|\,m\,\rangle\rightarrow|1'\rangle\,|\,m_1\,\rangle \qquad (2.8)$$

幺正性条件使$\langle0\,|\,1\rangle=\langle0'\,|\,1'\rangle\langle m_0\,|\,m_1\rangle$。在$\langle0'\,|\,1'\rangle=1$的情况下获得了最小的$\langle m_0\,|\,m_1\rangle$,它对应于 Eve 最有可能区分这两个状态的情况,即两个状态$|0\rangle$和$|1\rangle$在相互作用后的状态相同。尽管刚刚描述的测量方式不是最通用的,但是它很好地说明了测量中获得的信息与原始状态的扰动之间的折中。稍后将详细描述这种折中的密钥分发协议。

2.2.3　纠缠中的安全性

基于纠缠的量子密码学的概念基础具有不同的性质,涉及 EPR 佯谬。1935 年,爱因斯坦与鲍里斯·波多尔斯基(Boris Podolsky)和内森·罗森(Nathan Rosen)一起发表了一篇论文,概述了一个"正确的"自然基本理论应该是什么样的。[21] EPR 方案要求完备性("一个完备的理论中应有一个元素对应现实中的每个元素")和局域性("系统 A 的真实情况与对系统 B 的操作无关,二者在空间上是分开的"),并将物理现实的元素定义为:"如果在不以任何方式干扰系统的情况下,我们可以确定地预测一个物理量的值,那么存在与该物理量相对应的物理现实元素。"然后,EPR 提出了对两个纠缠粒子的思想实验,结果表明量子态无法在所有情况下都是对物理现实的完备描述。后来,玻姆[15] 改进了EPR 的理论,内容如下:想象两个自旋 1/2 粒子的自旋单态

$$|\varPsi\rangle=\frac{1}{\sqrt{2}}(|\uparrow\rangle\,|\downarrow\rangle-|\downarrow\rangle\,|\uparrow\rangle) \qquad (2.9)$$

其中,单个粒子右矢$|\uparrow\rangle$和$|\downarrow\rangle$表示相对于某个选定方向的自旋向上和自旋向下。该状

态是球对称的,方向的选择无关紧要。我们标记为 A 和 B 的两个粒子从一个光源发出并分开。在充分分离它们以使其彼此不相互作用之后,我们可以通过测量粒子 B 自旋的 x 分量来确定地预测粒子 A 自旋的 x 分量。这是因为两个粒子的总自旋为零并且两个粒子的自旋分量必须具有相反的值。(依据局域性原理)对粒子 B 进行的测量不会干扰粒子 A,因此根据 EPR 判据,自旋的 x 分量是现实的元素。同理,根据 $|\Psi\rangle$ 态的球对称性,y,z 或任何其他自旋分量也是现实的元素。但是,由于自旋 $1/2$ 粒子不存在所有自旋分量都具有确定值的量子态,因此对实在性的量子描述并不完备。

EPR 方案要求对量子实在性进行另一种描述,但是直到约翰·贝尔于 1964 年提出他的定理之前,尚不清楚这种描述是否可能,以及是否会导致不同的实验预测。贝尔证明,关于局域性、实在性和完备性的 EPR 命题与某些涉及纠缠粒子的量子力学预测是不相容的。[23] 他通过从 EPR 方案得出的一个可通过实验验证的不等式,揭示了这一矛盾,该不等式被某些量子力学预测所违反。第 1.7 节给出了该不等式的简要推导。约翰·克劳泽(John Clauser)和迈克尔·霍恩(Michael Horne)于 1974 年扩展了贝尔的原始定理,使得对 EPR 方案的实验测试变得可行[39],并且已经进行了不少实验。这些实验都支持量子力学的预测。

所有这些与数据安全性有什么关系呢? 令人惊讶的是,密切相关! 事实证明,贝尔用来测试量子理论概念基础的技巧可以保护数据传输免受窃听者的侵害! 也许再回忆一下 EPR 对现实元素的定义,这听起来似乎也就不那么令人惊讶了("如果在不以任何方式干扰系统的情况下,我们可以确定地预测一个物理量的值,那么存在与该物理量相对应的物理现实元素")。如果该特定物理量用于编制密钥的二进制值,那么窃听者唯一所求的就是与可观察到的编码相对应的现实元素。通过这种方法,基于纠缠的量子密码学可以有效地利用量子纠缠和贝尔定理,这表明高深莫测的理论与脚踏实地的研究之间只有很模糊的界限。该协议将在后面详细论述。

2.2.4 噪声量子信道的安全性

不管量子传输的类型如何,我们的底线是:完美的量子信道(即无噪声的信道)是安全的。信道中的任何干扰都是窃听者试图侵入信道的标志。因此,有噪声的传输应该被丢弃。不幸的是,量子信道非常脆弱,实际上,由于与环境的相互作用而不是与窃听者的相互作用,一定数量的无害噪声是不可避免的。因此,合法用户必须制定一套在即使存在一些噪声的情况下也能提取密钥的步骤,而不是舍弃所有有噪声的传输。首先,Alice 和 Bob 必须根据他们可以测量的参数来估计可能有多少信息泄露给了窃听者。根据信息量的大小分为可接受的、可容忍的或不可容忍的。可容忍的意思是通过某些后续过程（如保密放大或量子保密放大，请参见第 8.4 节），以缩短密钥为代价，将其降低到可接受的水平。但是存在一个阈值，如果有太多信息泄露给窃听者，则无法进一步进行保密放大，因此应该放弃传输。胡特纳（Huttner）和埃克特（Ekert）最先强调了对更精确的安全性标准的需求。[40]从那时起，量子窃听就演变成了一个独立的领域。

如果在有噪声的信道上的量子传输是基于分发纠缠粒子的，那么量子保密放大将明确安全性标准，以应对窃听者可以发起的最广泛的攻击。量子保密放大将部分纠缠的粒子（由于窃听或任何外部干扰）变换为完全纠缠的粒子，并且可知何时能够进行这种量子纠缠的纯化。但是从实践的角度来看，执行量子纯化所需的技术与量子计算机所需的技术相似，因此尚不可用。

关于单粒子传输安全性的文献很多。最初，只讨论了针对 Eve 分别处理 Alice 粒子的所谓"非相干攻击"的安全性。但是量子力学带来了更广泛、更强大的攻击，称为"相干攻击"，在这种攻击中，Eve 被允许使用量子计算机。最近已经提出了针对这种攻击的安全性证明。但是，攻击越强大，所需的安全条件就越严格。这同样适用于整个协议的优化，对于实际应用至关重要。

2.2.5 实用性

量子密码学(QC)饱受其他几个问题的困扰。第一个问题是，对于绝大多数实现方式来说（第 2.4 节中采用纠缠光子对的方法除外），我们仍然不知道如何产生真正的单光子脉冲。QC 的常用光源就是衰减激光。对于这种类型的光，脉冲中的光子数是一个随机变量，具有泊松分布。这意味着某些脉冲可能根本不包含光子，而其他脉冲则包含一个、两个，甚至更多个光子。我们应该避免发生每个脉冲具有一个以上光子的情况，因为它们可能会将信息泄漏给窃听者。为了使每个脉冲多于一个光子的概率足够低，需要使用非常弱的脉冲，这又会降低信噪比。通常采用的值是平均每个脉冲 0.1 个光子（这实际上意味着 10 个脉冲中只有 1 个包含一个光子），因此出现多于一个光子的概率就是 5×10^{-3}。这意味着仍有 5% 的可用脉冲（带有至少一个光子的）包含两个以上的光子，它们可能会将信息泄漏给窃听者。开发良好的单光子源在技术上似乎是可行的，但尚未实现。

对于 QC 的实际应用来说，第二个更严重的问题是，量子信道不能在不失去其量子特性的情况下被放大。因此，由于传输中的损耗，QC 只能在有限的距离内运行。对于所有现有系统（基于石英光纤中的红外光子），最小损耗率约为 0.2 dB/km。因此，在可预见的将来似乎不可能实现超过 100 km 范围的 QC 系统(损耗为 20 dB,或传输效率为 0.01)。因此,具有 QC 保密性的跨大西洋光缆暂时仍是幻想。

第三个问题是,QC 非常适合点对点交换,但不适用于其他类型的网络。最近的协议提出了朝这个方向的一些改进[41],但是这些仍然仅限于少数几个用户。家用的 QC 访问仍然不切实际。然而,一种具有中枢广播站(如银行的主要分行)和多个接收端(如银行的本地支行)的局域网却是可行的。

2.3 单粒子的量子密钥分发

2.3.1 偏振光子

用偏振光子进行的量子密钥分发最初由本内特和布拉萨尔[38,42]提出,它使用自由空间中的绿光脉冲,在 40 cm 的距离上进行操作,我们将详细讨论这一方法。显然,该实验对于实际的密钥传输没有用,但是代表了 QC 迈向实验的第一步。此特定协议的第一个实现方案是在日内瓦大学完成的(使用光纤,距离约 1 km)。[43]如今,传输距离已达数十千米。在本节中,我们将介绍使用偏振光子的 QC 原理,将实验实现留到第 2.6 节。

让我们考虑偏振光的脉冲,每个脉冲包含一个光子。我们将从水平或垂直偏振开始,分别用量子力学狄拉克符号 $|\leftrightarrow\rangle$ 和 $|\updownarrow\rangle$ 来表示。为了传输信息,我们需要一个编码系统,将 $|\updownarrow\rangle$ 编码为 0,将 $|\leftrightarrow\rangle$ 编码为 1。使用此系统,发送方(Alice)可以向接收方(Bob)发送任何消息。例如,如果 Alice 发送一组脉冲:$|\leftrightarrow\rangle$,$|\updownarrow\rangle$,$|\leftrightarrow\rangle$,$|\leftrightarrow\rangle$,$|\updownarrow\rangle$,则相应的二进制数是 10110。当她仅发送 $|\leftrightarrow\rangle$ 或 $|\updownarrow\rangle$ 时,我们可以说 Alice 以 $\oplus$ 为基发送她的光子。由于所需的密钥必须是随机的,Alice 将以相同的概率发送 0 或 1。为了探测该消息,Bob 使用偏振分束器(PBS)透射垂直偏振,同时偏转水平偏振。如图 2.4 所示,分束器后方是该装置各臂中的单光子探测器。探测器 D_0(D_1)中出现信号意味着 Alice 发送了 0(1)。在这种情况下,我们可以说 Bob 也以 $\oplus$ 为基进行探测。由于探测器不是完美的,且传输中可能出现损失,两个探测器时常会记录不到光子。在这种情况下,Bob 应告知 Alice 他没有记录到任何东西,并应丢弃相应的比特。所以实际上原始比特只有一部分会被使用,而其余的比特应由 Alice 和 Bob 共享。因此,该系统对

于发送给定消息毫无用处,但是对发送加密密钥非常有用,因为其唯一的要求是随机性和机密性。

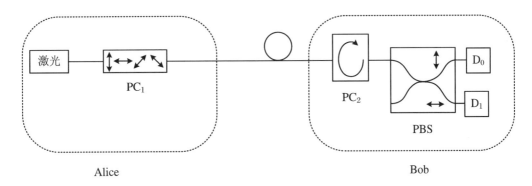

图 2.4　偏振方案

Alice 向 Bob 发送非常弱的偏振光脉冲。偏振由泡克尔斯(Pockels)盒(PC$_1$)控制,它使 Alice 可以在四种可能的偏振之间进行选择:$|\updownarrow\rangle$,$|\leftrightarrow\rangle$,$|\nearrow\rangle$,$|\searrow\rangle$。在 Bob 一侧,第二个泡克尔斯盒(PC$_2$)控制装置的旋转:0°对应于以⊕为基的测量,而 45°对应于以⊗为基的测量。PBS 将光束分成由 D$_0$ 或 D$_1$ 探测到的两个正交分量(所选设置对应于以⊕为基的测量)。

到目前为止,我们的设置是完全不安全的。窃听者 Eve 也可以使用类似于 Bob 的设置来测量脉冲,然后重新发送相似的脉冲给 Bob。如此一来,Eve 会知道 Alice 和 Bob 分享的所有比特。为了获得机密性,Alice 添加了另一个随机选项:她现在要么使用之前的水平-垂直偏振(以⊕为基的方法);要么使用两个线性对角偏振之一,其中$|\nearrow\rangle$表示 0,$|\searrow\rangle$表示 1。这种情况下,Alice 也以相同的概率发送 0 或 1,这对应于⊗基。将装置旋转45°,Bob 也可以选择以⊗为基进行测量。由于量子力学的基本特性——不确定性,安全性得到了保障。以⊗为基制备并以⊕为基进行测量的单个光子脉冲发往探测器 D$_0$ 和或 D$_1$ 的概率均为 1/2。这种选择是完全随机的:光子中没有任何东西可以揭示光子的走向。因此,如果 Alice 制备了一个$|\nearrow\rangle$态光子,而 Bob(或其他任何人)尝试以⊕为基对其进行测量,则他会以相等的概率在 D$_0$ 或 D$_1$ 中获得计数。我们强调,这并不意味着$|\nearrow\rangle$光束中的一半光子是垂直偏振的,而另一半是水平偏振的。这与 Bob 在使用⊗基时总是得到 0 的事实是矛盾的。实际上,系统的行为就像是在测量时会随机选择走哪条路。

显然,以上内容同样适用于 Eve。由于 Alice 随机使用任一基,Eve 无法决定使用哪种测量基。每当她使用错误的基时,都会得到一个随机结果,该结果与 Alice 的选择毫无关联。另一个重要的点是,Eve 不知道自己得到的结果是错误的:D$_0$ 的计数可能意味着光子是制备在$|\updownarrow\rangle$态的,但也可能意味着光子是制备在$|\nearrow\rangle$态或$|\searrow\rangle$态,然后只

是"选择"进入 D_0 的。这就是我们确实需要单光子脉冲的原因:以错误的基发送的具有多个光子的脉冲可能会同时被 D_0 和 D_1 探测到,从而提醒 Eve 她使用了错误的基。然后,她只需要丢弃传输,就能避免制造任何错误。但是,当她只接收到一个光子时,Eve 就别无选择,只能以她测量出的状态发送给 Bob。这将不可避免地使 Bob 收到的字符串中出现错误。上述被称为截取-重发的策略只是 Eve 众多可用的窃听策略中的一种。

现在,我们有了偏振加密协议的基本模块,表 2.1 给出了一个示例。整个协议如图 2.5 所示,可总结如下:

表 2.1　偏振协议的示例

A 的基	⊗	⊕	⊕	⊗	⊕	⊗	⊗	⊕	⊗	⊗	⊕
A 的比特	0	1	0	1	1	0	1	0	0	0	0
A 发送	$\|↗⟩$	$\|↔⟩$	$\|↕⟩$	$\|↘⟩$	$\|↔⟩$	$\|↗⟩$	$\|↘⟩$	$\|↕⟩$	$\|↗⟩$	$\|↗⟩$	$\|↕⟩$
B 的基	⊗	⊕	⊗	⊕	⊕	⊗	⊗	⊗	⊕	⊕	⊕
B 的比特	0	1	0	0	1	0	1	1	0	1	0
基相同吗?	y	y	n	n	y	y	y	n	n	n	y
A 保留	0	1			1	0	1				0
B 保留	0	1			1	0	1				0
测试 Eve?	y	n			y	n	n				n
密钥		1				0	1				0

注:Alice 随机选择一个基(⊕或⊗)和一个比特值(0 或 1),然后将相应的偏振状态发送给 Bob。Bob 随机选择接收基,并获得给定的比特。这些比特的集合是原始密钥。然后,Alice 和 Bob 通过公开信道互相告知各自使用的基,并仅保留采用相同基时对应的比特。这就是筛选的密钥。他们随机选择一些剩余的比特来测试 Eve,然后丢弃它们。在这种情况下,没有错误,表明传输是安全的。其余比特则构成共享密钥。

表中"y"表示"是","n"表示"否"。

(1) Alice 随机选择单光子脉冲的基和偏振,然后将其发送给 Bob。

(2) 对于每个脉冲,Bob 也会随机选择他将使用的基,并测量脉冲。他要么在 D_0 或 D_1 中记录到信号,要么由于探测或传输中的损失而无法记录到任何内容。所有接收到的比特的集合就是原始密钥。

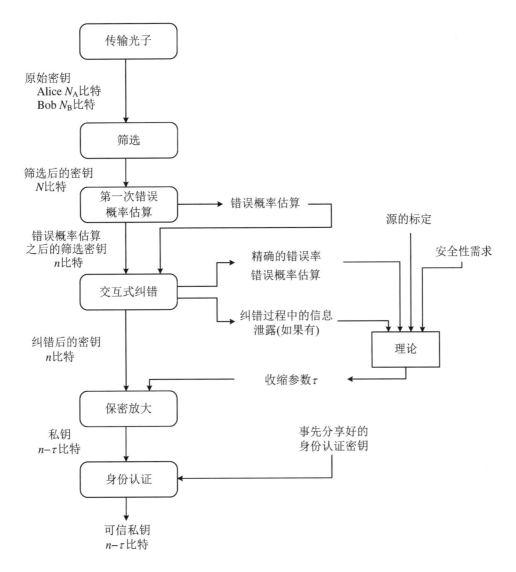

图 2.5　单光子量子密钥分发协议流程图

（3）Bob 使用公开信道告诉 Alice，哪些光子已记录，以及使用了哪个基。当然，Bob 不告诉测量结果（D_0 或 D_1）。Alice 回复他自己使用了哪个基。每当 Alice 和 Bob 使用相同的基（⊕或⊗）时，他们应获得完美关联的比特。（但是，由于装置不完美以及潜在的窃听者，会出现一些错误。）这些比特的集合就是筛选的密钥。

（4）为了将部分损坏且也许不是完全秘密的比特串变换为可用的共享密钥，Alice 和 Bob 现在需要进行一些处理。实际上，处理过程对于所有使用单粒子的 QC 都是通用的。主要步骤是：估计传输的错误率，推断可能泄露给窃听者的最大信息量，然后纠正所有错误,同时将可能暴露给 Eve 的信息减少到任何要求的级别。这些剩余的比特串就是共享密钥。

偏振方案在能保持偏振的自由空间中非常有吸引力,但是由于消偏振和随机波动的双折射,在光纤中实现起来相当复杂。消偏振不是主要问题(可以通过足够好的相干光源来抑制其影响)。在稳定条件下,双折射波动的时间尺度很慢(1 小时)。但是,在对已安装的光缆进行的实验中,我们还观察到了短多得的时间尺度,这种情况下无法进行传输。电子补偿系统肯定可以实现偏振的连续跟踪和校正,但是需要在 Alice 和 Bob 之间进行校准。这可能会使该方案对于潜在用户而言过于烦琐。

2.3.2 相位编码系统

人们可以基于相位编码来实现 QC 系统,而不是基于在光纤中不容易控制的偏振。最初,在基于纠缠的量子密码学中引入了使用光纤和马赫-曾德尔干涉仪的相位编码[44],但它也可以用于单粒子方案[45]。理论装置如图 2.6 所示。这是扩展的马赫-曾德尔干涉仪,左侧是 Alice,右侧是 Bob,带有两根连接光纤。Alice 和 Bob 均在各自一侧拥有相位调制器(phase modulator,PM),以实现编码和解码。我们假设 Bob 暂时不使用他的 PM,并且干涉仪被校准以在 D_0 上具有相长干涉,而在 D_1 上具有相消干涉。如果 Alice 使用她的 PM 来获得 0 或 π 相移(对应于比特值 0 和 1),则 Bob 将在 D_0 或 D_1 中获得计数。这等效于先前仅具有两个偏振的方案。为了获得机密性,我们现在允许随机选择基。这意味着 Alice 将在四个相移之间进行选择:$0,\pi$(对应⊕基),和 $\pi/2,3\pi/2$(对应⊗基)。在 Bob 一侧,他也会在 0 相移(即以⊕为基进行测量)和 $\pi/2$ 相移(即以⊗为基进行测量)之间进行选择。这等效于先前的偏振方案。

不幸的是,在这种扩展的干涉仪(每个臂的长度约为 20 km)中保持相位差稳定非常困难。因此,更好的实际装置是拆解(不等臂)干涉仪,如图 2.7 所示。进入干涉仪 Alice 一侧的一个脉冲被分成两部分。沿单条传输光纤前后传播的两个脉冲用 S(短路径)和 L(长路径)表示。经过干涉仪 Bob 一侧后,它们会产生三个输出脉冲。其中的两个,即 SS(短-短)和 LL(长-长)是无意义的,因为它们之间没有干涉。但是,中央的一条对应于两个可能的路径:SL 或 LS。它们是不可分辨的,因此会发生干涉。如上一段所述,Alice 和 Bob 对相移的选择实现了编码-解码。此装置比前一个装置稳定得多,因为对于大多数干涉仪,脉冲实际上走过相同的路径。缺点是我们会丢失 SS 和 LL 两条路径中一半的信号。

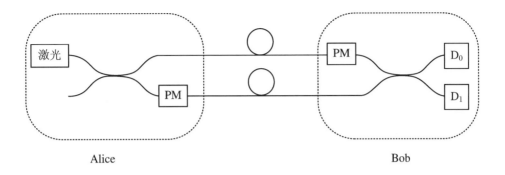

图 2.6 使用扩展的马赫-曾德尔干涉仪的相位编码装置

两个相位调制器(PM)中相位的相对选择给出了干涉图。Alice 在四种可能性之间进行选择:0 或 π(对应⊕基);π/2 或 3π/2(对应⊗基)。Bob 在 0(对应⊕基)和 π/2(对应⊗基)之间进行选择。当 Alice 和 Bob 使用相同的基时,D_0 中记录到信号表示 0,而 D_1 中记录到信号表示 1。当两个基不同时,Alice 发送的比特与 Bob 接收的比特之间没有关联。

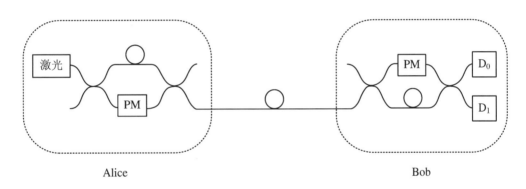

图 2.7 使用不等臂马赫-曾德尔干涉仪进行相位编码

现在,他们不再通过两个路径传播两个脉冲,而是通过相同的光纤传输,但有时间延迟。这增加了干涉仪的稳定性,但在 Bob 一侧增加了 3 dB 的损耗。

    在本内特[45]提出的方案中,Alice 仅使用两个相位。我们请读者参考原始文献以获取详细说明。这类系统的主要优点是,原则上不需要偏振控制。然而实际上,由于组件中的某些偏振依赖性,似乎最好还是要控制偏振。而且,这类方案仍然需要在干涉仪的两侧之间进行精细的路径长度调整和控制。

2.4 纠缠态的量子密钥分发

2.4.1 原始密钥的传输

密钥分发是通过一个量子信道执行的,该量子信道包含一个发射偏振单态的双光子源:

$$|\psi\rangle = \frac{1}{\sqrt{2}}(|\updownarrow\rangle |\leftrightarrow\rangle - |\leftrightarrow\rangle |\updownarrow\rangle) \tag{2.10}$$

光子沿 z 轴向着信道两端的两个合法用户 Alice 和 Bob 分发,在光子分离后,他们采用三组测量基之一进行测量并记录测量结果。这三种基由绕 z 轴以特定角度旋转$\oplus$基得来:Alice 的为 $\phi_1^a = 0, \phi_2^a = \pi/4, \phi_3^a = \pi/8$;Bob 的为 $\phi_1^b = 0, \phi_2^b = -\pi/8, \phi_3^b = \pi/8$。

上标"a"和"b"分别指代 Alice 和 Bob 的分析仪。用户为每对输入的粒子随机且独立地选择其测量基。每次测量都会产生两个可能的结果:$+1$(在所选基的第一个偏振态下测得光子)和 -1(在所选基的另一个偏振态下测得光子)。并且有可能揭示出 1 比特的信息。

$$E(\phi_i^a, \phi_j^b) = P_{++}(\phi_i^a, \phi_j^b) + P_{--}(\phi_i^a, \phi_j^b) - P_{+-}(\phi_i^a, \phi_j^b) - P_{-+}(\phi_i^a, \phi_j^b) \tag{2.11}$$

是 Alice(将基旋转 ϕ_i^a)和 Bob(将基旋转 ϕ_j^b)测量得到的相关系数。这里,$P_{++}(\phi_i^a, \phi_j^b)$ 表示以 ϕ_i^a 定义的基获得结果 ± 1 和以 ϕ_j^b 定义的基获得 ± 1 的概率。根据量子规则,

$$E(\phi_i^a, \phi_j^b) = -\cos[2(\phi_i^a - \phi_j^b)] \tag{2.12}$$

对于方向相同的两组基 ϕ_1^a, ϕ_1^b 和 ϕ_3^a, ϕ_3^b,量子力学预测了 Alice 和 Bob 获得的结果总是反相关的:$E(\phi_1^a, \phi_1^b) = E(\phi_3^a, \phi_3^b) = -1$。

可以定义由相关系数组成的量 S,Alice 和 Bob 为此使用了不同方向的分析仪:

$$S = E(\phi_1^a, \phi_3^b) + E(\phi_1^a, \phi_2^b) + E(\phi_2^a, \phi_3^b) - E(\phi_2^a, \phi_2^b) \tag{2.13}$$

这与克劳泽(Clauser)、霍恩(Horne)、西蒙尼(Shimony)和霍尔特(Holt)提出的广义贝尔

定理中的 S 相同,被称为 CHSH 不等式。[12] 量子力学要求

$$S = -2\sqrt{2} \tag{2.14}$$

传输完成后,Alice 和 Bob 可以公布他们为每种特定测量选择的分析仪的方向,并将测量结果分为两个独立的组:第一组,他们使用了不同的分析仪方向;第二组,他们使用了相同的分析仪方向。如果他俩任意一方未记录到粒子或双方都未记录到粒子,那么该次测量就会被丢弃。随后,Alice 和 Bob 可以公开披露他们获得的结果,但仅限于第一组测量。这使他们能够确定 S 的值,如果没有直接或间接地"干扰"粒子,则应重现式(2.14)的结果。这可以确保合法用户们在第二组测量中获得的结果是反相关的,并且可以将其转换为一个私密的比特串——密钥。

窃听者 Eve 在粒子从源传输到合法用户的过程中无法获取任何信息,因为此时根本没有编码的信息!只有当合法用户执行测量并随后公开通信之后,信息才能"出现"。Eve 可能会尝试用自己准备的数据替换原信息,以误导 Alice 和 Bob,但由于她不知道二人将为给定的一对粒子选择分析仪的哪个方向,因此无法避免被发现。在这种情况下,她的干预将等同于将物理现实的元素引入偏振方向,并将 S 降至其"量子"值以下。因此,贝尔定理确实可以使窃听者暴露。

2.4.2　安全标准

分析系统中窃听的最佳方法是采用最有利于窃听的方案,即允许 Eve 自己制备 Alice 和 Bob 随后将用来建立密钥的所有粒子对。这样,采取最保守的观点,即使大部分(乃至全部)干扰可能都是由无害的环境噪声造成的,我们也将通道中的所有干扰归因于窃听。

我们开始按照贝尔定理的思想来分析窃听,并考虑一个简单的例子,其中 Eve 精确地知道哪个粒子处于哪个态。根据文献[46],我们假设 Eve 分别制备了 EPR 对中的每个粒子,从而使该粒子对中的每个单独的粒子在某个方向上具有确定的偏振。每对的方向可能各不相同,因此我们可以说,她以概率 $p(\theta_a, \theta_b)$ 制备了 Alice 的 $|\theta_a\rangle$ 态粒子和 Bob 的 $|\theta_b\rangle$ 态粒子,其中,θ_a 和 θ_b 为测得的两个偏振方向与纵轴的夹角。这种制备使 Eve 可以完全控制单个粒子的状态。在这种情况下,Eve 将永远拥有优势,而 Alice 和 Bob 则应放弃建立密钥,因为他们会发现估测的 $|S|$ 值总是小于 $\sqrt{2}$。为了理解这一点,让我们将每对的密度算符写为

$$\rho = \int_{-\pi/2}^{\pi/2} p(\theta_a, \theta_b) \mid \theta_a \rangle \langle \theta_a \mid \bigotimes \mid \theta_b \rangle \langle \theta_b \mid \mathrm{d}\theta_a \mathrm{d}\theta_b \tag{2.15}$$

适当调整相关系数后,公式(2.13)化为

$$\begin{aligned}
S = \int_{-\pi/2}^{\pi/2} p(\theta_a, \theta_b) \mathrm{d}\theta_a \mathrm{d}\theta_b \{ &\cos[2(\phi_1^a - \theta_a)]\cos[2(\phi_3^b - \theta_b)] \\
&+ \cos[2(\phi_1^a - \theta_a)]\cos[2(\phi_2^b - \theta_b)] \\
&+ \cos[2(\phi_2^a - \theta_a)]\cos[2(\phi_3^b - \theta_b)] \\
&- \cos[2(\phi_2^a - \theta_a)]\cos[2(\phi_2^b - \theta_b)] \}
\end{aligned} \tag{2.16}$$

于是有

$$S = \int_{-\pi/2}^{\pi/2} p(\theta_a, \theta_b) \mathrm{d}\theta_a \mathrm{d}\theta_b \sqrt{2}\cos[2(\theta_a - \theta_b)] \tag{2.17}$$

这意味着

$$-\sqrt{2} \leqslant S \leqslant \sqrt{2} \tag{2.18}$$

对于用概率分布 $p(\theta_a, \theta_b)$ 描述的任何态的制备均成立。

显然,Eve 可以放弃对成对的单个粒子的量子态的完美控制,并纠缠至少其中一些。如果她以完全纠缠的单态制备所有粒子对,那么她将失去对 Alice 和 Bob 数据的任何控制和了解,而 Alice 和 Bob 则可以轻松地建立密钥。这种情况是不现实的,因为在实践中,Alice 和 Bob 永远不会记录到 $|S| = 2\sqrt{2}$。但是,如果 Eve 制备仅部分纠缠的粒子对,那么 Alice 和 Bob 仍然有可能以绝对安全的方式建立密钥,前提是他们使用了量子保密放大(quantum privacy amplification,QPA)算法[47]。部分纠缠对,即 $\sqrt{2} \leqslant |S| \leqslant 2\sqrt{2}$,是最重要的情形,如果要声称我们有一个能用的密钥分发方案,那么我们必须证明可以在这种特殊情况下建立密钥。跳过技术细节,我们将仅介绍 QPA 背后的主要思想,详细信息请参见文献[47]和本书第 8.4 节。

首先,请注意,任何两个共同处于纯态的粒子都不会与任何第三个物体发生纠缠。因此,任何以纯态传递 EPR 对的过程也必须排除粒子对中的粒子与任何其他系统之间的纠缠。QPA 方案基于迭代量子算法:在完美的操作精度下,从混态的 EPR 对集合开始,丢弃其中一些态,而保留的量子态则会逐渐收敛为纯的单态。如果(实际情况必定如此)算法执行不完美,那么每次迭代后剩余的粒子对的密度算符将不会收敛到纯的单态,而是收敛于靠近它的态。但是,与任何窃听者的纠缠程度无论如何将继续下降,并且可以降低到任意低的值。QPA 可以由 Alice 和 Bob 在不同的地点执行,通过一系列经过公共通信渠道协商的局域幺正操作和测量来实现,并且可以使用当前正在开发的技术来实

现(参见文献[48])。

QPA 程序的基本要素是"纠缠纯化"方案(请参见第 8 章)。[49] 近期研究表明,双态粒子的任何部分纠缠态都是可以被纯化的。[50] 因此,只要密度算符不能写成直积态的混合,即不为式(2.15)的形式,那么 Alice 和 Bob 就可以打败 Eve!

2.5 量子监听

QPA 程序需要当今尚不可用的技术。因此,让我们来讨论更贴近能够通过实验实现的技术。它们之所以重要,是因为我们希望使用当前技术来构建密钥分发原型,并且需要明确它们真正安全的条件。我们下面的讨论是一般性的,可以同时应用于单粒子和基于纠缠的密钥分发。但是,出于纯粹的教学原因,我们的描述假设采用 Alice 将光子发送给 Bob 的单粒子方案。

2.5.1 纠错

因为必须让 Alice 和 Bob 共享一串相同的比特,所以他们必须纠正筛选密钥中的差异。此步骤称为协调(error reconciliation)或纠错(error correction),可以使用公开信道,但应向 Eve 透露尽可能少的与纠错后的密钥有关的信息(或如果他们决定借助先前共享的私钥对公共通信的关键部分进行加密,则应使用尽可能少的私密比特)。这里,香农的编码定理[32] 给出了 Alice 和 Bob 必须公开交换以纠正其数据的最小比特数 r:当每个比特都错误地传输,且错误概率 ϵ 对于每个传输的比特都是独立的时,定理断言

$$r = n[-\epsilon \log_2 \epsilon - (1-\epsilon)\log_2(1-\epsilon)] \tag{2.19}$$

其中,n 是筛选密钥的长度。

香农定理有一个非构造性证明,意思是我们知道存在一种仅公开 r 比特私有数据的纠错方案,但是该定理没有提供明确的过程。在这方面,通常的线性纠错码效率很低。然而,布拉萨尔和萨维尔(Salvail)[51] 设计了一种实用的交互式纠错方案,该方案已接近香农极限。其工作原理如下:

Alice 和 Bob 将其比特分组为给定大小的块,这个大小需要根据误码率对其进行优

化。他们通过公开信道交换有关每个块的奇偶校验的信息。如果奇偶校验一致,那么他们将继续进行下一个步骤。如果奇偶校验不一致,那么他们将推断出相应块中存在奇数个错误,然后通过将该块分割成两个子块并比较第一个子块的奇偶校验来递归搜索其中一个错误:如果奇偶校验一致,那么第二个子块具有奇数个错误,否则第一个子块具有奇数个错误。该过程会在具有奇数个错误的子块上继续递归地执行下去。

在第一步之后,每个考虑的块都具有偶数个错误或没有错误。然后,Alice 和 Bob 调整其比特的位置,并对更大尺寸的块(此尺寸也已优化)重复相同的过程。但是,当一个错误被纠正时,Alice 和 Bob 可能会推断以前处理过的某些块现在有奇数个错误。他们从中选择最小的块,然后像之前一样递归地纠正一个错误。他们持续此过程,直到每个先前处理的块都出现偶数个错误或没有错误为止。

后续步骤类似,交互式纠错在指定数量的步骤后终止。此数量需被优化,以最大限度地增加没有差异的概率,同时最大限度地减少私有数据的泄露。与文献[42]中原始的纠错方案不同,此纠错方案不会丢弃筛选密钥中的任何比特。

2.5.2 保密放大

此时,Alice 和 Bob 极有可能共享一个相同的纠错后的密钥。他们还知道确切的错误率 $\bar{\epsilon}$,这可以非常好地估计错误概率 ϵ。Alice 和 Bob 假设所有错误都是由潜在的窃听者 Eve 引起的。他们还考虑了在纠错步骤中可能出现的泄露。然后,他们推断出 τ,即需要缩短纠错后的密钥的位数,以使 Eve 有关最终密钥的信息低于指定值。更准确地说,在大多数量子密钥分发协议中,给定整数 τ,Alice 随机选择一个 $(n-\tau) \times n$ 二进制矩阵 K(矩阵元为 0 或 1 的矩阵),并将 K 公开传输给 Bob(不加密)。最终的私钥即为

$$k_{\text{final}} = K \cdot k_{\text{reconciled}} \quad (\text{mod } 2) \tag{2.20}$$

其中,$k_{\text{reconciled}} = (k_1, k_2, \cdots, k_n)$,$k \in \{0, 1\}$,这就是纠错后的密钥。

实现保密放大很容易,但是证明整个量子密钥分发协议的安全性则是量子密码学中一项艰巨的理论任务。因此,学界提出的安全性证明是循序渐进的,以应对愈发强大的攻击。通常,我们将这些攻击分为两类。

1. 非相干攻击

在非相干攻击或单粒子攻击中(图 2.8),Eve 仅能以一次一个光子的方式纠缠量子探针 $\mathcal{P}_i$。她会保留 $\mathcal{P}_i$,直到 Bob 测量了纠缠光子并完成 Alice 和 Bob 之间的所有公开

讨论。确实,Alice 和 Bob 无法分辨 Eve 是在 Bob 测量光子之前还是之后测量自己的探针的。因此,Eve 最好的策略是等到 Alice 和 Bob 公布测量基后,再巧妙地测量她的探针,以提取尽可能多的信息。但是,在非相干攻击中,Eve 只能单独测量其探针 $\mathcal{P}_i$。

具体来说,考虑到第 2.3.1 小节中的情境并以 $|E\rangle_i$ 指代 Eve 的探针的初态,将 $\mathcal{P}_i$ 纠缠至 Alice 的光子的最一般幺正变换 $\mathcal{U}$ 为(⊕基)

$$|E\rangle_i\ |\updownarrow\rangle \stackrel{\mathcal{U}}{\longmapsto} |E_{00}^{\oplus}\rangle\ |\updownarrow\rangle + |E_{01}^{\oplus}\rangle\ |\leftrightarrow\rangle \tag{2.21}$$

$$|E\rangle_i\ |\leftrightarrow\rangle \stackrel{\mathcal{U}}{\longmapsto} |E_{10}^{\oplus}\rangle\ |\updownarrow\rangle + |E_{11}^{\oplus}\rangle\ |\leftrightarrow\rangle \tag{2.22}$$

其中,$|E_{ij}^{\oplus}\rangle$ 是 $\mathcal{P}_i$ 的非归一化状态。由于可以选择用 $\{|E_{ij}^{\oplus}\rangle\}_{i,j}$ 展开 $|E\rangle_i$,我们可以假设 $\mathcal{P}_i$ 是用四维希尔伯特空间描述的,即每个探针由 2 个量子比特描述。

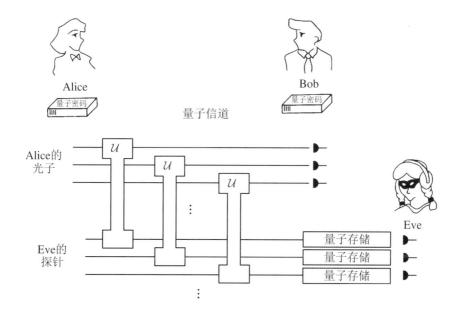

图 2.8　非相干攻击
每个光子独立纠缠于一个双量子比特探针。探针将存储在量子存储器中,直到公布测量基为止。然后,独立测量每个探针。

如果 Alice 以 ⊗ 为基发送光子,那么 $\mathcal{U}$ 的作用是使用线性关系从式(2.21)、式(2.22)导出

$$|E\rangle_i\ |\nearrow\rangle \stackrel{\mathcal{U}}{\longmapsto} |E_{00}^{\otimes}\rangle\ |\nearrow\rangle + |E_{01}^{\otimes}\rangle\ |\searrow\rangle \tag{2.23}$$

$$|E\rangle_i\ |\searrow\rangle \stackrel{\mathcal{U}}{\longmapsto} |E_{10}^{\otimes}\rangle\ |\nearrow\rangle + |E_{11}^{\otimes}\rangle\ |\searrow\rangle \tag{2.24}$$

其中

$$| E_{00}^{\otimes} \rangle = \frac{| E_{00}^{\oplus} \rangle + | E_{10}^{\oplus} \rangle + | E_{01}^{\oplus} \rangle + | E_{11}^{\oplus} \rangle}{2} \tag{2.25}$$

$$| E_{01}^{\otimes} \rangle = \frac{| E_{00}^{\oplus} \rangle + | E_{10}^{\oplus} \rangle - | E_{01}^{\oplus} \rangle - | E_{11}^{\oplus} \rangle}{2} \tag{2.26}$$

$$| E_{10}^{\otimes} \rangle = \frac{| E_{00}^{\oplus} \rangle - | E_{10}^{\oplus} \rangle + | E_{01}^{\oplus} \rangle - | E_{11}^{\oplus} \rangle}{2} \tag{2.27}$$

$$| E_{11}^{\otimes} \rangle = \frac{| E_{00}^{\oplus} \rangle - | E_{10}^{\oplus} \rangle - | E_{01}^{\oplus} \rangle + | E_{11}^{\oplus} \rangle}{2} \tag{2.28}$$

Eve 必须选择 $\mathcal{U}$, 以便:

(1) 窃听是隐秘的, 即例如在 Alice 发送 $|\leftrightarrow\rangle$ 时, Bob 测量 $|\updownarrow\rangle$ 的概率应低于容许的错误率。我们可以发现, 这等效于要求范数 $\langle E_{ij}^{\oplus} | E_{ij}^{\oplus} \rangle$ 和 $\langle E_{ij}^{\otimes} | E_{ij}^{\otimes} \rangle (i \neq j)$ 应该很小(那些概率通常称为干扰)。

(2) 窃听是高效的, 即 Eve 在知道使用的基(她从公开信道中得知的)并相应地测量其探针的情况下, 她应最大化自己猜到正确比特值的概率。例如, 假设 Eve 得知第 i 个光子是以 $\oplus$ 为基发送的。然后, 她知道如果 Alice 的对应比特值为 0, 那么 Eve 的探针 $\mathcal{P}_i$ 应该处于混态:

$$\rho_0 = \mathrm{Tr}_{\mathrm{photon}} \big[(\mathcal{U} | E \rangle_i | \updownarrow \rangle)(\mathcal{U} | E \rangle_i | \updownarrow \rangle)^{\dagger} \big] \tag{2.29}$$

$$= | E_{00}^{\oplus} \rangle \langle E_{00}^{\oplus} | + | E_{01}^{\oplus} \rangle \langle E_{01}^{\oplus} | \tag{2.30}$$

同样, 如果 Alice 以 $|\leftrightarrow\rangle$ 状态(对应于比特值 1)发送光子, 那么 Eve 的探针应该处于混态:

$$\rho_1 = \mathrm{Tr}_{\mathrm{photon}} \big[(\mathcal{U} | E \rangle_i | \leftrightarrow \rangle)(\mathcal{U} | E \rangle_i | \leftrightarrow \rangle)^{\dagger} \big] \tag{2.31}$$

$$= | E_{10}^{\oplus} \rangle \langle E_{10}^{\oplus} | + | E_{11}^{\oplus} \rangle \langle E_{11}^{\oplus} | \tag{2.32}$$

因此, Eve 的目标是尽可能可靠地确定其探针 $\mathcal{P}_i$ 处于 ρ_0 态还是 ρ_1 态。已知[52-53]这是通过对 $\mathcal{P}_i$ 进行测量来实现的。测得的可观测值由其本征矢量确定, 在这种情况下, 该本征矢量与 $\rho_0 - \rho_1$ 的本征矢量一致。

参考文献[52-56]中已详细讨论了这种纠缠的优化, 用于多种单光子量子密钥分发协议。它们的结果将量子信道的错误概率(或干扰)与 Eve 可能获得的最大信息联系起来。知道了这个值(更准确地说是一个称为"雷尼信息"(Rényi information)的相关值), 广义保密放大定理[57]便可用于计算保证预期机密性的收缩参数 τ。如果 τ 与纠错后的密钥的大小相比相当小, 则认为信息泄露是可以容忍的。

2. 相干攻击

在相干攻击或联合攻击中(图 2.9),Eve 可以以任何幺正的方式将任意维的、处于任何态(混态与否)的探针与整个传输的光子序列纠缠在一起。她将该大型探针一直保留到公开讨论结束,然后基于自己的选择执行最一般的测量。最一般的测量类别称为半正定算子测量(positive operator valued measure,POVM),更多详细信息可参见文献[58]。

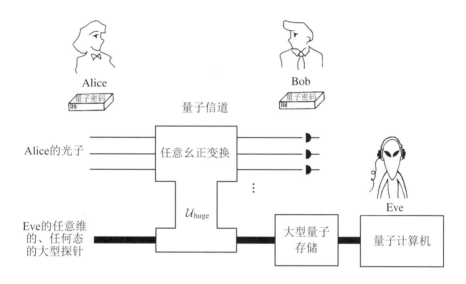

图 2.9　相干攻击

允许 Eve 在任何初态下使用任意维的探针,并将其与 Alice 以任何幺正方式发送的每个光子纠缠在一起。该探针将一直存储到基被公布为止。

集体攻击(图 2.10)构成了相干攻击的一种子类,其中 Alice 的光子 i 分别纠缠在单独的探针 $\mathcal{P}_i$ 上。因此,Eve 使探针处于与非相干攻击相同的状态。但是,在公开讨论完成之后,Eve 被允许在被视为单个大量子系统的所有探针上进行任何 POVM。请注意,在集体攻击中,各个探针 $\mathcal{P}_i$ 在此 POVM 之前不纠缠且彼此独立。针对相干攻击的安全性证明是非常困难的。迄今为止,人们仅考虑了使用线性纠错码而不是交互式纠错的协议。可以在文献[59]中找到此类协议针对集体攻击的安全性证明,在文献[60]中找到针对一般相干攻击的安全性证明。

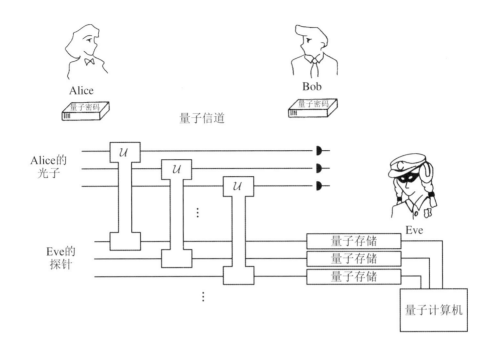

图 2.10　集体攻击

类似于非相干攻击,但是现在允许 Eve 在被视为单个量子系统的所有探针上进行全局广义测量。

3. 身份验证

正如我们前面提到的,Alice 和 Bob 应该对他们的通信进行身份验证,以应对可能的中间人攻击。他们还应确保有效共享新的私钥。幸运的是,存在经典的密码技术来以任意高的概率实现这些任务。我们给出身份验证算法的简要说明,请读者参考文献[61]以获得更多详细信息。关于身份验证的一般讨论可以在文献[30]中找到。

我们假定 Alice 和 Bob 共享一个身份验证密钥 A,该密钥是一个二进制的秘密字符串。它比量子密钥分发生成的新私钥短,但是我们假定它足够长以用于身份验证。

选择整数 t,它是一个安全参数。假设 Alice 想向 Bob 验证数据 M_0。例如,二进制字符串 M_0 包含他们公开讨论内容的预定义部分。然后将长度为 m 的字符串 M_0 分解为长度为 $2s$ 的子块 P_i,其中 $s = t + \log_2 \log_2 m$(如果需要,最后一个子块用 0 填充)。Alice 和 Bob 采用 A 的前 $2s$ 比特来定义数 a,A 的接下来的 $2s$ 比特定义数 b。从 A 中丢弃这 $4s$ 比特。然后,对于每个子块 P_i,计算

$$p'_i = ap_i + b \pmod{2^s} \tag{2.33}$$

其中，p_i 是二进制字符串 P_i 表示的数。

得到的数 p_i' 被变换成长度为 s 的比特流，并连接形成 $\boldsymbol{M}_1$。重复相同的操作（s 保持不变）r 次，直到 $\boldsymbol{M}_r$ 的长度为 s。$\boldsymbol{M}_r$ 的低阶 t 比特构成标签 T。$\boldsymbol{A}$ 中使用过的部分被丢弃，并不再重复使用。

最后，将标签 T 发送给 Bob，Bob 通过进行相同的计算并比较其结果来检验 $\boldsymbol{M}_0$ 的真实性。

量子密钥分发协议中的身份验证可以通过如下方式实现：Alice 验证公共通信的预定义部分。Bob 也做同样的事情，但是是去验证其他预定义部分。如果此验证成功，那么认为量子密钥分发已成功，并且新私钥的一小部分可用作下一轮密钥分发的身份验证密钥。这样，Alice 和 Bob 无需再次见面即可共享另一个身份验证密钥。假设中间人攻击是 Eve 进行的。Eve 与 Alice 共享一个私钥，与 Bob 共享另一个私钥。她知道由 Alice 验证的数据 $\boldsymbol{M}_0$，因为 Eve 在整个协议期间都假扮成 Bob 欺骗 Alice。但是，在接收到 T 并知道 $\boldsymbol{M}_0$ 的情况下，能够证明 Eve 猜到验证密钥的概率可以忽略不计。因此，Eve 将无法通过身份验证测试。

2.6　实验实现

在 IBM 蒙特利尔小组[42]（使用偏振光子和自由空间传输的密钥分发）和牛津大学 DERA 小组[44]（纠缠光子，光纤传输，相位编码）的首次原理验证实验之后，量子密码学开始向两个截然不同的方向发展：一方面，它旨在针对传输长度、密钥生成率和量子误码率（quantum bit error rate, QBER）来优化系统；另一方面，很大的精力同时被花在使系统更稳定、更易于使用上面，以满足对安全通信感兴趣，而不是对量子力学和光学对准感兴趣的最终用户的需求。如前几节所示，除了基于 EPR 的方案以外，各种实现方式的总体思路相似，主要区别在于所使用的调制或分析类型。在下文中，我们会讲述一些构成量子密码学当前最尖端技术水平的关键发展。

除了为 Alice 和 Bob 的发射器和接收器模块实现最大的可靠性外，另一个关键问题是增加传输长度。通常有两种方法：第一种是在 Alice 和 Bob 之间建立直接的自由光学路径，并使用望远镜将光通过自由空间传输；另一种方法是使用光纤在两点之间导光。传输方法的选择或多或少决定了所使用的波长。光纤在所谓的通信窗口，即约 1 300 nm（0.35 dB/km）和 1 550 nm（0.2 dB/km）吸收率非常低。但是对于这种波长范围，所需的单光子探测器仍未成熟。[62]通过近地轨道上的卫星进行的自由空间加密也许可以连接任意距离,并且在地面上的初步测试表明,这种量子加密传输原则上是可能的,至少对低比特率的情况而言是可行的。

2.6.1 偏振编码

第一个量子密码装置使用了不同的偏振态作为密钥分发协议。在 1 m 长的标准光具座上,Alice 首先用一个简单的发光二极管(LED)发出微弱的光脉冲,然后让准直光通过干涉滤光片(550±20 nm)和偏振滤光片。使用两个泡克尔斯盒,她就可以设置四个偏振方向之一(此处为水平偏振、垂直偏振、左旋圆偏和右旋圆偏)。泡克尔斯盒利用了某些晶体由于施加电场产生的双折射变化。通常需要相当高的电压,在 2~4 kV 级别,以产生 90°的偏振旋转,如从水平偏振到垂直偏振。(这限制了实际应用的开关速率。)在 32 cm 的量子信道末端,Bob 通过泡克耳斯盒来选择测量基,并通过光电倍增管在渥拉斯顿棱镜(Wollaston prism)后面探测光子,来分析光子的偏振态。

根据作者的说法,即使窃听者能通过监听泡克尔斯盒开关的噪声来破坏该系统,这个首次演示实验也已经具备了量子密码学的许多令人满意的特征。该实验证明了量子密码的实验实现可以是非常简单的,从而提高量子通信最终用户的可用性和接受度。此外,在纠错之后的误码率仅有约 4.4%,且在 85 s 内得到了 219 个安全密钥。

为了增加 Alice 和 Bob 之间的通信距离,穆勒(Muller)等人[43]在实验中使用了 1 km 的光纤传输线。但是,基于光纤的偏振编码系统必须克服几个缺点:首先,Bob 的分析仪必须相对于 Alice 发出的偏振保持对准。然而,沿着光缆传输时,光的偏振将发生变化。由于光路的几何形状,拓扑效应会影响光纤 Bob 端的所得偏振。[63]然后,应力引起的双折射会导致所得偏振态的波动,以及由偏振模色散引起的偏振度降低。这就需要使用单模激光在 Alice 和 Bob 之间获得足够长的相干时间和主动偏振稳定。最后,必须仔细选择发射和接收模块的各种光学组件,以最小化任何固有的偏振依赖性。

最近,自由空间系统已开始利用偏振编码模块的高稳定性。由于大气本质上是非双折射的,因此不必担心 Alice 和 Bob 的模块之间相对对准的波动。基于室外光路的量子密码学[64]主要面临的问题是通过湍流介质传输光和探测高背景的单光子。将窄带宽和空间滤波与纳秒级定时相结合,应该能够以合理的误码率生成密钥。近期,在洛斯阿拉莫斯(Los Alamos)进行的一项实验在 950 m 自由空间路径长度上实现了 14%的耦合效率,获得了 50 Hz 的比特率(Alice 发射端的脉冲重复频率为 20 kHz),误差约为 1.5。[65]该实验验证了(至少在夜间)用低轨道卫星以合理的比特率建立密钥的可行性。

2.6.2 相位编码

正如在第 2.3.2 小节指出的,相位编码可以用类似于偏振编码的方式执行。本内特[45]提出的非平衡的马赫-曾德尔配置可以克服图 2.6 所示的马赫-曾德尔装置对任何外部影响的极端敏感性。由于这两个脉冲仅相隔几纳秒,且沿着同一根光纤传输,因此基本上没有温度或应力引起的波动。Bob 的非平衡干涉仪的光程差必须与 Alice 的相同,并且必须在亚波长范围内保持稳定。但是,这仅需要仔细地使两个干涉仪保持局部温度稳定。

相位调制器在商业上可用于两种通信波长,这似乎使标准相位编码方案成为光纤实现的最佳选择。当然,偏振校准依然是必需的。在两个非平衡的马赫-曾德尔干涉仪中,必须控制偏振,以使干涉分量在 Bob 的输出分束器处具有相同的偏振。在对 Alice 和 Bob 的模块进行初始对准之后,这应该是稳定的,不会造成进一步的麻烦。更为严重的问题在于,相位调制器是由电光晶体制成的,该晶体仅允许传输单一偏振分量。为了避免 Bob 输出端的强度波动,只能让一个确定的偏振通过调制器。这又使得人们必须控制传输的偏振态。

在汤森(Townsend)等人[66]的实验实现中,他们首先沿着 Alice 的非平衡马赫-曾德尔干涉仪的两条路径将入射激光脉冲($1.3~\mu m$, 80 ps)分开。在其中一臂,根据 BB84 协议,相位调制器会导致四个可能的相移之一。在另一臂中,偏振旋转,使得在 Alice 的输出分束器处,这两个分量具有正交偏振。Bob 的输入分束器由偏振分束器代替,以确保到达 Bob 的相位调制器的臂中的偏振正确。设置传输线末端的偏振控制器,以使这两个偏振方向与 Bob 的输入偏振分束器的轴一致。尽管偏振稳定再次变得必要起来,但是在这样的设置中要求不是那么严格,因为小的偏差导致的最终强度的波动是可忽略的。即使在 1 MHz 的脉冲频率下,错误率也低于 4%。Los Alamos 团队[67]在 48 km 地下光缆传输方面取得了进一步的改进,在 30 kHz 脉冲速率下误差约为 1%。

对于所谓的"即插即用"系统,光纤传输线不需要进行连续的偏振校准。其背后的想法是,光脉冲不从 Alice 的工作站发射,而由 Bob 发射,然后首先传输到 Alice,在那里进行调制并反射回 Bob。如果此方案中的反射是由法拉第镜(Faraday mirror)完成的,那么 Bob 输出处干涉分量的偏振始终彼此对准。

法拉第镜(由一个 45° 法拉第旋转镜和一个后向反射镜组成)使后向反射光与射入光纤的光正交,因此沿传输线或沿干涉仪臂的任何偏振变化都被有效地消除了。

图 2.11 和文献[68]中描述了使用该思想实现四态 BB84 协议的系统。在此实验中,

相距 23 km 的 Alice 和 Bob 使用标准通信光缆作为传输线。在没有任何持续的主动稳定情况下,实现了低至 1% 的误差,同时获得了 210 Hz 的净密钥生成速率。所有这些实验中,在 1 300 nm 的通信波长上,大多数噪声是由单光子探测器的高暗计数率造成的(InGaAs/InP 雪崩光电二极管仅冷却到 173 K,即在珀耳贴效应范围内)。当前,巧妙的时序和门控探测电子设备主要用于降低噪声水平,但对探测器的进一步改进将在今后极大地影响量子密码学的后续实用化。

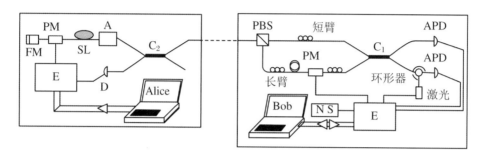

图 2.11　即插即用量子密码的原理

Bob 通过环形器发送光脉冲,该脉冲在耦合器 C_1 处一分为二。第一部分穿过短臂,设置偏振控制器,以使该脉冲在偏振分束器(PBS)处完全透射。接着,它传播到 Alice,在耦合器 C_2 处再次分束以提供时序信号。然后,它穿过 Alice 的设备,并反射回 Bob。由于法拉第镜的作用,光链路的双折射得到了补偿,返回的脉冲偏振与入射偏振正交。随后,它被 PBS 反射并走长臂,Bob 在这里用调制器(PM)施加相移 ϕ_B。第二个脉冲以相反的顺序穿过两个臂。Alice 对其施加相移 ϕ_A。由于两个脉冲都沿完全相同的光路传输,因此它们以相同的偏振同时到达耦合器 C_1,从而发生干涉。在 Alice 的系统中引入了一条存储线 SL,以避免由瑞利后向散射(Rayleigh backscattering)引发的问题。

2.6.3　基于纠缠的量子密码学

当利用纠缠粒子对的非经典特性时,密码学中有许多新功能便成为了可能(请参见第 2.4 节)。然而,鉴于目前的技术,这类方案比前文描述的单粒子方法更难实现,主要是因为必须产生高度的纠缠。Alice 和 Bob 接收的光子之间的不完美纠缠只能通过诸如纠缠纯化之类的技术来改善,而这是当前技术无法实现的。因此,纠缠中的任何噪声都直接决定系统的性能。自从第一次演示[44]以来,主要目标就是进一步开发双光子纠缠源。如今,参量下转换已用作双光子源。由于该过程的效率较低,必须使用宽带光来获得足够的比特率。这里,必须找到一种折中方案,以避免在通过色散光纤传输光子对时出现问题。

　　大多数方法使用时间-能量纠缠(有关详细信息请参见文献[69-70])。如果通过参量下转换过程产生光子对,那么在两个非平衡但其余部分完全相同的马赫-曾德尔或迈克尔逊(Michelson)干涉仪的输出之间可能会发生非局域干涉,但前提是每个干涉仪的光程差小于下转换泵浦激光的相干时间。为了区分干涉和非干涉分量,需要对探测事件进行时间选择。单光子探测器的最小时间分辨率约为 300 ps,这使得约 30 cm 的光程差是必要的。在日内瓦进行的有关 EPR-Bell 问题的实验表明,可以沿着标准通信线路分发纠缠对,并可以在相距 10 km 的探测器之间观察到高度的纠缠(光源和探测器之间的两条光纤实际长度分别为 8 km 和 9 km)。[71]

　　偏振纠缠也可以在参量下转换(Ⅱ类,文献[16])的过程中获得。在最近的一次实验中,独立观察者也观察到了贝尔不等式的违背。[72]在该实验中,两个观察者 Alice 和 Bob 相距大约 400 m(由 1 km 光纤连接)。但是,他们的所有测量,包括从生成随机测量基到探测到光子,都在约 80 ns 的时间内完成,远小于他们之间发送信息所需的时间(约 1 300 ns)。为该实验开发的快速电光调制系统和探测电子设备可直接用于执行量子密码学,无论是使用真正的单光子状态,还是使用贝尔不等式的违背作为安全通信的保证。

2.7　结语

　　量子密码学及其所有可能的变化形式的研究已变得非常活跃,对该领域的任何全面评论都可能很快被新发现取代或推翻。因此,我们决定在这里仅提供一些非常基础的知识,以期成为进入该领域的良好起点。我们相信,当今的量子密码学是传统加密方法的可行替代方案,在不久的将来,我们可能不得不在保密通信中依靠量子力学而不是数论。

　　读者需要明白的是,我们对当前研究的介绍仅涉及皮毛,而略过了不少专题,诸如安全两方计算、量子身份验证的详细信息、窃听技术和安全性标准的详细分析,以及一些其他的密钥分发技术(例如基于两部分传送正交态的威德曼(Vaidman)或戈尔登贝格(Goldenberg)方案)。可以在洛斯阿拉莫斯国家实验室的电子文档档案中和其他网站上找到许多有关这些专题和其他相关内容的有趣论文。

第 3 章

量子密集编码和量子隐形传态

3.1 引言

鲍米斯特　魏因富尔特　蔡林格

　　在第 2 章中,我们讲述了如何使用量子纠缠来分发密钥。在本章中,我们来探讨其他采用纠缠的量子通信基本方案。第 3.2 节将描述"量子密集编码",这是一种通过仅操纵两个纠缠粒子中的一个来传输 2 比特信息的方法,每个纠缠粒子只能携带 1 比特信息。[73] 第 3.3 节将描述"量子隐形传态",该方案最初由本内特、布拉萨尔、克雷波 (Crépeau)、约萨(Jozsa)、佩雷斯(Peres)和伍特尔斯(Wootters)[74] 提出,其基本思想是将一个量子系统的状态转移至相距甚远的另一个量子系统。

　　事实证明,量子光学在实现量子密集编码和量子隐形传态方面非常成功。光学实现的两个关键要素分别是纠缠光子源,如第3.4节中所述,以及贝尔态分析仪,如第3.5节所述。第3.6节将给出量子密集编码的实验验证。[75]第3.7节将描述在因斯布鲁克所做的量子隐形传态实验[76],他们使用一对辅助纠缠光子来隐形传送单个光子的偏振态。第3.8节将描述由桑杜·波佩斯库(S. Popescu)[77]提出并在罗马[78]进行的实验,他们将一个光子的偏振态远距离传输到与其动量纠缠的另一光子上。第3.9节将解释连续量子变量的隐形传态,它由威德曼[79]首次提出,由布朗斯坦(Braunstein)和金布尔(Kimble)[80]进一步发展,并在加州理工学院[81]进行了实验验证。每个实验都有其自身的优缺点,如要比较各种方法,请参考文献[82-84]。

如果隐形传态协议的初始量子态是纠缠态的一部分,那么隐形传态过程的结果是使两个未直接相互作用的系统成为纠缠态。此过程称为"纠缠交换",将在第3.10节中进行描述,其应用[85-87]将在第3.11节中介绍。

3.2　量子密集编码协议

本内特和威斯纳[73]从理论上提出了量子密集编码方案。该方案利用了两个量子比特之间的纠缠,每个量子比特分别具有两个正交态 $|0\rangle$ 和 $|1\rangle$。在经典理论中,一对这样的粒子有四种可能的偏振组合:00,01,10 和 11。使用不同的信息来标识每种组合意味着我们可以通过操纵两个粒子来编码 2 比特信息。

量子力学还允许采用经典组合的叠加来编码信息,这种两个(或多个)粒子状态的叠加称为纠缠态(请参见第1.4节)。纠缠态可以很方便地采用一组两粒子最大纠缠贝尔态来作为一组完备基,其中下标1,2表示粒子1和粒子2:

$$|\Psi^+\rangle_{12} = (|0\rangle_1 |1\rangle_2 + |1\rangle_1 |0\rangle_2)/\sqrt{2} \tag{3.1}$$

$$|\Psi^-\rangle_{12} = (|0\rangle_1 |1\rangle_2 - |1\rangle_1 |0\rangle_2)/\sqrt{2} \tag{3.2}$$

$$|\Phi^+\rangle_{12} = (|0\rangle_1 |0\rangle_2 + |1\rangle_1 |1\rangle_2)/\sqrt{2} \tag{3.3}$$

$$|\Phi^-\rangle_{12} = (|0\rangle_1 |0\rangle_2 - |1\rangle_1 |1\rangle_2)/\sqrt{2} \tag{3.4}$$

通过使用不同的信息来标识每个贝尔态,我们可以再次对 2 比特信息进行编码,而现在只需操作两粒子之一即可。

这是通过以下量子通信方案实现的。首先,Alice 和 Bob 各自获得纠缠对中的一个

粒子,例如处于式(3.1)中给出的贝尔态$|\Psi^+\rangle_{12}$。然后,Bob 仅对他的粒子(粒子2)执行四个可能的幺正操作中的一个。这四个幺正操作是:

(1) 单位操作(不更改原始的双粒子态$|\Psi^+\rangle_{12}$);

(2) 比特反转($|0\rangle_2 \to |1\rangle_2$,$|1\rangle_2 \to |0\rangle_2$,将双粒子态更改为$|\Phi^+\rangle_{12}$);

(3) 相位反转(在$|0\rangle_2$和$|1\rangle_2$之间引入相位差 π,双粒子态转换为$|\Psi^-\rangle_{12}$);

(4) 同时实施比特反转和相位反转(给出$|\Phi^-\rangle_{12}$态)。

这四种操作对应四个正交的贝尔态,因此可以通过 Bob 的两态粒子向 Alice 发送四条可分辨的消息(2 比特信息),后者最终通过确定该双粒子系统的贝尔态来读取编码信息。与经典的 1 比特最大值相比,该方案将传输信道的信息容量提高到 2 比特。[①]

3.3 量子隐形传态协议

在本节中,我们将回顾本内特、布拉萨尔、克雷尔、约萨、佩雷斯和伍特尔斯提出的量子隐形传态方案[74]。该方案如图 3.1 所示。

该方案的想法是:Alice 让粒子 1 处于某个量子态,量子比特$|\Psi\rangle_1 = \alpha|0\rangle_1 + \beta|1\rangle_1$,其中,$|0\rangle$和$|1\rangle$表示两个正交态,复振幅 α 和 β 满足$|\alpha|^2 + |\beta|^2 = 1$。她希望将这种量子态转移给 Bob,但假设她无法将粒子直接发送给 Bob。我们知道,根据量子力学的投影假设,Alice 对其粒子进行的任何量子测量都将破坏手头的量子态,且无法提供 Bob 重建量子态的所有必要信息。那么,她怎么给 Bob 提供量子态呢? 答案是使用粒子 2 和 3 组成的辅助纠缠粒子对(EPR 对),其中,将粒子 2 给 Alice,将粒子 3 给 Bob。让我们考虑以下情况:Alice 和 Bob 共享的一对纠缠的粒子 2 和 3 处于状态

$$|\Psi^-\rangle_{23} = \frac{1}{\sqrt{2}}(|0\rangle_2|1\rangle_3 - |1\rangle_2|0\rangle_3) \tag{3.5}$$

这种纠缠态的重要特性是,一旦对其中一个粒子的测量将其投影到某个态(可以是$|0\rangle$和$|1\rangle$的任何归一化线性叠加),另一个粒子就必须处于其正交态。式(3.5)右边两项之间的特定相位关系(此处的相位差为 π,导致出现负号)意味着正交性与偏振测量选择的基无关。

---

① 虽然该方案将 Bob 接入的传输信道的信道容量提高到 2 比特,但我们必须注意到承载另一个光子的信道传输了 0 比特信息,因此总传输信息并未超过 2 比特。

尽管最初粒子1和2没有纠缠,但是它们的联合偏振态始终可以表示为四个最大纠缠贝尔态的叠加,由式(3.1)~(3.4)给出,因为这些状态形成了一组完备正交基。这三个粒子的总状态可以写成

$$\begin{aligned}
|\Psi\rangle_{123} = |\Psi\rangle_1 \otimes |\Psi\rangle_{23} = \frac{1}{2}\big[&|\Psi^-\rangle_{12}(-\alpha|0\rangle_3 - \beta|1\rangle_3) \\
&+ |\Psi^+\rangle_{12}(-\alpha|0\rangle_3 + \beta|1\rangle_3) \\
&+ |\Phi^-\rangle_{12}(\alpha|1\rangle_3 + \beta|0\rangle_3) \\
&+ |\Phi^+\rangle_{12}(\alpha|1\rangle_3 - \beta|0\rangle_3)\big]
\end{aligned} \tag{3.6}$$

Alice 现在对粒子1和2进行贝尔态测量(Bell state measurement,BSM),也就是说,她将两个粒子投影到四个贝尔态之一上。作为测量的结果,Bob 的粒子所处的状态与初态直接相关。例如,如果 Alice 的贝尔态测量结果为 $|\Phi^-\rangle_{12}$,那么 Bob 手中的粒子3处于状态 $\alpha|1\rangle_3 + \beta|0\rangle_3$。Alice 要做的就是通过经典信道将测量结果告知 Bob,Bob 可以对粒子3进行相应的幺正变换(U),以获得粒子1的初态。这样,就完成了隐形传态协议。

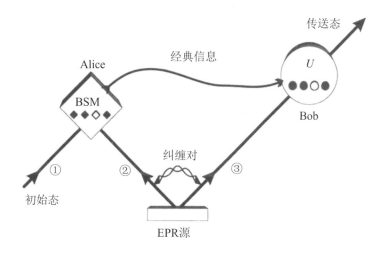

图 3.1　量子隐形传态的原理

Alice 有一个量子系统,即粒子1,她想把它的初态传送给 Bob。Alice 和 Bob 还共享一个辅助纠缠对,即由 EPR 源发出的一对纠缠粒子2和3。然后,Alice 对初始粒子和其中一个辅助粒子进行联合贝尔态测量(BSM),并将它们也投影到纠缠态。在将测量结果以经典信息形式发送给 Bob 之后,Bob 可以对另一个辅助粒子执行幺正变换(U),从而使其处于原始粒子的状态。对于量子比特的量子隐形传态,Alice 进行了一个投影测量,将量子态投影到四个正交的纠缠态(贝尔态),这些量子态构成了一组完备基。将 Alice 的测量结果(即2比特的经典信息)发送给 Bob,将使 Bob 能够重构初始量子比特。

请注意,在传送过程中,α 和 β 的值仍然未知。Alice 无法通过贝尔态测量获得任何有关传送态的信息。贝尔态测量只实现了量子态的转移。还要注意的是,在贝尔态测量期间,粒子 1 由于与粒子 2 纠缠而丢失了其初始量子态。因此在隐形传态过程中,$|\Psi\rangle_1$ 在 Alice 侧被破坏,即服从量子力学的不可克隆定理[88]。此外,不单是 Alice,其实任何人都无法知道粒子 1 的初态。在进行贝尔态测量时,它甚至可能在量子力学上是完全不确定的。这正如本内特等人[74]所述,粒子 1 是一个纠缠对中的一个粒子,因此本身没有确定的属性。这最终引向了纠缠交换,我们将在第 3.10 节中讨论。[85,87]

不论是量子隐形传态,还是量子密集编码和纠缠交换,其实验实现都需要产生纠缠粒子对和构造贝尔态分析仪。下面两节将描述量子光学中的实验技术,其可以产生纠缠光子对和实现(部分)贝尔态分析仪。

3.4　纠缠光子源
吉辛　雷勒蒂　魏斯

目前有一系列量子纠缠源。我们将在第 5.2.3 小节中讲述基于腔量子电动力学的纠缠原子源,在第 5.2.11 小节中讲述电磁保罗阱中制备的纠缠离子源,在第 5.3 节中讲述利用核磁共振技术在单个分子内实现核自旋之间的受控纠缠。固体物理中的纠缠源也在研究中,但是,判断固体物理中的受控纠缠是否能够实现还为时过早。这里,我们将讲述使用量子光学来产生纠缠。到目前为止,量子光学在产生高质量纠缠方面已经被证明是最成功的。

在量子光学中,可以建立纠缠的类别有两种(有关产生纠缠的基本概念,请参见第 1.5 节):一类以单个光子之间的纠缠为特征,我们将在本节中进行讲述;另一类是在光束的正交分量(相对于本地振荡器的同相和异相电场分量)之间或在光束的两个正交偏振分量之间建立纠缠(请参阅第 3.9.2 小节)。

3.4.1　参量下转换

非线性光学过程已广泛应用于量子光学实验。非线性光学是经典电动力学的一部分,用于处理强场在各种介质中的非弹性散射。光学中的非弹性散射意味着与材料的相互作用不仅改变了光的方向,还改变了光的频率,这可以通过其电磁极化率来描述。大多数情况下,在此类相互作用时会产生新的光场。磁化率的指数展开给出了最低阶的非线性过程:三波混频(参量相互作用)和四波混频。材料内部电极化矢量 P 的各个分量 P_i 由下式给出:

$$P_i = \chi_{ij}^{(1)}E_j + \chi_{ijk}^{(2)}E_jE_k + \chi_{ijkl}^{(3)}E_jE_kE_l + \cdots \tag{3.7}$$

其中,E_i 是电场分量。

为了能够从比所涉及的波长大的相互作用体积中观察非线性相互作用,我们必须考虑整个体积的分量。这些分量之间的干涉导致了所谓的相位匹配关系,即各个电磁场的波矢之间的关系。

如果从量子电动力学的角度来看这些过程,我们会发现像电磁场与原子的相互作用一样,不仅存在受激过程,还有自发过程。非线性相互作用中光子的自发产生最先由克雷什科(Klyshko)[89]进行了理论探究,并由伯纳姆(Burnham)和温伯格(Weinberg)[90]进行了实验研究。这种过程的一个特例是自发参量下转换,即二阶非线性过程,其只有单一的频率为 ω_p 的激发场。由于该泵浦场的非线性相互作用,将自发地产生频率为 ω_1 和 ω_2 的光子对。由相互作用中的能量守恒,我们会发现

$$\omega_1 + \omega_2 = \omega_p \tag{3.8}$$

加上相位匹配条件

$$k_1 + k_2 = k_p \tag{3.9}$$

这导致了相互作用动力学的各种可能,取决于所使用的材料和所观察到的频率。转换效率由 $\chi^{(2)}$ 的相应分量的模决定,通常很低。例如,如果我们以 100 mW(紫外光)泵浦非线性高的材料(如磷酸二氢钾、偏硼酸钡),那么利用小块(几毫米长)的晶体可以观察到每秒 10^{10} 个光子级别的转换光。对称性原理进一步告诉我们,二阶非线性仅在非中心对称的材料中才有,因此该属性仅存在于某些特定晶体中。

在可见光谱范围内进行参量下转换时,我们有两种可能的相位匹配方案。在 I 型相位匹配中,两个下转换光子具有平行偏振,而在 II 型相位匹配中,两个下转换光子具有正交偏振。由于在转换过程中的两个光子是同时产生的,由相位匹配关系以及适当的时间、空间模式选择,就能产生和观测纠缠。

3.4.2 时间纠缠

从下转换过程中产生的光子对具有各种关联特性。在Ⅰ型和Ⅱ型下转换中,我们可以观察到被称为时间纠缠的现象,这仅取决于以下事实:成对的两个光子是同时产生的,并且它们满足上文所述的能量守恒定律。后一个判据意味着在泵浦激光的相干时间内,任何光子对的产生时间都是不确定的。之所以出现同步判据,是因为光子对中的单个光子是宽带的(纳米带宽),相干时间为 100 fs 级别。这种纠缠已用于所谓的双光子弗兰森(Franson)干涉测量(图 3.2),其中两个光子都通过单独的非平衡马赫-曾德尔干涉仪。[91] 两个干涉仪以相同的方式构造,使得单个光子的相干长度短于光程差。因此,在干涉仪输出端的探测器的直接计数率中看不到干涉。但是,如果看一下两个干涉仪输出的符合计数,当我们改变干涉仪臂之间的相位时,就会观察到符合计数率的振荡。干涉仪内的量子态可以表示为

$$|\Psi\rangle = \frac{1}{2}\big[\,|S\rangle_1\,|S\rangle_2 + \mathrm{e}^{\mathrm{i}(\phi_1+\phi_2)}\,|L\rangle_1\,|L\rangle_2$$
$$+ \mathrm{e}^{\mathrm{i}\phi_2}\,|S\rangle_1\,|L\rangle_2 + \mathrm{e}^{\mathrm{i}\phi_1}\,|L\rangle_1\,|S\rangle_2\,\big] \tag{3.10}$$

其中,下标 1 和 2 分别表示图 3.2 中向左和向右移动的光子。量子态(3.10)实际上是直积态。但是,只有长-长(LL)和短-短(SS)的探测事件在探测器上才真正符合,并且其他事件可以通过选择合适的符合门宽来去除。最初的实验未使用该时间门控,因此最大干涉可见度被限制在 50%。[91] 后面的实验采用窄的符合门宽,从而只后选择出纠缠态,得到的干涉可见度大于 90%。[92]

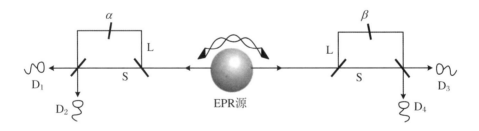

图 3.2　Franson 型实验的原理图
用两个远程非平衡马赫-曾德尔干涉仪测量时间纠缠光子对的干涉。每个干涉仪的相位可以在长(L)路径中通过移相器改变。

对时间纠缠还有一个有趣的阐述应该被提及。人们可以用脉冲激光配合一个非平衡干涉仪,来代替连续泵浦激光,其中脉冲长度短于干涉仪的臂长差[93],如图3.3所示。因此,如果在第一个干涉仪之后将泵浦光子分裂为晶体内部的双光子,那么后者的产生时间将不确定。更准确地说,非平衡干涉仪将泵浦光子的状态转换为 $\alpha|\text{short}\rangle_{\text{pump}} + \beta|\text{long}\rangle_{\text{pump}}$,晶体中的下转换过程将该状态转换为

$$\alpha\,|\,\text{short}\rangle_s \otimes |\,\text{short}\rangle_i + \beta\,|\,\text{long}\rangle_s \otimes |\,\text{long}\rangle_i \tag{3.11}$$

与连续泵浦激光产生的时间纠缠光子相反,脉冲泵浦激光的相干性并不重要,因为必要的相干性是由非平衡干涉仪建立的。换句话说,泵浦光子到达晶体时间的不确定性(在泵浦激光的相干长度内)被对应于$|\text{short}\rangle$和$|\text{long}\rangle$的两个尖峰所代替,这两个尖峰构成了我们的量子比特空间。因此,任何标准的激光二极管都可用作泵浦源。此外,基本状态可以通过它们的到达时间来分辨,而无需任何光路。通过改变非平衡干涉仪的耦合比和相位,可以产生所有双量子比特纠缠态。因此,可以实现所有的双量子比特量子通信协议。

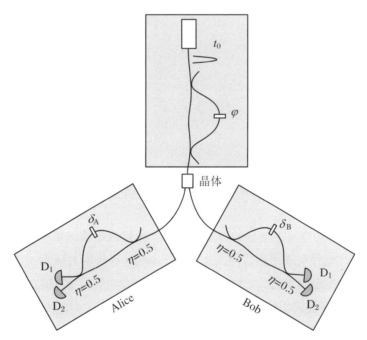

图3.3 脉冲时间纠缠双光子源的示意图以及在量子密码学中一种可能的应用

泵浦光子穿过第一个干涉仪的短臂和长臂产生的双光子是相干的。Alice 和 Bob 在 3 个不同的时间(相对于发射时间)探测光子:短,中,长。短计数和长计数是 100% 相关的。中计数对应于互补基$|\text{short}\rangle \pm |\text{long}\rangle$,并且也完全相关(假设 $\varphi + \delta_A + \delta_B = 0$)。注意,不需要随机发生器,也不需要有源光学元件。

3.4.3　动量纠缠

非共线下转换中存在的另一种纠缠是动量纠缠。这是由相位匹配关系导致的,该相位匹配关系控制不同波长向不同方向发射。使用小孔 A(图 3.4),可以从下转换光源中选择两个单独的模式对(方向)。[94] 选择的方式是,每对包括一个频率为 a 的光子(略高于泵浦频率的一半)和一个频率为 b 的光子(略低于泵浦频率的一半)。如图 3.4 所示,该光子对被发射到模式 $a1,b2$ 或模式 $a2,b1$ 中。因此,在分束器之前,我们有量子态

$$| \Psi \rangle = \frac{1}{\sqrt{2}} \big[\mathrm{e}^{\mathrm{i}\phi_b} | a \rangle_1 | b \rangle_2 + \mathrm{e}^{\mathrm{i}\phi_a} | a \rangle_2 | b \rangle_1 \big] \tag{3.12}$$

尽管这个阶段的模式可以清楚地分辨,但是该状态是纠缠的。当在分束器中重新组合 a 模式和 b 模式时,纠缠会显现出来。在分束器的后面,无法分辨上、下路径,从而导致干涉。50/50 分束器的变换满足

$$| \mathrm{in} \rangle_1 \rightarrow \frac{1}{\sqrt{2}} \big[| \mathrm{out} \rangle_3 + \mathrm{i} | \mathrm{out} \rangle_4 \big]$$

$$| \mathrm{in} \rangle_2 \rightarrow \frac{1}{\sqrt{2}} \big[| \mathrm{out} \rangle_4 + \mathrm{i} | \mathrm{out} \rangle_3 \big] \tag{3.13}$$

因此,在探测器之前的状态是

$$| \Psi \rangle = \frac{1}{2} \big[(\mathrm{e}^{\mathrm{i}\phi_a} - \mathrm{e}^{\mathrm{i}\phi_b}) | a \rangle_4 | b \rangle_3 + (\mathrm{e}^{\mathrm{i}\phi_b} - \mathrm{e}^{\mathrm{i}\phi_a}) | a \rangle_3 | b \rangle_4$$

$$+ \mathrm{i}(\mathrm{e}^{\mathrm{i}\phi_a} + \mathrm{e}^{\mathrm{i}\phi_b}) | a \rangle_4 | b \rangle_4 + \mathrm{i}(\mathrm{e}^{\mathrm{i}\phi_a} + \mathrm{e}^{\mathrm{i}\phi_b}) | a \rangle_3 | b \rangle_3 \big] \tag{3.14}$$

现在,这四项显示了四个可能的探测器组合中每一种符合探测的概率幅。取这些幅度的模平方,可以提供 a 和 b 探测器之间发生符合的概率,该概率会随着干涉仪相位差 $\phi = \phi_a - \phi_b$ 的变化而呈余弦变化。a 模式和 b 模式之间的一阶干涉效应之所以看不到,是因为每对光子都没有固定相位。参量下转换中的相位守恒源于前文所述的能量守恒,它是 a 模式和 b 模式的相位之和,与泵浦光的相位锁定。

a 模式(b 模式)干涉仪在偏置相位为 $\phi_a(\phi_b)$ 的测量基上测量两种可能的发射之间的"相位"。当 $\phi = \phi_a - \phi_b = 0(\pi/2)$ 时,该相位二进制测量中的 100% 相关(反相关)证实了该效应的非局域性。如果在每个光子对离开晶体时都存在与该光子对关联的局域实在相位(满足上述相位和条件),那么将无法重现该结果。在实验[94]中,测得的干涉可见度为 82%,超出了任何局域实在论模型预测的最大值。然而,由于四个光束的对准和重

合较为困难,与基于偏振的纠缠实验相比,此干涉可见度较低。

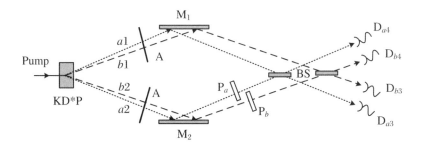

图 3.4　来自 I 型下转换源的动量纠缠的 Rarity-Tapster 实验示意图

使用两个双孔 A 从 I 型下转换源的发射光谱中选择两个关联的模式对。不同的波长在两个分束器 (BS) 上重合。探测器 D_{a3},D_{b3},D_{a4} 和 D_{b4} 用于测量分束器的输出。

3.4.4　偏振纠缠

最近,人们发现了一种新型的下转换源,它依赖于非共线 II 型相位匹配。[16] 在泵浦光与转换晶体的光轴之间成特定角度处,相位匹配条件将使得光子沿着不具有公共轴的光锥射出,如图 3.5 和图 3.6 所示。一个光锥是寻常光,另一个光锥是非常光。这些光锥通常沿两个方向相交。现在,如果我们记得在 II 型下转换中,成对的两个光子始终是正交偏振的,那么我们会发现沿着两个相交方向射出的光是非偏振的,因为我们无法区分光子属于哪一个光锥。当然,这也不完全正确,因为在双折射晶体中,寻常光和非常光将以不同的速度传播,所以原则上我们至少可以通过探测时间来分辨这两种情况。但是,可以通过在每一路插入厚度仅为一半的相同晶体,并旋转 $90°$ 来补偿这种"走离"。该步骤将完全消除所有此类可分辨信息,从而我们将拥有一个真正的偏振纠缠态,可以写为

$$| \Psi \rangle = \frac{1}{\sqrt{2}} [| V \rangle_1 | H \rangle_2 + \mathrm{e}^{i\varphi} | H \rangle_1 | V \rangle_2] \tag{3.15}$$

此外,我们可以使用这些补偿晶体来改变纠缠态的两个分量之间的相位 φ。如果我们在两个光束之一中使用额外的半波片,我们还可以产生四个贝尔态中的另外两个:

$$| \Phi^{\pm} \rangle = \frac{1}{\sqrt{2}} [| V \rangle_1 | V \rangle_2 \pm | H \rangle_1 | H \rangle_2] \tag{3.16}$$

为了再次观察干涉效应,需要将垂直偏振和水平偏振旋转到不可分辨的基矢上。这只需用45°偏振器来混合即可实现。

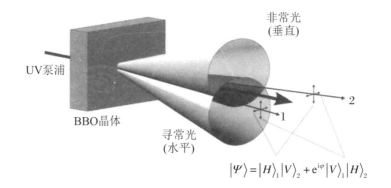

$$|\Psi\rangle = |H\rangle_1|V\rangle_2 + e^{i\varphi}|V\rangle_1|H\rangle_2$$

图3.5 非共线II型下转换可以产生两个特定波长的倾斜光锥

其他波长也会同时发射,但是为了观察偏振纠缠,我们使用窄带滤光片仅选出特定波长。

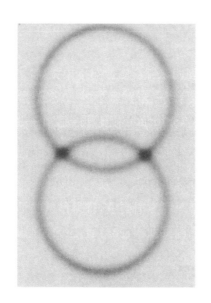

图3.6 通过窄带滤光片看到的II型下转换光

这两个环是寻常光和非常光的光锥。沿相交方向,我们观察到非偏振光。

3.5 贝尔态分析仪

鲍米斯特　魏因富尔特　蔡林格

从形式上讲,量子密集编码和量子隐形传态(见第3.2节和第3.3节)所需的贝尔态分析不是问题。我们要做的就是将任何输入态投影到贝尔态(3.1)~(3.4)上,然后通过重复此实验,发现原始态投影到某一贝尔态的概率。当然,贝尔态取决于所存在的纠缠类型。对单光子偏振和动量自由度之间的纠缠而言,可以使用简单的线性光学元件将其投影到完整的贝尔态基矢上(请参见第3.8节)。对双光子偏振纠缠而言,情况更加复杂,到目前为止,仅实现了向两个贝尔态的投影,而使其他两个状态在其探测中简并。这种部分贝尔态分析将在后文中说明。

偏振纠缠的部分贝尔态分析利用了分束器上两个量子比特的统计分布。贝尔态分析仪的基本原理是基于以下结果:在交换两个粒子时,四个贝尔态(3.1)~(3.4)只有一个是反对称的。这就是$|\Psi^-\rangle_{12}$态(式(3.2)),当交换标签1和2时,它会改变符号。其他三个状态是对称的。因此,我们观察到,在$|\Psi^-\rangle_{12}$态下,量子比特服从费米子对称性,而在其他三个状态下,量子比特服从玻色子对称性。到目前为止,我们还没有说明携带量子比特的粒子是玻色子还是费米子。实际上,这四个贝尔态可以是费米子态也可以是玻色子态。这是因为用式(3.1)~(3.4)描述的状态不是粒子的完整状态,而仅描述了粒子的内部(二能级)状态。总状态可以通过加上粒子的空间状态来获得,而同样地,其空间状态既可以是对称的,也可以是反对称的。在玻色子的情况下,波函数的空间部分对于$|\Psi^-\rangle_{12}$态必须是反对称的,对于其他三个则是对称的,而在费米子的情况下,则正好完全相反。

让我们首先考虑两个光子,它们是玻色子,并假设上述贝尔态描述了光子的偏振,即内部自由度。那么,两个光子的总状态必须是对称的。对于两个粒子对称入射到分束器上的情况,即每个粒子各从一个输入模式$|a\rangle$和$|b\rangle$进入,可能的外部(空间)状态为

$$|\Psi_A\rangle_{12} = \frac{1}{\sqrt{2}}(|a\rangle_1|b\rangle_2 - |b\rangle_1|a\rangle_2) \tag{3.17}$$

$$|\Psi_S\rangle_{12} = \frac{1}{\sqrt{2}}(|a\rangle_1|b\rangle_2 + |b\rangle_1|a\rangle_2) \tag{3.18}$$

其中，$|\Psi_A\rangle_{12}$和$|\Psi_S\rangle_{12}$分别是反对称和对称的。由于对称性的要求，总的双光子态为

$$|\Psi^+\rangle|\Psi_S\rangle, \quad |\Psi^-\rangle|\Psi_A\rangle, \quad |\Phi^+\rangle|\Psi_S\rangle, \quad |\Phi^-\rangle|\Psi_S\rangle \quad (3.19)$$

我们注意到，只有外部变量中的状态是反对称的，内部变量中的状态才是反对称的。该状态也以外部反对称状态从分束器出射。通过假定分束器不影响内部状态，并在外部（空间）状态上应用分束器算符（Hadamard 变换），很容易发现这一点。使用

$$H|a\rangle = \frac{1}{\sqrt{2}}(|c\rangle + |d\rangle) \quad (3.20)$$

$$H|b\rangle = \frac{1}{\sqrt{2}}(|c\rangle - |d\rangle) \quad (3.21)$$

现在可以很容易看出

$$H|\Psi_A\rangle_{12} = \frac{1}{\sqrt{2}}(|c\rangle_1|d\rangle_2 - |d\rangle_1|c\rangle_2) = |\Psi_A\rangle_{12} \quad (3.22)$$

因此，空间反对称状态是分束器算符的本征态。[95-96]相反，在三种对称外部状态$|\Psi_S\rangle$的情况下，两个光子在分束器的同一个输出端口一起出现。因此，可以清楚地将状态$|\Psi^-\rangle$与所有其他状态区分开。它是四个贝尔态中唯一一个可以在分束器之后的两个端口放置的探测器之间产生符合的贝尔态。[97-99]然后，我们该如何确定其他三个状态呢？事实证明，$|\Psi^+\rangle$与$|\Phi^+\rangle$和$|\Phi^-\rangle$之间的区别可以基于以下事实：只有在$|\Psi^+\rangle$中两个光子才具有不同的偏振，而在另两个状态中，光子具有相同的偏振。因此，通过偏振测量并观察分束器同一侧的光子，可以将状态$|\Psi^+\rangle$与状态$|\Phi^+\rangle$和$|\Phi^-\rangle$区分开。应当指出，对此过程的简单推广表明，可以用类似的方式将任何两个正交的最大纠缠态彼此区分开，因为可以通过局域幺正变换在二维希尔伯特空间中进行旋转。

现在考虑用费米子进行的相同实验。[100]同样地，贝尔态描述内部状态。例如，对于自旋纠缠的两个量子比特，因为总状态的反对称性要求，我们发现其四个可能的状态现在是

$$|\Psi^+\rangle|\Psi_A\rangle, \quad |\Psi^-\rangle|\Psi_S\rangle, \quad |\Phi^+\rangle|\Psi_A\rangle, \quad |\Phi^-\rangle|\Psi_A\rangle \quad (3.23)$$

所以对于费米子，只有一种状态是空间对称的，其他三种状态是空间反对称的。因此，仅在一种情况下，即对于$|\Psi^-\rangle$，两个费米子会从分束器中一起出现。在其他三种情况下，它们将来自不同出口。然而值得注意的是，同样由于其独特的对称性，我们可以立即将$|\Psi^-\rangle$与其他三个状态区分开。

3.6 使用量子比特的密集编码实验

在第 3.2 节中讲述的量子密集编码方案[75]的量子光学演示需要三个不同的部分(图 3.7):产生纠缠光子的 EPR 源,Bob 用于通过对他的粒子进行幺正变换实现信息编码的站点,以及 Alice 用于读取 Bob 发出的信号的贝尔态分析仪。偏振纠缠的光子可以通过 Ⅱ 型参量下转换产生(请参见第 3.4.4 小节)。来自氩离子激光器的紫外光束($\lambda = 351$ nm)被下转换为具有正交偏振的光子对($\lambda = 702$ nm)。

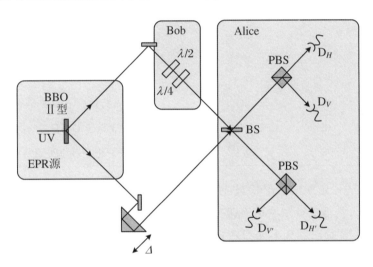

图 3.7 量子密集编码实验装置图[75]

在补偿 BBO 晶体中的双折射后,沿两个不同的发射方向(在距离晶体 1.5 m 的地方仔细选择 2 mm 圆孔)便获得了纠缠态 $|\Psi^+\rangle$。首先将一束光对准 Bob 的编码系统,另一束直接对准 Alice 的贝尔态分析仪。在对准过程中,使用一个可调光程补偿器来调整光程,使两路光程处于下转换后的光子的相干长度内($l_c \approx 100$ μm),以使 Alice 能够执行(部分)贝尔态分析。

对于偏振编码,对 Bob 的粒子的必要变换是通过半波片和 1/4 波片来完成的,其中,半波片用于改变偏振,1/4 波片用于产生偏振依赖的相移。[①] 然后,Bob 的光束与另一条光束在 Alice 的贝尔态分析仪中合并。该贝尔态分析仪由一个分束器、两个双通道偏振器和(四个单光子探测器之间的)符合装置组成。

由于只有状态 $|\Psi^-\rangle$ 具有反对称的空间部分,因此通过分束器不同输出之间的符合探测(即探测器 D_H 和 D_V 之间或 $D_{H'}$ 和 $D_{V'}$ 之间的符合)仅能记录到该状态。对于其余的三个状态,两个光子都进入分束器的同一输出端口。由于两个光子的偏振不同,状态 $|\Psi^+\rangle$ 可以很容易地与其他两个状态区分开,从而在双通道偏振器后面给出探测器 D_H 和 D_V 之间或 $D_{H'}$ 和 $D_{V'}$ 之间的符合。状态 $|\Phi^+\rangle$ 和 $|\Phi^-\rangle$ 都导致双光子态被单个探测器接收,因此无法分辨。表 3.1 概述了 Bob 编码器和 Alice 接收器的不同操作和探测概率。

表 3.1　关联光子量子密集编码实验的可能操作和探测结果

Bob 的设置		发送态	Alice 记录到的事件
$\lambda/2$	$\lambda/4$		
$0°$	$0°$	$|\Psi^+\rangle$	D_H-D_V 或 $D_{H'}$-$D_{V'}$ 之间的符合
$0°$	$90°$	$|\Psi^-\rangle$	D_H-$D_{V'}$ 或 $D_{H'}$-D_V 之间的符合
$45°$	$0°$	$|\Phi^+\rangle$	2 个光子处于 D_H,D_V,$D_{H'}$ 或 $D_{V'}$
$45°$	$90°$	$|\Phi^-\rangle$	2 个光子处于 D_H,D_V,$D_{H'}$ 或 $D_{V'}$

在实验中,先设定源的输出状态,使得当两块延迟片都为垂直方向时,Bob 编码后的量子态为 $|\Psi^+\rangle$,其他的贝尔态可以通过相应的设置(表 3.1)来生成。为了表征在 Alice 贝尔态分析仪上可观察到的干涉,我们用可调光程补偿器改变两个光束的光程差 Δ。对于 $\Delta \gg l_c$,没有干涉发生,探测器上的符合计数率服从经典统计。当光程差完全补偿好时($\Delta = 0$),干涉使人们能够读取编码信息。

图 3.8 和 3.9 分别显示了在输入态为 $|\Psi^+\rangle$ 和 $|\Psi^-\rangle$ 时,符合率 C_{HV}(·)和 $C_{HV'}$(○)对路径长度差的依赖性(符合率 $C_{H'V'}$ 和 $C_{H'V}$ 与它们类似。我们用符号 C_{AB} 表示探测器 D_A 和 D_B 之间的符合率)。在 $\Delta = 0$ 时,对于 $|\Psi^+\rangle$,C_{HV} 达到最大值(图 3.8),而对于 $|\Psi^-\rangle$,C_{HV} 消失(除了噪声)(图 3.9)。$C_{HV'}$ 则有相反的依赖性,并可以清楚地预示 $|\Psi^-\rangle$。这些测量的结果表明,如果两个光子都被探测到,我们就可以以 95% 的可靠性确定状态 $|\Psi^+\rangle$,以 93% 的可靠性确定状态 $|\Psi^-\rangle$。

当在盖革模式下(Geiger-mode)使用硅雪崩二极管进行单光子探测时,必须对贝尔

---

① 沿 1/4 波片轴向偏振的分量相对于另一个仅超前 $\pi/2$。将光轴从垂直方向调整为水平方向会导致 $|H\rangle$ 和 $|V\rangle$ 之间的净相位变化为 π。

态分析仪进行修改,因为此时还得通过符合探测来记录离开贝尔态分析仪的双光子是处于$|\Phi^+\rangle$态还是$|\Phi^-\rangle$态。[①]

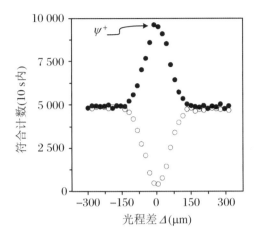

图 3.8　当发送的量子态是$|\Psi^+\rangle$时,符合率 C_{HV}（·）和 C_{HV}（○）随光程差 Δ 变化的函数

对于理想的调节（$\Delta=0$）,C_{HV} 会发生相长干涉,从而可以确定发送的状态是$|\Psi^+\rangle$。

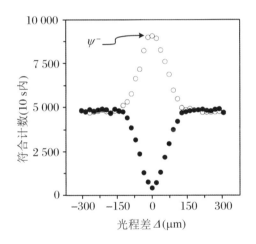

图 3.9　当发送的量子态是$|\Psi^-\rangle$时,符合率 C_{HV}（·）和 C_{HV}（○）随光程差 Δ 变化的函数

符合率 C_{HV} 的相长干涉使人们能够读取与该状态相关的信息。

　　一种可能性是通过在 Alice 的分束器之前引入偏振相关的延迟（$\gg l_c$）来完全消除干

---

① 　必须对双光子态进行特殊识别:硅雪崩光电二极管为一个或多个光子提供相同的输出脉冲,因此只有符合探测才能记录双光子态。特殊的光电倍增管可以区分单光子吸收和双光子吸收,但是目前效率太低。

涉。例如,使用厚石英片,在一条光束中延迟 $|H\rangle$,在另一条光束中延迟 $|V\rangle$。另一种方法是引入一个额外的分束器去分离入射的双光子态,并通过每个输出中探测器之间的符合计数对其进行探测(成功可能性为 50%)。作为原理演示,我们仅将这种配置代替探测器 D_H。图 3.10 显示了当 Bob 发送 $|\Phi^-\rangle$ 时,在路径长度差 $\Delta = 0$ 时,符合率 $C_{H\bar{H}}(\square)$ 的增加,且符合率 C_{HV} 和 C_{HV} 在背景水平。

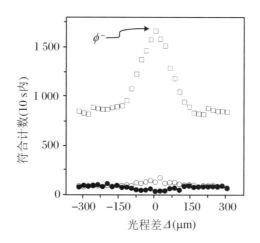

图 3.10　符合率 $C_{H\bar{H}}(\square)$,$C_{HV}(\,\cdot\,)$ 和 $C_{HV}(\,\circ\,)$ 随光程差 Δ 变化的函数

符合率 $C_{H\bar{H}}$ 的最大值表示传输了第三种量子态 $|\Phi^-\rangle$。与图 3.8 和 3.9 的计数率相比,$C_{H\bar{H}}$ 减小至 1/4,原因是成功探测到 $|\Phi^-\rangle$ 的概率进一步降低,请参见正文。

但是请注意,对于这两种方法,在一半的情况下,两个光子仍然被一个探测器探测到。因此,既然我们只插入了一个这样的配置,那么 $C_{H\bar{H}}$ 的最大值约为图 3.8 和 3.9 中 C_{HV} 或 C_{HV} 的 1/4。

因为现在我们可以分辨三种不同的信息,所以进行量子密集编码传输的条件已经具备。图 3.11 展示了仅以 15 个三元比特组而不是 24 个经典比特发送"KM°"的 ASCⅡ 码(即 75,77,179)时的各种符合率(归一化为相应传输态的最大速率)。在这种测量方式下,人们还可以通过将表示实际状态的速率与另外两个速率之和进行比较,来获得信噪比。由于各个干涉的可见度不同,三种状态的传输比率也有所不同,分别为 $S/N_{|\Psi^+\rangle} = 14.8$,$S/N_{|\Psi^-\rangle} = 13.0$ 和 $S/N_{|\Phi^-\rangle} = 8.5$。

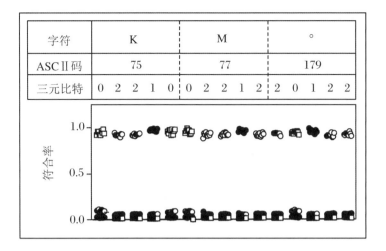

字符	K					M					°				
ASCⅡ码	75					77					179				
三元比特	0	2	2	1	0	0	2	2	1	2	2	0	1	2	2

图 3.11 "每光子 1.58 比特"量子密集编码

字符"KM°"的 ASCⅡ码(即 75,77,179)编码在 15 个三元比特上("0"≡$|\Phi^-\rangle$≙□,"1"≡$|\Psi^+\rangle$≙·,"2"≡$|\Psi^-\rangle$≙○。)而不是通常需要的 24 比特。将每种类型编码状态的数据归一化为该状态的最大符合率。

3.7　量子比特的隐形传态实验

鲍米斯特　潘建伟　魏因富尔特　蔡林格

在本节中,我们将给出以单光子的偏振态编码的量子比特量子隐形传态的实验演示。[76]在传送期间,对要传输的携带偏振信息的初始光子和一对纠缠光子中的一个进行测量,以使纠缠对中的第二个光子获取初始光子的偏振。图 3.12 是实验装置的示意图。如第 3.3 节所述,量子隐形传态的实验实现需要纠缠态的产生和测量,分别在图 3.12 中由 EPR 源和贝尔态测量(BSM)表示。偏振纠缠光子的 EPR 源与$|\Psi^-\rangle_{12}$的贝尔态分析仪已分别在第 3.4 节与第 3.5 节中进行过描述。

本节介绍的量子比特的量子隐形传态的实验实现仅限于使用$|\Psi^-\rangle_{12}$贝尔态投影。[①] 当 Alice 测量$|\Psi^-\rangle_{12}$中的光子 1 和 2 时,Bob 必须执行的幺正变换是单位变换,即 Bob 应该探测到与光子 1 处于相同状态的光子。

---

① 可以将贝尔态分析仪扩展为能够专门识别$|\Psi^-\rangle_{12}$和$|\Psi^+\rangle_{12}$的分析仪(请参见第 3.5 节)。

为了避免独立产生的光子1和2可以通过到达探测器的时间来分辨,从而导致无法实现贝尔态测量,可以采用以下技术:光子2及其纠缠的光子3是通过脉冲参量下转换产生的(由倍频锁模掺钛蓝宝石(Ti:sapphire)激光器产生的泵浦脉冲长200 fs)。脉冲反射回去通过晶体(图3.12),以产生第二对光子,即光子1和4。光子4被用作触发信号来标记光子1的存在。光子1和2现在位于200 fs长的脉冲内,可以通过可变延迟进行调节,从而获得光子在探测器处的最大空间重叠。但是,这还不能保证在探测时不可分辨,因为纠缠的下转换光子通常具有一定的相干长度,该相干长度对应于约50 fs长的波包,它比泵浦激光的脉冲短。因此,时间分辨率大于50 fs的光子1和2与其伴随光子3和4的符合探测可以识别哪些光子是一起产生的。为了在探测时实现不可分辨性,光子波包应被拉伸到比泵浦脉冲长得多的长度。在实验中,这是通过在探测器前面放置4 nm窄带干涉滤片来完成的。这些滤出的波包持续时间在500 fs量级,从而得到的光子1和2的最大不可分辨性约为85%。[101]

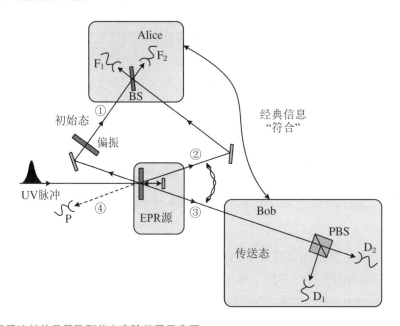

图3.12　量子比特的量子隐形传态实验装置示意图

穿过非线性晶体的紫外光(UV)脉冲产生一对辅助的纠缠光子2和3。紫外脉冲在反射后第二次穿过晶体时,可以产生另一对光子,其中一个将被制备到要传送的光子1的初始状态,另一个用作标记待传送光子1的触发信号。然后,Alice在分束器(BS)之后探测初始光子1和辅助光子2的符合计数。Bob收到了Alice在探测器 F_1 和 F_2 中识别出贝尔态 $|\Psi^-\rangle_{12}$ 的符合计数的经典信息后,便知道他的光子3处于光子1的初始状态,然后他可以使用偏振分束器(PBS)以及探测器 D_1 和 D_2 来进行偏振检验。探测器P用于指示光子1的存在。

量子信息物理
The Physics of Quantum Information

现在,我们已经讨论了隐形传态装置的所有重要实验组件。那么剩下的问题便是,如何通过实验证明上述装置可以传送未知的量子态呢? 为此,必须证明隐形传送适用于一组已知的非正交态。非正交态测试对于证明量子纠缠在隐形传态中的关键作用是必要的。[①]

3.7.1　实验结果

在第一个实验中,编码了初始量子比特的光子 1 被制备到 45°线偏振态。一旦光子 1 和 2 被探测到处在$|\Psi^-\rangle_{12}$,就实现了量子隐形传态。这意味着,如果记录到探测器 F_1 和 F_2(图 3.12)之间的符合,即光子 1 和 2 投影到$|\Psi^-\rangle_{12}$上,则光子 3 应该处于 45°偏振(整体相位在这里可以忽略,参见式(3.6))。光子 3 的偏振态可以通过选择 +45°和 -45°偏振的偏振分束器来分析。为了演示隐形传态,一旦 F_1 和 F_2 记录了符合计数,就只应在偏振分束器 +45°输出处的探测器 D_2 才能探测到光子。偏振分束器 -45°输出处的探测器 D_1 不应探测到光子。因此,同时满足记录到三体符合的 $D_2F_1F_2$(+45°分析)与不存在三体符合的 $D_1F_1F_2$(-45°分析),就证明了表示初始量子比特的光子 1 的偏振已经转移到了光子 3。

为了满足光子 1 和 2 的不可分辨性的条件(请参见前一小节),我们通过平移反射镜改变第一个和第二个下转换之间的延迟来改变光子 2 的到达时间(图 3.12)。当光子 1 和 2 到达探测器的时间在它们的时间重叠区域内时,隐形传态即可实现。

在隐形传态区域之外,光子 1 和 2 将彼此独立地到达 F_1 或 F_2。因此,在 F_1 和 F_2 之间获得符合的概率为 50%。因为只有进入分束器的双光子态的$|\Psi^-\rangle$分量会给出符合计数,所以它是在隐形传态区域内概率的 2 倍。因为光子 2 是纠缠态的一部分,所以光子 2 本身没有确定的偏振,并且光子 1 和 2 的联合态是所有四个贝尔态的等权叠加,而与光子 1 的状态无关。光子 3 也不应有确定的偏振,因为它与光子 2 纠缠在一起。因此,D_1 和 D_2 都有 50%的机会接收到光子 3。这个简单的论据给出,在隐形传态区域之外,-45°分析($D_1F_1F_2$ 符合)和 +45°分析($D_2F_1F_2$ 符合)得到的概率都是 25%。

图 3.13 是三体符合概率与延迟的依赖关系的理论预测。当三体符合概率在 -45°分析中减小到 0(图 3.13(a)),并在 +45°分析中得到恒定值(图 3.13(b))时,+45°偏振态被成功隐形传送。请注意,以上论据是以探测器 P(图 3.12)探测到触发光子为条件的。

---

① 其原因与构造贝尔不等式时使用非正交态的原因基本相同(参见第 1.7 节及其中的参考文献)。

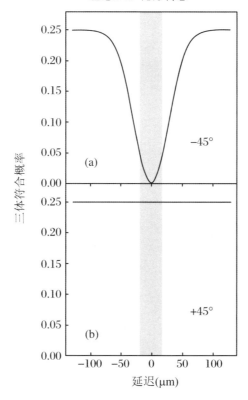

图3.13 两个贝尔态探测器(F_1, F_2)与探测隐形传态的探测器之间的三体符合概率的理论预测

当探测器探测 $-45°$ 偏振时，三体符合在延迟等于 0 时减小到 0(a)，而当探测器探测 $+45°$ 偏振时，三体符合保持不变，此时 $+45°$ 的光子偏振态被成功隐形传送(b)。阴影区域表示隐形传态区域。

图3.14 的左侧显示了 $+45°$ 偏振光子的隐形传送的实验结果。图 3.14(a)和 3.14 (b)应该与图 3.13 所示的理论预测进行比较。

$-45°$ 分析中的急剧下降与 $+45°$ 分析中的恒定信号表明，光子 3 与光子 1 偏振相同，这与量子隐形传态协议一致。实际上，由于采用第四个光子作为指示光子 1 存在的触发信号，我们已经使用了四体符合测量。

为了排除对实验结果的任何经典解释，我们也对 $+90°$ 偏振态的隐形传送，即 $+45°$ 态的非正交态的隐形传送进行了四体符合测量。实验结果如图 3.14(c)和 3.14(d)所示。正交偏振态下，在极小值位置得到了 $70\% \pm 3\%$ 的可见度。

从图 3.14 可以直接得到单光子偏振编码的量子比特的传送保真度。保真度的定义为输入量子比特与传送量子比特的重叠，已在图 3.15 中绘出。在实验中，对隐形传态光

量子信息物理
The Physics of Quantum Information

子的探测起到滤出单个输入量子比特的实验过程和测量隐形传态保真度的双重作用。关于滤波,注意到 Alice 贝尔态分析仪的两个探测事件可能是由两对光子在泵浦脉冲反射经过晶体时产生的,这样 Bob 就不会观察到任何光子[83],反而两个光子将向探测器 P 传播。这种情况可以通过使用可分辨单光子和双光子的探测器 P 来识别并消除。[102]

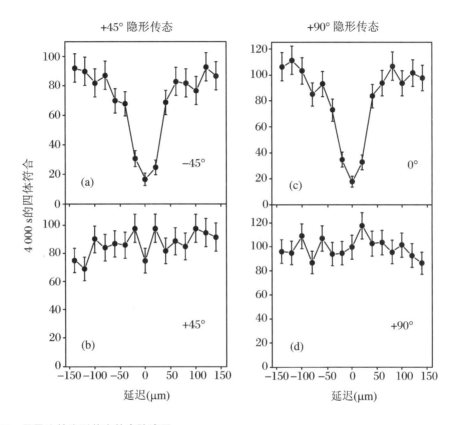

图 3.14 量子比特隐形传态的实验演示

当要传送的光子态在 + 45° 偏振((a)和(b))或在 + 90° 偏振((c)和(d))的情况下,测得符合计数 $D_1 F_1 F_2$($-45°$)和 $D_2 F_1 F_2$($+45°$),其中以探测器 P 探测到触发光子为条件。四体符合是光子 1 和 2 到达 Alice 分束器(图 3.12)之间的延迟(以 μm 为单位)的函数。这些数据与图 3.13 结合,证实了任意量子比特的隐形传态。

不管是否使用这种修改后的探测手段,测得的保真度都将是相同的[84],其主要由在 Alice 贝尔态分析仪中探测到的光子的不可分辨度决定。不可分辨度直接与泵浦脉冲和干涉滤光片的带宽之比有关。此比率越大,保真度越高,但计数率越低。

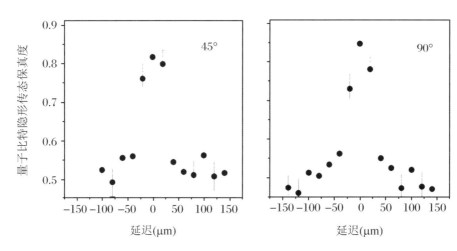

图 3.15　基于单光子偏振编码的单量子比特隐形传态保真度

通过四体符合技术可以确定输入量子比特与隐形传送量子比特的符合高达 80%。

3.7.2　纠缠的隐形传态

如图 3.16 所示，我们能利用光子 1 和 4 也可以处在纠缠态（例如在 $|\Psi^-\rangle_{14}$）这一事实，而不是将上述实验中的光子 4 仅用作触发信号来指示光子 1 的存在。

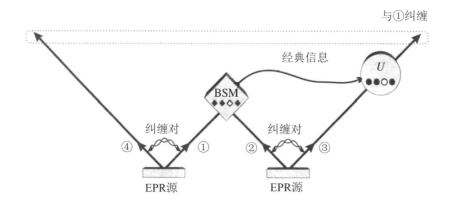

图 3.16　纠缠交换的原理

两个 EPR 源产生两对纠缠的光子，即 1-4 对和 2-3 对。对每对中的两个光子（光子 1 和 2）进行贝尔态测量（BSM）。这导致其他两个输出光子 3 和 4 被投影到纠缠态。

因此,光子1的状态是完全不确定的,所有信息都存储在光子1和光子4的联合性质中。如果现在如前一节所述对光子1进行量子隐形传态,那么光子3将获得光子1的性质,因此变得与光子4纠缠(图3.16)。有趣的是,光子4和光子3来自不同的光源,并且从未直接相互作用,但在量子隐形传态过程之后,它们却形成了纠缠对。对纠缠转移这一过程(称为纠缠交换)的实验验证[86]及几种可能的应用[85,87],将在第3.10和第3.11节中描述。

3.7.3 小结与展望

本节讨论了利用一对偏振纠缠光子和双光子干涉方法,将编码在一个光子偏振态的量子比特转移到另一个光子上。其他光学系统中也可实现隐形传态,这将在以下两节中讨论。但是,量子隐形传态绝不限于光学系统。除了成对的纠缠光子外,人们还可以使用纠缠的原子[103],并且原则上可以使光子与原子纠缠或声子与离子纠缠,以此类推。如此一来,隐形传态就允许将快速退相干的短寿命粒子的状态转移到一些更稳定的系统上。这使量子存储器成为可能,其中入射光子的信息存储在被精心屏蔽于环境的囚禁离子/原子上。

此外,通过纠缠纯化[49](一种提高纠缠质量的方案,以应对粒子在噪声信道中存储或传输时由于退相干而导致的纠缠下降,请参见第8章),可以将粒子的量子态发送到某个地方,即使在可用的量子信道质量有限,从而发送粒子本身可能会破坏脆弱的量子态的情况下。如果人们通过噪声量子信道发送量子态的距离太长,那么对于标准的纯化方法来说,传输的保真度就会变得太低。在这种情况下量子中继方法允许将量子信道分成较短的段,将其分别纯化,然后通过纠缠交换[104]连接(第8.7节)。能够在恶劣的环境中保持量子态,将为量子通信和量子计算领域带来巨大的优势。

3.8 量子隐形传态的两粒子方案

鲍米斯特

在第3.3节中所述的隐形传态方案提出了两个新概念:首先,它展示了纠缠如何用作量子信道的一部分。其次,它表明与量子粒子状态有关的信息可以物理分解为经典成分和真正的量子成分,并从中重建。单独来看,这两个概念都不包含任何关于量子态的信息;然而放在一起,它们就完全决定了量子态。

在上一节中,人们使用三光子和四光子实验演示了这些概念。这些实验的局限性在于 Alice 无法执行完整的贝尔态测量,从而降低了量子隐形传态的效率。完整的贝尔态测量意味着实现两个光子之间的受控相互作用,这在实践中极难实现。本节描述的方案是由波佩斯库[77]提出并在罗马[78]实验实现的,它避免了上述问题,但对可以转移的量子态有限制。

原始的隐形传态方案涉及三个粒子。其中的两个粒子一个发送到 Alice,一个发送到 Bob,处于纠缠态(单态)并构成"非局域信道",第三个粒子最初处于 Alice 需要传输的状态 Ψ。人们可以认为,该粒子是由第三方即制备者制备成这种状态的,或者 Alice 自己直接从自然界获得的。这里考虑的方案只涉及两个粒子,即形成非局域信道的粒子。制备者必须帮助 Alice 将 Ψ 直接编码到她的纠缠粒子上(纠缠单态中的一个粒子),而不是将其编码到第三个粒子中。为此,制备者必须使用 Alice 粒子的其他自由度,而不是它与 Bob 粒子纠缠的自由度。这并不能改变 Alice 所面临的问题——Alice 不知道 Ψ 是什么。因此,如果她仅限于使用经典信道,那么她无法帮助 Bob 将他的粒子制备到 Ψ。然而,通过使用非局域量子信道,她就能够完成任务,将量子态转移给 Bob。

在这种两粒子方案中,Alice 的操作比在三粒子方案中更简单,因为使同一个粒子的不同自由度相互作用通常比使两个不同粒子相互作用更容易。

我们将通过逐步介绍文献[77]中提出的光学实验装置,来描述量子隐形传态的两粒子协议。第一步是产生两个在其传播方向上纠缠在一起的光子,即在动量上纠缠在一起,但每个光子都有确定的偏振。图 3.17 中代表 EPR 源的方框显示了如何实现此目标。[78]使用 II 型参量下转换,首先制备偏振纠缠态:

$$| \Psi^+ \rangle = \frac{1}{\sqrt{2}}(| H \rangle_1 | V \rangle_2 + | V \rangle_1 | H \rangle_2) \tag{3.24}$$

其中,下标 1 和 2 标记了关联光子的两个输出方向。此后,两个光子都通过偏振分束器,该偏振分束器使水平(垂直)光子偏转(透射)。这将偏振纠缠转换为动量纠缠,新的量子态写为

$$\frac{1}{\sqrt{2}}(| a_1 \rangle | a_2 \rangle + | b_1 \rangle | b_2 \rangle) | H \rangle_1 | V \rangle_2 \tag{3.25}$$

其中,下标 1 和 2 现在分别指示通往 Alice 和 Bob 的双信道。下标为 1 的光子必须为水平(H)偏振,下标为 2 的光子必须为垂直(V)偏振。动量纠缠的光子形成非局域传输信道。

在光子 1 到达 Alice 的途中,制备器 P 拦截了光子 1 并将其偏振从 H 改变为任意量子叠加态:

$$|\Psi\rangle_1 = \alpha |H\rangle_1 + \beta |V\rangle_1 \tag{3.26}$$

制备者以相同的方式影响路径 a_1 和 b_1 中的偏振,量子态 $|\Psi\rangle_1$ 是 Alice 想要传输给 Bob 的量子态。请注意,至关重要的是我们这里同时使用量子粒子的空间和偏振自由度。[①]制备后两个光子的总体状态为

$$|\Phi\rangle = \frac{1}{\sqrt{2}}(|a_1\rangle |a_2\rangle + |b_1\rangle |b_2\rangle) |\Psi\rangle_1 |V\rangle_2 \tag{3.27}$$

这与式(3.6)中状态 Ψ_{123} 的形式类似。

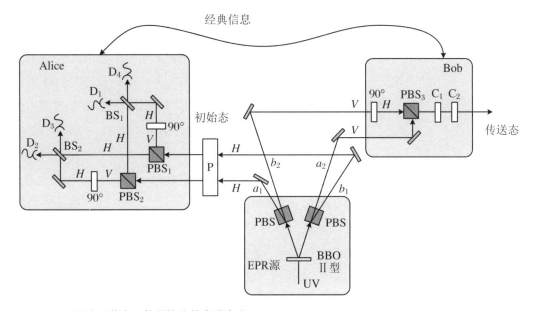

图 3.17　量子隐形传态双粒子协议的实验方案

该装置包括用于产生偏振纠缠光子的 Ⅱ 型(BBO)下转换源、偏振分束器(PBS)、50/50 分束器(BS)、单光子探测器(D)、90°偏振旋转波片、初始量子态的制备器(P)和偏振转换器(C)。

协议中的下一步是,Alice 对初态 $|\Psi\rangle_1$ 和动量纠缠态的一部分进行联合(贝尔态)测量。假设有一种方法可以将光子 1 的偏振和动量投影到四个贝尔态,式(3.6)可以等价为

---

① 马雷克·茹科夫斯基(M. Zukowski)提出了使用粒子的空间和偏振自由度来在仅使用两个粒子的情况下生成"三粒子"GHZ 纠缠。[105]

$$|\Phi\rangle = \frac{1}{2}[(|a_1\rangle|V\rangle_1 + |b_1\rangle|H\rangle_1)(\beta|a_2\rangle + \alpha|b_2\rangle)|V\rangle_2$$

$$+ (|a_1\rangle|V\rangle_1 - |b_1\rangle|H\rangle_1)(\beta|a_2\rangle - \alpha|b_2\rangle)|V\rangle_2$$

$$+ (|a_1\rangle|H\rangle_1 + |b_1\rangle|V\rangle_1)(\alpha|a_2\rangle + \beta|b_2\rangle)|V\rangle_2$$

$$+ (|a_1\rangle|H\rangle_1 - |b_1\rangle|V\rangle_1)(\alpha|a_2\rangle - \beta|b_2\rangle)|V\rangle_2] \tag{3.28}$$

每项的第一部分对应于光子 1 的贝尔态,第二部分对应于光子 2 的相应状态。与三粒子协议的情况相反,粒子 1 在贝尔态基矢上的投影不再是一个严重的问题,可以以几乎 100% 的效率实现。为了该投影,我们必须使光子 1 的偏振和方向特性纠缠。这可以通过在路径 a_1 和 b_1 中使用偏振分束器,以及将来自 $a_1(|a_1\rangle|V\rangle_1)$ 的 V 分量与来自 $b_1(|b_1\rangle|H\rangle_1)$ 的 H 分量合并来完成,反之亦然。这种对相对相位敏感的组合是通过将光子旋转到同一偏振态,并让它们在普通分束器上干涉来实现的。D_1,D_2,D_3 或 D_4 进行的光子探测现在直接对应四个贝尔态上的投影。

该协议的最后一步是,Alice 通知 Bob,哪个探测器探测到了光子。利用该信息,Bob 可以用下面的方法再现初始偏振态:他首先通过简单地在路径 b_2(或 a_2)中使用 90° 旋转波片和偏振分束器来组合路径,将光子 2 的动量叠加(式(3.28))转换为偏振中的相同叠加。然后,他根据从 Alice 获得的信息就可以打开或关闭两个光学元件,以切换 H 和 V,并在 H 和 V 之间提供相对相位 π。这将光子 2 的偏振态转换为在光子 1 上制备的偏振态,从而完成传输。

本方案的优点是,它使用完全的贝尔态测量,且仅使用两个粒子来演示两个隐形传态的概念:一是证明量子信息可以分解为经典部分和真正的量子部分,二是显示了非局域传输。此外,与上一节中描述的三粒子方案相比,它还具有很高的效率。

该方案的一个缺点是它不允许 Alice 传送外部粒子的状态。因此,它需要制备者的帮助:给 Alice 的初始偏振态必须在一个动量与 Bob 粒子纠缠的粒子上制备。而且 Ψ 必须是纯态,这意味着它不能是纠缠态的一部分。

请参考文献[78]以了解关于上述装置的实验实现的细节,以及证实量子态从 Alice 转移到 Bob 的实验数据。

致谢:非常感谢波佩斯库在撰写本节中所提供的帮助。

3.9　连续变量的量子隐形传态

鲍米斯特

3.9.1　采用位置和动量纠缠

在本节中,我们将概述由列夫·威德曼[79]提出、布朗斯坦和金布尔[80]进一步阐述,并在加州理工学院[81]通过实验实现的另一种量子隐形传态的基本思想。该方案使用位置和动量纠缠而不是偏振纠缠。该量子隐形传态方案的结果是将量子系统的位置和动量(定义外部状态)转移到遥远的量子系统,而在第3.7和第3.8节讨论的方案中,是内部状态(偏振)被转移。与偏振相比,一个重要的区别是,位置和动量在特定基矢的叠加上的表达形式不同。位置和动量都需要无限数量的基矢,因为对于任何两个不同的位置或动量,都对应着两个正交的不同本征态(位置本征态和动量本征态形成无限维的希尔伯特空间)。但是,粒子的偏振可以表示为仅两个基矢的叠加(偏振具有二维希尔伯特空间)。

考虑 Alice 有一个具有特定位置 x_1 和动量 p_1 的量子粒子的情况(图3.18),她希望将该量子信息发送给位于较远位置的 Bob。由于位置和动量的算符不对易,$[\hat{x}, \hat{p}] = i\hbar$,$x$ 和 p 之间服从海森堡不确定关系,从而导致 Alice 无法同时精确测量 x_1 和 p_1。因此,量子力学禁止 Alice 获得她希望传递的信息。解决这个难题的方法在概念上与第3.3节中描述的协议相同。同样地,图3.18中 EPR 源产生的一对纠缠的辅助粒子必须在 Alice 和 Bob 之间分配。但是,现在应该将辅助粒子纠缠在它们的位置和动量上。粒子 2 和 3 的纠缠可由如下条件描述:

$$x_2 + x_3 = 0, \quad \text{且} \quad p_2 - p_3 = 0 \tag{3.29}$$

单个粒子的特性,即 x_2, x_3, p_2 和 p_3 完全无法由式(3.29)确定。相反地,它们的联合特性完全确定。请注意,尽管对每个粒子而言算符 $\hat{x}$ 和 $\hat{p}$ 不对易,但是 $x_2 + x_3$ 和 $p_2 - p_3$ 的算符会由于位置相加与动量相减而对易。因此,对于纠缠态而言,联合特性 $x_2 + x_3$ 和

$p_2 - p_3$ 都可以精确测量。

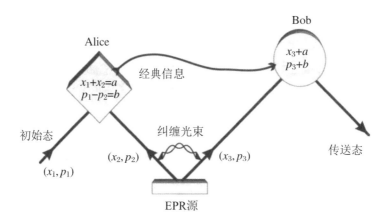

图 3.18　连续变量的量子隐形传态示意图

协议的下一步是 Alice 对粒子 1 和 2 进行贝尔态测量。也就是说，粒子 1 和 2 的状态投影到纠缠态。在粒子内部（偏振）状态的隐形传送的情况下，贝尔态测量只有四种可能的结果，因为每个粒子的偏振对应二维希尔伯特空间，两粒子偏振纠缠可以表示为四个基矢的叠加。在当前情况下，Alice 的测量得出

$$x_1 + x_2 = a, \quad 且 \quad p_1 - p_2 = b \tag{3.30}$$

其中，a 和 b 是两个实数，它们都是连续取值的。这表明两个粒子的位置和与动量差的测量需要投影到无限维的希尔伯特空间上。

由于初始纠缠（3.29）和 Alice 的测量（3.30），Bob 手中量子态的信息为

$$x_3 = x_1 - a, \quad 且 \quad p_3 = p_1 - b \tag{3.31}$$

要完成量子隐形传态协议，Alice 只需通过经典信道向 Bob 发送她的测量结果，即测量值 a 和 b，然后 Bob 将其粒子的位置和动量分别平移 a 和 b 即可。最终结果是 Bob 的粒子 3 处于粒子 1 的初始量子态。

3.9.2　量子光学实现

连续变量的量子隐形传态实验已在加州理工学院实现。[81] 该实现方式不使用粒子的位置 x 和动量 p，而是使用服从与 $\hat{x}$ 和 $\hat{p}$ 相同的对易关系来表征的光束。该类比基于以下事实：量子化辐射场的单个（横向）模式可以由量子简谐振子来表征。[106-109]

哈密顿量描述了质量为 m、频率为 ω、位移为 x、动量为 p 的经典简谐振子：

$$H = \frac{p^2}{2m} + \frac{m}{2}\omega^2 x^2 \tag{3.32}$$

为了获得量子力学哈密顿量，x 和 p 应该转换为服从对易关系 $[\hat{x}, \hat{p}] = \mathrm{i}\hbar$ 的算符$\Big($ $x \rightarrow \hat{x}$ 且 $p \rightarrow \hat{p} = \mathrm{i}\hbar\frac{\partial}{\partial x}\Big)$。如果我们定义

$$\hat{x} = \sqrt{\frac{\hbar}{2m\omega}}(\hat{a}^\dagger + \hat{a}) \tag{3.33}$$

$$\hat{p} = \mathrm{i}\sqrt{\frac{\hbar m\omega}{2}}(\hat{a}^\dagger - \hat{a}) \tag{3.34}$$

那么量子化的简谐振子的哈密顿量自然可以写为

$$\hat{H} = \hbar\omega\left(\hat{a}^\dagger\hat{a} + \frac{1}{2}\right) \tag{3.35}$$

对于 $\hat{a}$ 和 $\hat{a}^\dagger$ 而言，最重要的关系是

$$\hat{a}\,|\,n\rangle = \sqrt{n}\,|\,n-1\rangle, \quad \hat{a}\,|\,0\rangle = 0 \tag{3.36}$$

$$\hat{a}^\dagger\,|\,n\rangle = \sqrt{n+1}\,|\,n+1\rangle \tag{3.37}$$

$$[\hat{a}, \hat{a}^\dagger] = 1, \quad [\hat{a}, \hat{a}] = [\hat{a}^\dagger, \hat{a}^\dagger] = 0 \tag{3.38}$$

$$\hat{a}^\dagger\hat{a} = \hat{N} \tag{3.39}$$

其中，$|\,n\rangle$ 为量子谐振子的第 n 个激发态，$\hat{N}$ 为粒子数算符。根据式(3.36)和式(3.37)，$\hat{a}$ 和 $\hat{a}^\dagger$ 可以解释为谐振子的湮灭(下降)和产生(上升)算符。

量子化辐射场的单个横向模式(频率 ω)可以用算符 $\hat{a}$ 和 $\hat{a}^\dagger$ 表示。在其最基本的形式中，即将所有前置因子包括在一个常数 E_0 中并只考虑一个偏振方向时，固定位置处的电场矢量算符由下式给出：

$$\hat{\vec{E}}(t) = E_0(\hat{a}\mathrm{e}^{-\mathrm{i}\omega t} - \hat{a}^\dagger\mathrm{e}^{+\mathrm{i}\omega t}) \tag{3.40}$$

其中，$\hat{a}^\dagger$ 和 $\hat{a}$ 现在被解释为光子产生和光子湮灭算符。与谐振子类似，我们可以定义算符 $\hat{X}$ 和 $\hat{P}$：

$$\hat{X} = (\hat{a}^\dagger + \hat{a}) \tag{3.41}$$

$$\hat{P} = \mathrm{i}(\hat{a}^\dagger - \hat{a}) \tag{3.42}$$

电场算符现在可以用 $\hat{X}$ 和 $\hat{P}$ 表示为

$$\hat{\bar{E}}(t) = E_0\left[\hat{X}\cos(\omega t) + \hat{P}\sin(\omega t)\right] \tag{3.43}$$

$\hat{X}$ 和 $\hat{P}$ 的本征值称为正交场幅度,可以解释为电场的同相和异相分量的振幅(相对于本地振荡器)。从对易关系 $[\hat{X},\hat{P}] = 2i$ 可以得出 $\Delta X \Delta P = 1$($\langle \Delta A \rangle^2 = \langle A^2 \rangle - \langle A \rangle^2$),这意味着同相和异相振幅不能同时精确测量,这与量子粒子的位置 x 和动量 p 不能同时精确测量类似。因此,我们现在已经建立了粒子的 x 和 p 到单模光场的 X 和 P 的映射。

实现具有连续变量的量子隐形传态方案的下一步是产生纠缠的光场。为此,我们需要引入压缩光[108]的概念。在 X,Y 平面上观察单模光场的量子态是有指导意义的。真空态由图 3.19 中原点周围的圆盘 1 表示。图 3.19 中的圆盘 2 表示被定义为位移真空场的"相干场"。

圆盘表示 X 和 P 值的最小不确定度。不确定度在 X 和 P 中是对称的,但是为了满足关系 $\Delta X \Delta P = 1$,这种对称性不是必要的。图 3.19 中的椭圆表示压缩态,其中 $(\Delta Y)^2 < 1$ 且必然有 $(\Delta X)^2 > 1$。

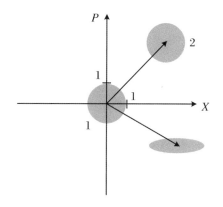

图 3.19　X(同相振幅)和 P(异相振幅)平面中单模光场的表示

圆盘 1,围绕原点,表示对称的最小不确定度真空态。圆盘 2 代表一个相干态,它被定义为一个位移真空态。椭圆代表压缩态(在 P 方向压缩)。

现在考虑两个光场 $\mathcal{A}$ 和 $\mathcal{B}$ 分别在 X 和 Y 方向上被最大压缩的情况。如图 3.20 所示,让这些光束从 50/50 分束器的两个输入端口输入。在分束器后面,标记为 2 和 3 的场满足下式:

$$X_2 + X_3 = 0, \quad 且 \quad P_2 - P_3 = 0 \tag{3.44}$$

它们精确地指定了所需的纠缠态。[81]（关于偏振纠缠的光场,见参考文献[110-112]。）

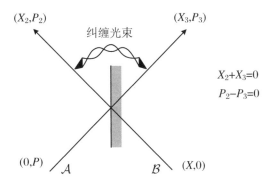

图 3.20　纠缠光场的产生
分别以 X 和 Y 压缩的两个光场 $\mathcal{A}$ 和 $\mathcal{B}$ 入射到 50/50 分束器,在分束器的输出端产生一对纠缠的光束。

产生纠缠光场所需的压缩态,是基于非线性晶体内部的参量放大过程而产生的。[107,112-113] 频率为 ω_1 的输入信号场与频率为 ω_3 的强泵浦场在非线性晶体中合并在一起(图 3.21)。经过非线性相互作用,信号场将被放大,并且将产生第三个场,其频率为 $\omega_2 = \omega_3 - \omega_1$。我们只考虑最简单的情况:只涉及一个偏振方向,假设共线相位匹配,即所有场沿相同方向传播,并且 $\omega_1 = \omega_2 \equiv \omega, \omega_3 = 2\omega$ 的简并情况。

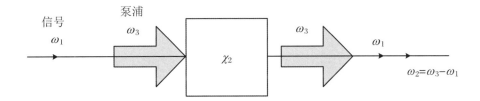

图 3.21　参量放大
频率为 ω_1 的输入信号场与频率为 ω_3 的强泵浦场在非线性晶体(χ_2 材料)中合并在一起。经过非线性相互作用,信号场将被放大,并且将产生第三个场,其频率为 $\omega_2 = \omega_3 - \omega_1$。

频率为 ω 的辐射场在晶体内部与频率为 2ω 的强场相互作用时的演化,可以用下面的哈密顿量描述:

$$\hat{H} = \hbar\omega\left(\hat{a}^\dagger\hat{a} + \frac{1}{2}\right) + S\cos(2\omega t)(\hat{a}^\dagger - \hat{a})^2 \tag{3.45}$$

式(3.45)右边的第二项描述了泵浦场(经典描述)与两个频率为 ω 的简并光场之间的相互作用。S 是耦合强度,它取决于晶体内部的非线性和泵浦强度。依据能量守恒定律,

该相互作用项可简化为

$$S\left[(\hat{a})^2 e^{i2\omega t} - (\hat{a}^\dagger)^2 e^{-i2\omega t}\right] \tag{3.46}$$

辐射场算符的时间演化(我们以海森堡表象描述,其中算符随时间演化)由 $\hat{a}$ 和 $\hat{a}^\dagger$ 的演化方程确定:

$$\frac{d\hat{a}}{dt} = -\frac{i}{\hbar}\left[\hat{a}, \hat{H}\right] = -i\omega\hat{a} - iS\hat{a}^\dagger e^{-i2\omega t} \tag{3.47}$$

$$\frac{d\hat{a}^\dagger}{dt} = -\frac{i}{\hbar}\left[\hat{a}^\dagger, \hat{H}\right] = i\omega\hat{a}^\dagger + iS\hat{a} e^{+i2\omega t} \tag{3.48}$$

如果我们使用式(3.41)和式(3.42)中定义的算符 $\hat{X}$ 和 $\hat{P}$,那么这组耦合方程解耦。正交场振幅算符的演化方程即为

$$\frac{d\hat{X}}{dt} = S\hat{X}, \quad \frac{d\hat{P}}{dt} = -S\hat{P} \tag{3.49}$$

它们的解为

$$\hat{X}(t) = \hat{X}(0)e^{St}, \quad \hat{P}(t) = \hat{P}(0)e^{-St} \tag{3.50}$$

作为相互作用时间 t 的函数,同相振幅算符 $\hat{X}$ 呈指数增长,而异相振幅算符 $\hat{P}$ 呈指数下降。简并参量放大因此充当相敏放大器,为同相($\varphi = 0 \mod \pi$)信号提供增益,并抑制异相($\varphi = \pi/2 \mod \pi$)信号。换句话说,信号的参量放大将压缩光场的 P 分量。

为了增加相互作用时间从而增加压缩量,通常将非线性晶体放置在与 ω 共振的光学腔内。这种设备称为光学参量振荡器(optical parametric oscillator,OPO)。为了防止产生激光,腔损耗要保持略大于参量放大,从而避免非常高强度光场的积聚并导致饱和效应(高阶非线性混频)。文献[81]报道的实验中,OPO 中没有注入频率为 ω 的外场,因此只放大了真空。

在描述了使用两个压缩光场和一个分束器产生 EPR 光场之后,我们现在来看执行类贝尔态测量的问题。与用于偏振纠缠态的贝尔态分析仪存在实验问题不同(请参见第3.5节),这里对纠缠态的投影是简单直接的。将初始光束(X_1, P_1)和来自 EPR 源的一束光(用 X_2, P_2 表示)混合到 50/50 分束器上,从而在两个输出端口产生光束,其特征是

$$(X_{\mathcal{C}}, P_{\mathcal{C}}) = (X_1 - X_2, P_1 - P_2), \quad \text{且} \quad (X_{\mathcal{D}}, P_{\mathcal{D}}) = (X_1 + X_2, P_1 + P_2) \tag{3.51}$$

采用平衡零差测量方法(如参见文献[107]),Alice 现在可以测量光束 $\mathcal{D}$ 的 X 分量和 $\mathcal{C}$

的 P 分量,分别得到量子隐形传态协议中要求的 $a = X_1 + X_2$ 和 $b = P_1 - P_2$ 的值。平衡零差测量方法是基于将信号场与 50/50 分束器上的本地振荡器混合,并记录在分束器输出端口中两个探测器之间的光电流差(与场强成正比)。测量的强度差与本地振荡器的相位 φ 之间的关系为[107]

$$I(\varphi) = C(X\sin\varphi + P\cos\varphi) \tag{3.52}$$

其中,C 是一个整体常数,取决于本地振荡器的强度和探测器的属性。调整本地振荡器的相位 φ,可以测量正交分量的任意叠加。

按照量子隐形传态方案,Alice 将测量值 a 和 b 发送给 Bob,Bob 必须相应地平移他的光场。Bob 可以通过反射来自部分反射镜(假设 99% 反射且 1% 透射)的光场,并通过反射镜添加一个已根据值 a 和 b 进行相位和幅度调制的场,来实验实现平移。原则上,Bob 最终得到的光场是最初 Alice 光场几乎完美的复制品。

文献[81]报道的实验需要一些复杂的技术,例如产生高度压缩态和精确校准光场的位置与相位。这些技术的缺陷将隐形传态的质量(这里定义为在 Alice 处输入态和 Bob 处传送态测量的重叠度)限制在 0.58 ± 0.02。然而,这种质量依然高于仅通过 Alice 和 Bob 之间的经典通信可获得的 0.5 的极限(在假设输出态属于相干态的前提下)。

致谢:非常感谢金布尔和波尔济(E. S. Polzik)在本节中提供的宝贵意见。

3.10　纠缠交换:纠缠的隐形传态

鲍米斯特　潘建伟　魏因富尔特　蔡林格

纠缠可以通过两个纠缠粒子从一个共同的源来实现[94,114](请参见第 3.4 节),或通过允许两个粒子相互作用来实现[103,115](请参见第 4.3 节和第 5.2.4、第 5.2.11 小节)。然而,获得纠缠的另一种可能性是利用两个粒子态到纠缠态的投影。此投影测量不一定要求两个粒子之间直接相互作用:当每个粒子与一个其他伴随粒子纠缠在一起时,对伴随粒子的适当测量(如贝尔态测量)将自动使其量子态坍缩,并使得剩下的两个粒子成为纠缠态。投影假设的这种显著应用被称为纠缠交换。[74,85,87]

考虑两个 EPR 源,每个 EPR 源同时发射一对纠缠的粒子(图 3.22)。在下面描述的实验中,我们假设它们是处于偏振纠缠的光子态

$$| \Psi \rangle_{1234} = \frac{1}{2}(| H \rangle_1 | V \rangle_2 - | V \rangle_1 | H \rangle_2)(| H \rangle_3 | V \rangle_4 - | V \rangle_3 | H \rangle_4) \quad (3.53)$$

该态描述了光子 1 和 2(3 和 4)处于反对称偏振纠缠态。但是,光子对 1-2 的量子态和光子对 3-4 的量子态是可分的。也就是说,光子 1 或 2 中的任何一个都不会与光子 3 或 4 中的任何一个纠缠。

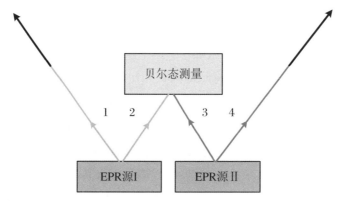

图 3.22　纠缠交换原理

两个 EPR 源产生两对纠缠的光子,即光子对 1-2 和光子对 3-4。对每对中的一个光子(光子 2 和 3)进行贝尔态测量。这导致其他两个输出光子 1 和 4 投影到纠缠态。线条灰度值的变化表示可以作出的一组可能预测的变化。

现在,我们对光子 2 和 3 进行联合贝尔态测量,也就是说,将光子 2 和 3 投影到四个贝尔态之一(参见第 3.5 节)。此测量还将光子 1 和 4 投影到一个贝尔态,该态取决于光子 2 和 3 的贝尔态测量结果。仔细检查表明,对于式(3.53)中给出的初态,光子 1 和 4 的量子态将与光子 2 和 3 投影到的那个完全相同。这是由于式(3.53)的量子态可以重写为

$$| \Psi \rangle_{1234} = \frac{1}{2}(| \Psi^+ \rangle_{14} | \Psi^+ \rangle_{23} - | \Psi^- \rangle_{14} | \Psi^- \rangle_{23}$$
$$- | \Phi^+ \rangle_{14} | \Phi^+ \rangle_{23} + | \Phi^- \rangle_{14} | \Phi^- \rangle_{23}) \quad (3.54)$$

在所有情况下,光子 1 和 4 都处于纠缠态,尽管它们过去从未相互作用。在粒子 2 和 3 被投影后,人们便知道粒子 1 和 4 之间的纠缠。

正如已经在第 3.7.2 小节中提到的那样,纠缠交换也可以看作纠缠的隐形传态,用于演示的实验装置(图 3.23)类似于图 3.12 所示的隐形传态装置(我们参考第 3.7 节来了解它们的共同特征)。两次实验之间的本质区别在于,在单量子比特的隐形传态方案中(图 3.12),光子 4 起到了触发作用,以表明光子 1 的存在,而此处(图 3.23)每对光子之间的纠缠被充分利用。

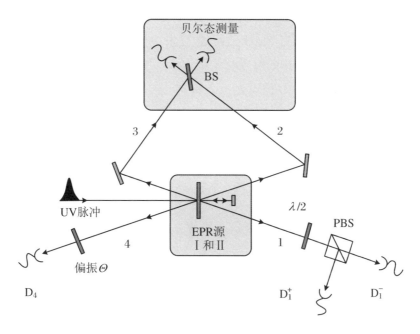

图 3.23 实验装置

紫外脉冲透过非线性晶体时产生一对纠缠光子 1-2,经反射后再次穿过晶体产生第二对纠缠光子 3-4。其中,光子 2 入射到分束器,光子 3 也入射到分束器。当在分束器后面的两个探测器探测到光子 2 和 3 的符合响应时,它们被投影到量子态 $|\Psi^-\rangle_{23}$。作为贝尔态测量的结果,剩余的两个光子 1 和 4 也将被投影到纠缠态。为了分析它们的纠缠,对于不同的偏振角度 Θ,我们要观测探测器 D_1^+ 和 D_4 之间及探测器 D_1^- 和 D_4 之间的符合。通过旋转偏振分束器前面的 $\lambda/2$ 波片,可以在任何线偏振基上分析光子 1 的状态。注意,由于探测器 D_1^+ 和 D_4 之间,以及 D_1^- 和 D_4 之间的符合测量是基于对 Ψ^- 态的探测的,因此我们用了四体符合。

纠缠交换可以看作光子 2 到光子 4 或光子 3 到光子 1 的隐形传态。这两种观点完全等价。该方案的显著特征是,实际传送的是一个不确定的光子态(纠缠态中的一个粒子态)。众所周知,最大纠缠态中一个粒子的状态必须通过最大混合密度矩阵来描述。因此,在这种情况下传送的不是光子的量子态,而是光子与另一个光子纠缠的形式。

根据纠缠交换方案,在将光子 2 和 3 投影到 $|\Psi^-\rangle_{23}$ 态时,应将光子 1 和 4 投影到 $|\Psi^-\rangle_{14}$ 态。为了验证是否获得了纠缠态,我们必须在贝尔态分析仪两探测器有符合的情况下分析光子 1 和 4 之间的偏振关联。如果光子 1 和 4 处于 $|\Psi^-\rangle_{14}$ 态,那么用任何偏振基进行测量,它们的偏振应一直处于正交状态。使用 22.5° 的 $\lambda/2$ 波片和偏振分束器后面的两个探测器(D_1^+ 和 D_1^-),可以分析光子 1 沿 $+45°(D_1^+)$ 和 $-45°(D_1^-)$ 的偏振。光子 4 的偏振态可以通过调整探测器 D_4 的偏振方向 Θ 来分析。

如果发生纠缠交换,那么当探测到$|\Psi^-\rangle_{23}$时,D_1^+ 和 D_4 之间及 D_1^- 和 D_4 之间的两体符合应该是两条正弦曲线,它们是 Θ 的函数,且失相 $90°$。$D_1^+ D_4$ 曲线原则上应在 $\Theta =$ $45°$ 时变为 0,而 $D_1^- D_4$ 曲线应在此位置处于最大值。图 3.24 显示了 D_1^+ 和 D_4 之间及 D_1^- 和 D_4 之间符合的实验结果(假设光子 2 和 3 已被贝尔态分析仪中的两个探测器探测到)。

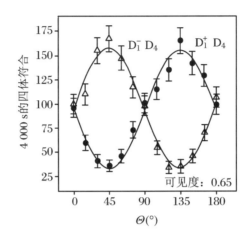

图 3.24　纠缠验证

当改变偏振器角度 Θ 时,观察由两体符合 $D_1^+ D_4$($D_1^- D_4$)与贝尔态测量的两体符合形成的四体符合的变化。可见度为 0.65 ± 0.02 的两条互补正弦曲线表明,光子 1 和 4 处于偏振纠缠态。

需要注意的是该方法需要四体符合。实验结果清楚地显示了预期的正弦曲线,用于记录光子 1 两个正交偏振态的探测器(D_1^+ 和 D_1^-)给出的结果是互补的。额外的测量证实正弦曲线与光子 1 的测量基无关,即与 $\lambda/2$ 波片的旋转角度无关。观测到的 0.65 的可见度明显超过了经典波动理论的 0.5 的极限。请注意,此结果是在明确的量子情况下实现量子隐形传态的结果,因为两个粒子之间的纠缠不是因为它们有共同的源或在过去有相互作用而产生的,而是上述过程的产物。在下一节中,将介绍纠缠交换的几种应用。

3.11　纠缠交换的应用

博斯　韦德拉尔　奈特

纠缠交换有很多实际用处:构建量子电话交换机,以一系列纯化的方式加速纠缠粒

量子信息物理
The Physics of Quantum Information

子在双方之间的分发,以及用于构造更多粒子的纠缠态[87],等等。我们将在下面详细介绍这些应用。

3.11.1 量子电话交换机

假设通信网络中有 N 个用户。首先,网络的每个用户都需要与中央交换机共享纠缠粒子对(处于贝尔态)。如图 3.25 所示,A、B、C 和 D 是分别使用中央交换机 O 共享贝尔对(1,2)、(3,4)、(5,6) 和 (7,8) 的用户。假设 A、B 和 C 希望共享三体 GHZ 态,那么 O 必须对粒子 2,3 和 5 进行 GHZ 投影测量。同时,分别属于 A、B 和 C 的粒子 1,4 和 6 就塌缩到 GHZ 态。以类似的方式,可以纠缠属于网络中任何 N 个用户的粒子,并创建一个 N 粒子猫态。

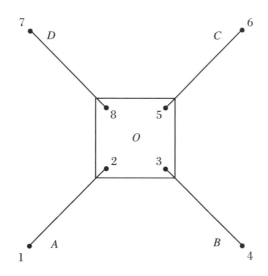

图 3.25　用于纠缠分发的配置

最初,用户 A、B、C 和 D 与中央交换机 O 共享贝尔对。随后,在 O 处进行的局域测量便足以纠缠属于从 A、B、C 和 D 中选择的任何用户子集的粒子。

与在源处简单生成 N 粒子纠缠态及其后续分发相比,使用此技术建立纠缠的主要优点如下:

第一,每个用户首先可以纯化与中央交换机共享的大量部分退相干的贝尔对,以获得较少数量的纯共享贝尔对。然后可以将这些用作生成(用户拥有的粒子的)任何类型多粒子猫态的起点。因此,可以避免粒子传输期间的退相干问题(至少原则上可以)。而且可以完全避免纯化 N 粒子猫态的必要性。按照我们的方案,纯化单态会生成最纯净的 N 粒子猫态。

第二,我们的方法仅在必要时才需要一定程度的自由度来纠缠属于任何一组用户的粒子。可能事先不知道哪些用户需要共享一个 N 粒子猫态。要以先验的方式安排所有的可能性,就需要选择所有可能的用户组合,并在其中分发多粒子纠缠。那是非常不经济的。然而,在需要时生成 N 组分纠缠并将其提供给希望进行通信的用户无疑是非常耗时的。

比哈姆(Biham)、胡特纳和莫尔(Mor)[116]开发了一种类似的加密网络方案,它使用时间反演 EPR 方案进行交换去建立连接。

3.11.2 纠缠分发的加速

现在,我们将解释当想要从某个中心源为两个相距遥远的用户提供处于贝尔态的一对原子或电子(或任何具有质量的粒子)时,标准的纠缠交换如何帮助我们节省大量时间。诀窍是在它们之间的路径中放置几个产生贝尔态和测量贝尔态的节点。如图 3.26(a)所示,A 和 B 是两个用户,它们之间的距离为 L;位于 A 和 B 中间的 O 是贝尔对的来源。粒子到达 A 和 B 所需的时间至少为 $t_1 = L/(2v)$,其中 $v < c$(c 为光速)是粒子的速度。而在图 3.26(b)中,两个贝尔对生成节点 C 和 D 分别位于 AO 和 BO 之间,而 O 现在只是一个贝尔态测量点。在 $t = 0$ 时,C 和 D 分别发送贝尔对(1,2)和(3,4)。在 $t = L/(4v)$ 时,2 和 3 到达 O,1 到达 A,4 到达 B。此时,对处于 O 的粒子 2 和 3 进行贝尔态测量。该测量立即将分别到达 A 和 B 的粒子 1 和 4 塌缩为贝尔态。如果测量时间用 t_m 表示,那么在路径上(通过两个额外的节点 C 和 D)为 A 和 B 提供一个贝尔对所需的时间为 $t_2 = L/(4v) + t_m$。显然,如果 $t_m < L/(4v)$,那么 $t_2 < t_1$。当然,对于这个时间,必须加上站点 O 与用户 A 和 B 进行经典通信所需的时间,其中粒子 1 和 4 会被投影到该特定的贝尔态。因此,对于处于贝尔态的光子,此过程实际上不会节省任何时间。但是对于具有质量的粒子,这绝对是减少为两个相距遥远的用户提供贝尔对所需时间的一种方法。如此一来,通过在途中加入越来越多的贝尔对产生和测量节点,我们可以进一步减少为两个相距遥远的用户提供贝尔对所需的时间。

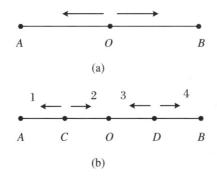

图 3.26　一种提高在两个相距遥远的用户 A 和 B 之间分发一对(具有非零质量的)
纠缠粒子的速度的方法
在 A 和 B 之间插入了额外的产生贝尔态节点 C 和 D,并在 O 处进行了贝尔态投影,以加快 A 和 B 之间贝尔对的分发。

3.11.3　传输产生的振幅误差的校正

我们证明,通过纠缠交换,可以以一定的概率纠正最大纠缠态传输过程中产生的振幅误差。假设在图 3.26(b)中,从 C 和 D 发出的贝尔对具有振幅误差,并导致纠缠态变为如下形式:

$$| \Psi \rangle = \cos \theta | 01 \rangle + \sin \theta | 10 \rangle \tag{3.55}$$

因此,当粒子 2 和 3 到达 O 时,两个纠缠对的组合态由下式给出:

$$| \Phi \rangle = \cos^2 \theta | 0101 \rangle + \sin \theta \cos \theta(| 1001 \rangle + | 0110 \rangle) + \sin^2 \theta | 1010 \rangle \tag{3.56}$$

如果现在对到达 O 的粒子 2 和 3 进行贝尔态测量,则将它们投影到贝尔态 $|00\rangle +$ $|11\rangle$ 或 $|00\rangle - |11\rangle$ 上的概率为 $\sin^2 2\theta/2$,而它们被投影到其他两个贝尔态中的任何一个上的概率是 $(1 + \cos^2 2\theta)/2$。在第一种情况下(即当 2 和 3 投影到 $|00\rangle + |11\rangle$ 或 $|00\rangle -$ $|11\rangle$ 时),遥远的粒子 1 和 4 被投影到贝尔态 $|00\rangle + |11\rangle$ 或 $|00\rangle - |11\rangle$ 上。因此,即使由于粒子的传播而引入振幅误差,A 和 B 依然可以用这种方式最终共享贝尔态。当然,在粒子 2 和 3 处于其他两个结果的情况下,粒子 1 和 4 的纠缠甚至比式(3.55)少。这就是为什么我们可以认为纠缠交换仅概率性地适用于振幅误差的校正。在这种情况下成功的概率 $\sin^2 2\theta/2$ 低于失败的概率 $(1 + \cos^2 2\theta)/2$。然而,根据贝尔态测量的结果,人们知道何时校正成功。与并行进行的标准纯化[47,117](请参见第 8.2 节)相比,这可以视为一种

串行纯化。可以证明在这种纯化过程中有一种纠缠度量是守恒的(关于纠缠度量请参见第 6.4 节)。[118]

3.11.4　更多粒子的纠缠态

通过采用我们的方案,可以从少数粒子的纠缠态中生成更多粒子的纠缠态。我们需要的基本单元是 GHZ(三个最大纠缠的粒子)态和贝尔态测量设备。这里我们描述如何从 N 粒子最大纠缠态转到 $N+1$ 粒子最大纠缠态。人们必须从最大纠缠态的 N 个粒子中选取一个粒子,而从 GHZ 态中选取另一个粒子,并对这两个粒子进行贝尔态测量。结果将使这两个粒子处于贝尔态,而其余的 $N+1$ 个粒子处于最大纠缠态。简单来说,从 N 粒子最大纠缠态到 $N+1$ 粒子最大纠缠态的方式由下式给出:

$$|E(N)\rangle \otimes |E(3)\rangle \xrightarrow{\text{贝尔态测量}} |E(N+1)\rangle \otimes |E(2)\rangle$$

通过该过程从四粒子最大纠缠态转到五粒子最大纠缠态的示例如图 3.27 所示。

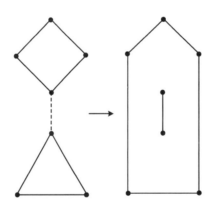

图 3.27　使用 GHZ 态和贝尔态测量从四粒子的纠缠态建立五粒子的纠缠态

至于如何产生作为基本单元的 GHZ 态,也许可以使用蔡林格等人建议的方法[119](另请参见第 6.3.4 小节中三光子纠缠的产生)。或者可以使用我们的方法,从三对贝尔态开始,在每一对中选取一个粒子并进行 GHZ 态测量,从而生成 GHZ 态。茹科夫斯基等人早些时候提出了一个明确的方案,可以从三个纠缠对中产生三个粒子的GHZ 态。[101]

第 4 章

量子计算的概念

有很多方法和层次来解释量子计算,本章旨在反映这一事实。下文内容由三个自成一体的部分组成。第 4.1 节会对量子计算作非常基本的介绍,强调基本问题,避免数学形式主义。许多人可能会觉得这种层次的解释对他们想要了解的内容来说已经足够了。我们鼓励那些想要熟悉细节的人进入第 4.2 节。它从最早的量子算法开始,通过对计算复杂性的讨论,把读者带到更高级的主题,如量子因式分解。最后不可忽略的是,第 4.3 节将提出把深奥的理论思想转化为实用装置的方案。而后文中,第 5 章将介绍迄今为止量子计算的实验成果,以及为进一步取得进展而正在进行的努力。

4.1 量子计算导论

多伊奇　埃克特

4.1.1　驾驭自然的新方法

科技史上的许多里程碑都涉及发现驾驭自然的新方法——利用各种物理资源,如材料、力和能源。在 20 世纪,当计算机的发明能辅助人脑执行复杂的信息处理时,信息也就成为了一种资源。计算机技术的历史本身就包括了从一种到另一种类型的物理实现的一系列变化——从齿轮到继电器,从阀门到晶体管,再到集成电路,等等。今天,先进的光刻技术可以在硅芯片表面蚀刻不到一微米的逻辑门和导线。很快,它们将变得更小,直到我们实现每个逻辑门只由几个原子组成的程度。

在人类感知的尺度上,经典(非量子)物理定律是很好的现象学近似,但在原子尺度上,量子力学定律占主导地位,它们具有截然不同的性质。如果计算机要继续变得更快(且由此变得更小),新的量子技术就必须补充或取代现有技术,但新技术绝不只是提供更小、更快的微处理器。它可以支持全新的计算模式,使用与经典模式完全不同的新量子算法。更重要的是,与经典理论相比,量子计算理论在世间万物的格局中扮演着更根本的角色,以至于任何寻求对物理学或信息处理的基本理解的人都必须将其融入到他们的世界观中。

4.1.2　从比特到量子比特

是什么让量子计算机与经典计算机如此不同? 让我们仔细看看信息的基本单位:比特(bit)。虽然比特和量子比特(qubit)已经在第 1 章中解释过了,但为了本部分论述的完整性和一致性,我们决定再次讨论一下。

从物理角度看,比特是一个两态系统,它可以制备成两种可分辨状态中的一种,表示两个逻辑值:否或是、假或真,或者直接是 0 或 1。例如,在数字计算机中,电容器极板之间的电压可以表示 1 比特信息:电容器上有电荷表示 1,没有电荷表示 0。再如,还可以使用光的两种不同偏振或原子的两种不同电子态对 1 比特信息进行编码。现在,量子力学告诉我们,如果一个比特可以存在于两个可分辨状态中的任何一个,那么它也可以存在于这两个状态的相干叠加中。这些是更进一步的状态,经典理论中没有与之类似的概念,在这些状态中,原子同时表示值 0 和 1。思考图 4.1 中的实验对习惯一个物理量可以同时有两个不同值的想法会有所帮助。

半镀银镜是指反射一半入射到镜子上的光线,而允许其余一半的光线不受影响地通过的镜子。如图 4.1 所示,我们将单个光子对准这样的镜子,会发生什么事呢? 能确定的是,光子不会一分为二:将光电探测器放在仪器中的任何位置,发射一个光子,并验证若任何一个光电探测器记录到光子,则其他的都不会有响应。具体地说,如果我们在镜子后面两个可能的出射光束位置各放一个光电探测器,那么在任何一个探测器上探测到光子的概率都是相等的。所以光子会随机地沿着两个可能的方向之一离开镜子吗? 答案是否定的。可能至少看上去似乎在这个实验的任何一次运行过程中,光子要么在透射光束 H 中,要么在反射光束 V 中。但事实也并非如此。事实上,光子一次可以走两条路,这可以借助于图 4.2 中所示的装置来证明。放置两个常规反射镜,以便两条光路在第二个半镀银镜相交。利用这个装置,我们可以观察到单粒子干涉这一令人震惊的纯量子现象。

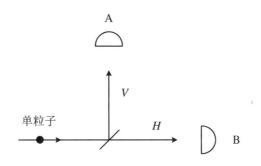

图 4.1 实验装置

一面半镀银镜反射一半入射到它上面的光。但单个光子不会分裂:当我们向这样的镜子发送光子时,它被探测器 A 或 B 以相等的概率探测到。然而,这并不意味着光子会随机地沿水平(H)或垂直(V)方向离开镜子。事实上,光子一次可以走两条路! 这可以借助于图 4.2 所示的稍微复杂的实验来证明。

假设一个特殊的光子在撞击镜子后沿着图 4.2 中标记为 H 的水平路径运动。那么(与图 4.1 比较)我们应该发现两个探测器记录命中的概率相等。如果光子在垂直路径

V 上,将会观察到完全相同的情况。因此,如果光子确实只走一条通过该设备的路径,无论是哪一条路径,在执行实验时,触发探测器 A 和 B 的平均次数应该各占一半。然而,情况并非如此。实验结果表明,在图中所示的装置中,光子总是撞击探测器 A,而从不撞击探测器 B。

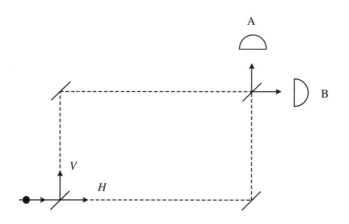

图 4.2　单粒子干涉

进入干涉仪的光子总是撞击探测器 A,而不是探测器 B。任何假设光子通过干涉仪只有一条路径(H 或 V)的解释都会得出这样的结论:在进行实验时,触发探测器 A 和 B 的平均次数应该各占一半。但实验表明并非如此。

不可否认的结论是,在某种意义上,光子肯定同时经过了两条路径,因为如果用一块吸收屏挡住两条路径中的任何一条,那么 A 或 B 被击中的可能性立即变为相等。换句话说,阻挡其中一条路径会点亮 B;在两条路径都打开的情况下,光子会以某种方式接收阻止其到达 B 的信息,这些信息以光速沿另一条路径传播,从镜子上反弹,与光子完全一样。量子干涉的这一特性,即似乎有无形的对应物影响我们探测到的粒子的运动,不仅适用于光子,而且适用于所有粒子和所有物理系统。因此,量子理论描述了一个比我们周围观察到的宇宙大得多的现实。事实证明,这个现实具有那个宇宙的多个变体的近似结构,只有通过干涉现象才能共存并相互影响。但就本文而言,我们需要的"平行宇宙"本体论只是这样一个事实,即我们看到的单个粒子实际上只是一个极其复杂的实体的一个微小方面,其余的我们无法直接探测到。量子计算就是让粒子的不可见方面,也就是它在其他宇宙中的对应物为我所用。

如果我们延迟 H 或 V 路径中的一个光子,就可以证明在量子计算中特别有用的一个效应。这可以通过在该路径中插入一小片玻璃来实现,如图 4.3 所示。由于光子和其不可见的对应物之间的干涉取决于它们的准确到达时间,例如,我们可以选择玻璃的厚

量子信息物理
The Physics of Quantum Information

度,从而选择延迟时间,这样光子肯定(即在所有宇宙中)会出现在探测器 B 而不是探测器 A 处。因此,只在其中一条路径上(因此只在一个宇宙中)发生的事情影响了两条路径。我们将在后文中回到这一点。

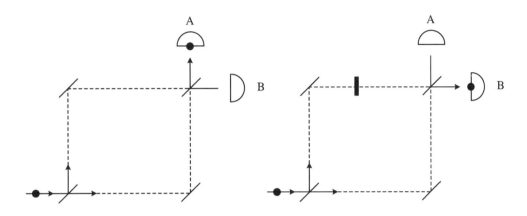

图 4.3 一小片插入干涉仪两个路径之一的玻璃可以将光子从一个探测器重新定向到另一个探测器

所有进入左边干涉仪的光子撞击探测器 A。在右边的干涉仪中,干涉被上路玻璃片的存在所修正,结果所有光子最终到达探测器 B。因此可以肯定的是,只在一条路径上发生的事情改变了实验的最终结果。这种效应在量子计算中特别有用。

就像光子可以在路径 H 和路径 V 上相干叠加一样,任何量子比特都可以用它的两个逻辑状态 0 和 1 的叠加来制备。这就是说,一个量子比特可以同时以任意比例存储 0 和 1。但请注意,正如光子如果被测量,将只在两条路径中的一条上被探测到一样,如果测量量子比特,那么它持有的两个数中将只有一个被随机探测到。这本身并不是一个非常有用的属性。

但现在,让我们将数的叠加概念进一步推向深入。考虑由 3 个物理比特组成的寄存器。经典的 3 比特寄存器可以精确地存储 8 个不同的数中的一个,即寄存器可以代表数 $0\sim7$ 的八种可能配置 $000,001,010,\cdots,111$ 中的一种。但是由 3 个量子比特组成的量子寄存器可以在仅一个量子叠加中同时存储多达 8 个数。8 个不同的数可以真实存在于同一个寄存器中,这是相当了不起的,但这应该不会比数 0 和 1 可以同时存在于同一个量子比特中更令人惊讶。如果我们在寄存器中增加更多的量子比特,它存储量子信息的容量就会呈指数级增长:4 个量子比特可以同时存储 16 个不同的数,通常 L 个量子比特可以同时存储多达 2^L 个数。比方说,一个 250 量子比特的寄存器(本质上由 250 个原子组成)将能够同时保存比已知宇宙中所有原子更多的数。(如果说有什么不同的话,那就是低估了它们所包含的量子信息量,因为一般来说,叠加的元素以连续可变的比例存在,每个元素也有自己的相角。）即便如此,如果我们测量寄存器的内容,我们将只能看到这些数中的一个。然而,现在我们可以开始进行一些非平凡的量子计算了,因为一旦将寄存器制备好,将许多不同的数叠加在一起,我们就可以一次对所有这些数进行数学运算。

例如,如果量子比特是原子,那么适当调谐的激光脉冲会影响它们的电子态,并导致编码的数的初始叠加演变成不同的叠加。因为在这样的演化过程中,叠加中的每个数都会受到影响,所以我们执行的是大规模的并行计算。因此,量子计算机可以在单个计算步骤中对比如 2^L 个不同的输入数执行相同的数学运算,结果将是所有相应输出的叠加。而要完成同样的任务,任何经典计算机都必须重复计算 2^L 次,或者必须使用 2^L 个不同的处理器并行工作。通过这种方式,尽管量子计算机只适用于某些类型的计算,但在使用计算资源(如时间和内存)方面仍提供了巨大的收益。

4.1.3　量子算法

我们讨论的是什么类型的算法呢? 正如前文所说,肯定不是普通的信息存储,因为尽管计算机现在保存着 2^L 次计算的所有结果,但物理定律只允许我们看到其中的一个。然而,就像图 4.2 的实验中的单一答案“A”取决于沿着两条路径传播的信息一样,量子干涉现在允许我们获得单一的、最终的结果,该结果在逻辑上取决于所有 2^L 个中间结果。

这就是 AT&T 新泽西州贝尔实验室的洛夫·格罗弗(Lov Grover)[120]最近发现的一种非凡的量子算法,它实现了只需约 $\sqrt{N}$ 步就能搜索 N 个条目的未排序列表,这一壮举令人难以置信。例如,考虑在包含一百万个条目的电话簿中搜索特定的电话号码,这些条目按姓名的首字母顺序存储在计算机内存中。很容易证明(而且很明显),只能用暴力方法逐个扫描条目直到找到给定的号码,这将平均需要五十万次存储器访问,没有任何经典算法能够改进它。量子计算机却可以在一次访问的时间内同时检查所有条目。然而,如果它只是被编程为显示出当时的结果,与经典算法相比并没有什么改进:百万条计算路径中只有一条(即百万个分支中的一个)会查到我们要寻找的条目,因此如果我们测量计算机的状态,获得所需信息的概率只有百万分之一。但如果我们将量子信息留在计算机中,不去测量,进一步的量子操作可能会导致该信息影响其他路径,就像前文描述的简单干涉实验一样。如此一来,关于所需条目的信息通过量子干涉传播到更多的分支。结果是,如果该“干涉产生”操作重复大约一千次(通常为 $\sqrt{N}$ 次),那么哪项条目包含所需号码的信息将以 0.5 的概率被测量,即它将扩散到超过一半的分支。因此,将整个算法再重复几次,就可以以非常接近 1 的概率找到所需的条目。

除了查找具有给定属性的条目外,格罗弗搜索算法的变体还可以查找列表中的最大值、最小值、模值等,因此它是一个非常多功能的搜索工具。然而在实践中,只要经典内存仍然比量子内存便宜,搜索物理数据库就不太可能成为格罗弗算法的主要应用。因为将数据库从经典存储器转移到量子存储器(从比特到量子比特)的操作本身需要 $O(N)$ 步,所以格罗弗算法最多可以将搜索时间降低一个常数因子,而这也可以通过经典的并行处理来实现。格罗弗算法真正发挥作用的地方是算法搜索,也就是对没有存储在内存中但本身由计算机程序动态生成的列表进行搜索。例如,一台正在下象棋的量子计算机可以用它来演算从给定位置开始的一万亿次可能的走法,所需的步骤大致相当于一台经典计算机(使用暴力搜索)演算仅仅一百万次所需的步骤。尽管经典下棋算法中的剪枝算法范围更大,但格罗弗算法有希望提供更显著的改进。

正如蒙特利尔大学的吉勒·布拉萨尔最近指出的那样,格罗弗算法的另一个重要应用将是密码分析,以攻击数据加密标准(即 DES,见第 2 章)等经典加密方案。破解 DES 实质上需要在 $2^{56} = 7 \times 10^{16}$ 个可能的密钥中进行搜索。如果以比如每秒一百万个的速度检索这些密钥,那么经典计算机将需要一千多年才能找到正确的密钥,而使用格罗弗算法的量子计算机将在不到四分钟内完成破解!

巧合的是,量子计算机的几个优越特性在密码学中都有应用,其中之一是格罗弗算法。另一个是同样来自 AT&T 贝尔实验室的彼得·肖尔(Peter Shor)在 1994 年发现的高效因数分解大整数的量子算法。[36] 在这个领域,量子算法和经典算法之间的性能差异更加惊人。数学家们坚信(虽然他们还没有实际证明这一点),为了分解一个 N 位数,任何经典计算机都需要随 N 呈指数增长的步骤。也就是说,要分解的数每增加一位,通常会使所需的时间成固定倍数增加(参见第 4.2 节)。因此,随着我们增加位数,这项任务很快就会变得难以处理。迄今为止,被因数分解的最大数有 129 位,它是一项数学挑战,即数学家秘密选择其因子以向其他数学家发起挑战。没人能想象如何用经典方法分解千位数,其计算所需的时间会是宇宙年龄的数倍。相比之下,量子计算机可以在几分之一秒内将千位数分解,执行时间只会随着位数的三次方而增长。

因数分解的难解性支撑着目前最可信的加密方法的安全性,特别是 RSA 系统,该系统经常用于保护电子银行账户(详情见第 2 章)。[122] 一旦量子因数分解引擎(一种用于大数因数分解的专用量子计算机)建成,所有此类密码系统都将变得不安全。

1981 年,理查德·费曼(Richard Feynman)在麻省理工学院举行的第一届计算物理会议上的一次演讲中,首次预示了用量子现象进行计算的潜力。他观察到,一般来说,在经典计算机上以高效的方式模拟量子系统的演化似乎是不可能的。[123] 与自然演化相比,量子演化的计算机模拟总需要让时间呈指数级减慢,本质上是因为描述演化量子态所需的经典信息量比以类似精度描述相应经典系统所需的经典信息量呈指数级增长。(要预测干涉效应,人们必须描述系统在平行宇宙中的所有对应物。)然而,费曼没有将这种棘手的问题视为障碍,而是将其视为机会。他指出,如果需要那么大的计算量才能算出在多粒子干涉实验中会发生什么,那么建立这样一个实验并测量结果的行为本身就相当于进行了一次复杂的计算。

量子计算已经被用来预测一些简单的量子系统的行为。在可预见的未来,它们将在科学体系中扮演一个新的、不可替代的角色,因为科学的预测能力将取决于量子计算。

量子计算理论(现在必须被视为最重要的计算理论,图灵的经典理论只是一种近似)的基础是在 1985 年奠定的,当时牛津大学的戴维·多伊奇(David Deutsch)发表了一篇至关重要的理论论文,文中他描述了一台通用量子计算机。[124]从那时起,人们一直在思考量子计算机可以做哪些有趣的事情,同时也在探索什么样的科技进步可以让我们建造量子计算机。

4.1.4 建造量子计算机

理论上,我们知道如何建造量子计算机:我们从简单的量子逻辑门(见第 1 章)开始,然后将它们连接到量子网络中。

量子逻辑门和经典逻辑门一样,是一种非常简单的计算设备,它在给定的时间内执行一个基本的量子操作,通常是对两个量子比特执行的。[125]当然,量子逻辑门与经典逻辑门的不同之处在于,它可以在量子叠加上创建和执行操作。然而,随着网络中量子门数量的增加,我们很快就遇到了一些严重的实际问题。相互作用的量子比特越多,就越难设计出显示量子干涉的相互作用。除了在单原子和单光子尺度上操作的技术难度外,另一个非常重要的问题是防止周围环境受到产生量子叠加的相互作用的影响。组件越多,量子信息就越有可能扩散到量子计算机之外,丢失到环境中,从而破坏计算。这个过程被称为退相干,在第 7 章中将详细讨论。因此,我们的任务是设计亚微观系统,在这些系统中,量子比特会相互影响,但环境不会。

一些物理学家对量子计算机技术取得实质性进展的前景持悲观态度。他们认为,退相干实际上永远不会降低到可以执行几个以上连续的量子计算步骤的地步。(顺便说一句,这已经考虑到使用一些非常有用的设备,请参见表 4.1。)其他更乐观的研究人员认为,实用的量子计算机将在几年内出现,而不是几十年。我们倾向于乐观的一派,一部分是因为理论告诉我们,现在已经没有根本的障碍,量子纠错和容错计算(见第 7 章)是可能的,另一部分归功于现在从事这一项目的实验物理学家惊人的才华和解决问题的能力,还有一部分是因为乐观能带来成功。

然而,解决这些问题不会一蹴而就。目前的挑战不是马上建造一台成熟的通用量子计算机,而是从我们只观察量子现象的实验转向可以用必要的方式控制这些现象的实验。涉及两个量子比特的简单量子逻辑门正在欧洲和美国的实验室中被研发。下一个十年将实现对几个量子比特的控制,且毫无疑问,我们已经开始从驾驭自然的新方法中受益。例如,现在已知简单的量子网络可以提供更好的频率标准(见第 7.6 节)。[126] 表 4.1 展示了量子计算机发展进程中一些以后可能被视为里程碑的技术。

表 4.1　量子计算机发展史上的里程碑

硬件种类	所需的量子比特数	退相干前的步骤数	状态
量子密码	1	1	已实施
基于纠缠的量子密码	2	1	已演示
量子 CNOT 门	2	1	已演示
逻辑门的组合	2	2	已演示
多伊奇算法	2	3	已演示
信道容量翻倍	2	2	即将成功
隐形传态	3	2	已演示
纠缠交换	4	1	已演示
量子密码中继站	若干	若干	理论尚不完备
量子模拟	若干	若干	已简单演示
简易数据的格罗弗算法	3 +	6 +	已使用 NMR 演示
超精确频率标准	若干	若干	可预见
纠缠纯化	若干	若干	可预见
简易数据的肖尔算法	16 +	数百以上	—
量子因数分解引擎	数百	数百	—
通用量子计算机	数千以上	数千以上	—

4.1.5　更深层次的含义

当计算物理学在 20 世纪 70 年代首次被系统地研究时,人们主要担心量子力学效应可能会对通过物理实体实现比特、逻辑门、操作组合等特性的精确度造成根本限制,这些特性出现在抽象的、复杂的数学计算理论中。因此人们担心,这一理论的威力和优雅、深刻的概念(如计算普适性)、深刻的结果(如图灵的停机定理),以及更现代的复杂性理论,可能都只是纯数学的虚构,与自然界中的任何东西都没有真正的关系。

这些担忧不仅被我们描述的研究证明是毫无根据的,而且在每一个案例中,潜在的愿望都被奇妙地证明是正确的,这在 20 年前是人们做梦也想不到的。正如我们前文解释过的,量子力学在本质上根本没有限制经典计算的执行,而是允许所有经典计算,此外还提供了全新的计算模式,包括执行经典计算机完全无法执行的任务(如绝对安全的公钥密码)所需的算法。就理论的优雅程度而言,该领域的研究人员现在已经习惯了这样一个事实,即真正的计算理论相比它的经典近似更和谐一致,并且更自然地与其他领域的基本理论相契合。即使在最简单的层面上,"量子"这个词与"比特"这个词所表达的意思也是一样的,即一个最基本的组成部分。这反映了一个事实,即完全经典的物理系统,因受到被称为"混沌"的一般不稳定性的影响,根本不支持数字计算。(因此,即使是所有经典计算机的理论原型——图灵机,从一开始就暗中是量子力学的!)丘奇-图灵假设(所有"自然的"计算模型本质上彼此等价)在经典理论中从未被证明。而它在量子计算理论中的类比(图灵原理,即通用量子计算机可以模拟任何有限物理系统的行为)在多伊奇 1985 年发表的论文[124]中得到了直接的证明。一个更强的结果(也是猜想,但在经典情况下从未被证明)——这样的模拟总是可以在有限时间内进行,该时间至多是物理演化所需时间的多项式函数——此后在量子情况下也得到了证明。

量子计算也给看似与其关联很小的学科领域带来了许多深远的影响,其中之一是它对数学证明的哲学思想和实践操作的影响。执行任何有确定输出的计算都等同于证明观察到的输出是该计算的可能结果之一。因为可以用数学来描述计算机的操作,所以我们总是可以将这样的证明转化为某些数学定理的证明。这也是经典的情况,但在没有干涉效应的情况下,总是可以记下计算的步骤,从而产生满足经典定义的证明:按照标准推理规则,每个命题要么是公理,要么是从序列中较早的命题推导而来的一系列命题。现在我们必须把这个定义抛在脑后。从今以后,证明必须被视为一个过程——计算本身,而不是其所有步骤的记录,因为我们必须接受,在未来,量子计算机证明定理的方法,无论是人脑还是任何其他仲裁者都无法一步一步地检查,因为如果这样的证明所需的"命题序列"被打印出来,纸张将填满可观察到的宇宙许多次。有关量子计算更深层次含义的更全面讨论可以在文献[127]中找到。

4.1.6 小结

量子计算的实验和理论研究目前正受到世界范围内学术界和产业界越来越多的关注。可以在量子层面上控制和操纵自然的想法强烈地刺激了物理学家和工程师的想象力。为了实现量子计算,在开发更有前途的技术和新的量子算法方面,几乎每天都在取得进展,这些新的量子算法在各种方面都优于经典算法。可以说,量子计算领域拥有真正的革命性创新潜力。

本节修订自一篇关于量子计算的介绍性论文,该论文最初发表在 1998 年 3 月的《物理世界》(*Physics World*)杂志上。[128]

4.2 量子算法

约萨

4.2.1 导语

量子算法是利用量子效应来执行有用的计算任务的物理过程。我们可以很方便地用一种与描述经典计算的形式高度相似的模型来描述它。本质上,(量子)计算机的内存中是量子比特而不是比特,基本操作是幺正变换,每个变换都在有限的固定数量的量子比特上进行,而不是经典计算的布尔运算。一些观点认为,这种类型的模型足以描述任何一般的量子物理过程。任何计算机都需要通过"有限手段"进行操作,即它只可能由有限个特定的基本操作构成。我们在算法中可能需要的任何其他幺正操作都必须通过将这些基本构建块在所选量子比特上的作用串联起来(或者更确切地说,足够精确地近似)。可以证明[129-130]各种相当小的幺正操作集合(所谓的"通用操作集")足以将任意数量的量子比特上的任何幺正操作近似到任意精度。

这种形式最有用且最重要的成果之一,是它提供了一种评估计算任务复杂性的方法(同样,与经典计算复杂性理论中的概念高度相似)。我们将特别关注时间复杂性,即评估完成计算任务所需的基本操作的量作为输入大小的函数。

如果两台计算机 A 和 B 配备了不同的(通用)基本操作集,则任何计算任务的时间复杂性通常都会不同。然而,B 可以首先根据其自己的集合对 A 的每个基本操作进行编程,从而运行按照 A 的操作集合编写的任何程序。设 k 是 B 模仿 A 的任何基本操作所需的最大步骤数。则任何计算任务在 B 上的时间复杂性将至多是 A 的时间复杂性的 k 倍,即基本操作集合的改变最多导致计算任务的恒定减速(与输入大小无关)。在计算复杂性理论中,我们通常对计算中的确切步骤数不感兴趣,而只对步骤数随输入大小增加的特征增长率感兴趣。确实,我们通常只问步骤数是否由输入大小的多项式函数限定(给定所谓的多项式时间算法或有效算法),或者步数是否随输入大小呈指数(或超多项式)增长。如上所述,这种区别将与计算机的选择无关,它是计算任务本身的固有属性。

在量子算法的研究中,对于没有经典多项式时间算法的问题,找出多项式时间算法是最重要的,也就是说,我们希望证明量子效应可以导致运行时间相较经典信息处理有指数加速比。我们将描述发生这种情况的各种情形:多伊奇算法、西蒙(Simon)算法和肖尔算法。我们还将描述格罗弗量子搜索算法,它相较经典算法具有平方根加速比,而不是指数加速比。这仍然有相当大的实际意义。格罗弗的算法也有很大的理论意义,因为它与称为 NP[131-132] 的经典复杂性类有关。

我们将在第 5 章中看到,任何扩展量子算法的尝试在实验层面目前都面临非常大的挑战。然而,有趣的量子算法的存在,仅仅在理论构造的层面上,本身就具有很大的价值,因为它指出了量子物理与经典物理之间在基本结构方面的新的本质区别。从我们信息处理的角度来看,量子物理中的时间演化本质上比经典时间演化更复杂,在某种程度上可以用计算复杂性理论的概念框架来量化。

在上述量子算法中,带来计算加速比的基本量子力学效应可以追溯到量子纠缠的各种性质。我们首先讨论其中两个主要的效应,我们称之为"量子并行计算"(第 4.2.2 小节)和"局域操作原理"(第 4.2.3 小节)。

4.2.2　量子并行计算

考虑函数 $f: A \to B$,其中 A 和 B 是有限集。通常,A 和 B 可以是所有 2^n 个 n 比特字符串的集合(对于某些 n),如在多伊奇算法和西蒙算法中;也可以是 $\mathcal{Z}_N$,即模 N 整数集(对于某些 N),如在肖尔算法中。在我们的应用中,A 和 B 也会是阿贝尔群。设 $\mathcal{H}_A$($\mathcal{H}_B$)为由元素 $A(B)$ 标示其正交基的希尔伯特空间。在量子计算的概念中,f 的计算对应于幺正演化 U_f,其通常被视为在 $\mathcal{H}_A \otimes \mathcal{H}_B$ 上将 $|a\rangle|b\rangle$ 变换为 $|a\rangle|b \oplus f(a)\rangle$(参考图 4.4)。这里,$\oplus$ 表示 B 中的阿贝尔群运算。

$\mathcal{H}_A$ 是输入寄存器的状态空间,$\mathcal{H}_B$ 是输出寄存器的状态空间。输入 $|a\rangle$ 直接通过,以确保 U_f 对于每个可能的 f 是幺正的。如果 b 最初被设置为 0,那么可以在给定的基矢上通过标准测量直接从输出寄存器读取 $f(a)$。

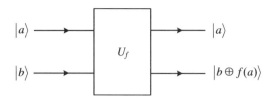

图 4.4 对应于求函数 f 的值的幺正变换 U_f 的量子线路图

上方和下方的线条分别表示输入和输出寄存器。

现在假设输入寄存器被设置为值的叠加,比方说等权叠加 $\sum\limits_{a \in A} |a\rangle$(其中我们省略了归一化因子)。然后在 U_f 作用下,并取 $b = 0$ 时,通过量子演化的线性属性,得到输出叠加 $\sum |a\rangle|f(a)\rangle$(图 4.5)。

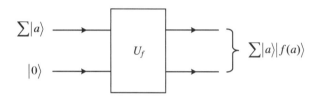

图 4.5 量子并行计算

通过只运行一次 U_f,我们在叠加态中计算了所有的 f 值。这就是多伊奇在文献 [124] 中介绍的量子并行计算过程。注意,输出状态 $\sum |a\rangle|f(a)\rangle$ 通常是输入和输出寄存器的纠缠态。事实上,叠加现象也是经典线性系统的一个特征,任何仅依赖叠加的效应都可以很容易地在经典系统中实现。然而,量子纠缠现象没有经典的类比,文献 [133-134] 中强调并阐述了它在量子计算中的基础作用。

设 $B = \{0,1\}$ 表示整数模 2 加法群,$\mathcal{B}$ 表示一个量子比特的希尔伯特空间,即由 $\{|0\rangle, |1\rangle\}$ 表示其标准基的二维希尔伯特空间。$\mathcal{B}^n$ 表示 2^n 维希尔伯特空间 $\mathcal{B} \otimes \cdots \otimes \mathcal{B}$,它有 n 个量子比特,基为 $\{|x\rangle : x \in B^n\}$,由所有 n 比特字符串标记。设 H 表示基本的单量子比特幺正操作:

$$H = \frac{1}{\sqrt{2}} \begin{pmatrix} 1 & 1 \\ 1 & -1 \end{pmatrix} \tag{4.1}$$

因此

$$H\,|\,0\rangle = \frac{1}{\sqrt{2}}(|\,0\rangle + |\,1\rangle) \quad 且 \quad H\,|\,1\rangle = \frac{1}{\sqrt{2}}(|\,0\rangle - |\,1\rangle) \tag{4.2}$$

考虑函数 $f: B^n \to B$。作为量子并行计算的一个例子，我们可以建立所有输入值的叠加，并计算叠加中 f 的所有值，如下所示。

(1) 从 n 个（输入）量子比特的标准状态 $|\,0\rangle\cdots|\,0\rangle$ 开始，并将 H 分别作用于每个量子比特。这将导致以下状态：

$$\frac{1}{2^{n/2}}(|\,0\rangle + |\,1\rangle)\cdots(|\,0\rangle + |\,1\rangle) = \frac{1}{2^{n/2}}\sum_{x \in B^n}|\,x\rangle \tag{4.3}$$

(2) 在 $|\,0\rangle$ 态中附加另一单个（输出）量子比特，并执行 U_f，将得到状态

$$|f\rangle = \frac{1}{2^{n/2}}\sum_{x \in B^n}|\,x\rangle\,|\,f(x)\rangle \tag{4.4}$$

请注意，(1) 只需要 $O(n)$ 次操作，即 n 的多项式次操作，但它却能得到式（4.4）中指数级的 f 值的叠加。

量子纠缠在叠加表示中还扮演着另一个重要的角色。如果我们希望经典地构建 2^n 个模式的一般叠加，我们就需要一个单一的系统，它能够支持每个模式，例如振动弦的 2^n 个振动模式。这些模式对应于一些物理资源（例如振动弦中的能量）需求的不断提高，如此一来，一个有 2^n 个模式的一般叠加就需要指数级的（n 次幂的）物理资源来表示。相反，在量子理论中，由于纠缠现象，我们可以用 n 个二能级系统来表示 2^n 个态的叠加。这种一般的叠加现在只需要线性级的物理资源来表示，因为至多需要单独激发 n 个系统中的每一个。因此，虽然经典系统中也存在叠加，但量子纠缠现象为表示大型叠加所需的物理资源带来了指数级的节省。

4.2.3　局域操作原理

在所有的计算中，无论是经典的还是量子的，正在处理的信息都体现在计算机（部分）物理状态的特性中。让我们比较一下 n 个经典比特的状态和其量子类似物（n 个量子比特的状态）的特性描述。虽然 n 比特可以处于指数级状态中的任何态，但是每个状态都可以通过仅给出 n 比特的信息来完整地描述。相反，n 个量子比特的一般（纠缠）态可能涉及指数级的需要列出的叠加分量。从这个意义上说，量子系统包含的信息可以比经典系统多出指数级。这并不是因为量子振幅可以有一个连续的取值范围，即使我们将振幅限制在一些简单的基本数字集合上，上述内容仍然成立。例如，式（4.4）中的 $n+1$

量子比特状态 $|f\rangle$ 包含函数 f 的所有指数级的 0 或 1 值的信息。注意，描述 n 个量子比特的非纠缠（直积）态所需的信息仅随 n 线性增长，是描述单个量子比特状态所需信息的 n 倍。

量子力学允许高效地处理量子态的海量信息内容，其处理速度是任何经典方法都无法实时匹配的。费曼首先注意到量子理论的这一显著特征。[123] 假设我们有一个由 n 个量子比特组成的物理系统，它处于某个纠缠态 $|\psi\rangle$，我们对第一个量子比特执行单量子比特操作 U。这将被记为量子计算中的一个步骤（或者更确切地说，如果需要从计算机提供的其他基本操作中构造 U，则记为与 n 无关的常数步）。现在考虑与上述在（量子）态中处理信息相对应的经典计算。$|\psi\rangle$ 可以通过分量（相对于 n 个量子比特的直积基）由 $a_{i_1\cdots i_n}$ 来描述，其中每个下标是 0 或 1，并且 U 由一个 2×2 幺正矩阵 U_i^j 表示；U 操作对应于矩阵相乘：

$$a_{i_1\cdots i_n}^{(\text{new})} = \sum_j U_{i_1}^j a_{ji_2\cdots i_n} \tag{4.5}$$

因此，2×2 矩阵相乘需要执行 2^{n-1} 次，对于字符串 $i_2\cdots i_n$ 中每个可能的值都执行一次，这需要随 n 呈指数增长的计算量。在量子计算机上，由于纠缠，该 2^{n-1} 次重复是不必要的。这就是我们的"局域操作原理"：大型纠缠系统的一个子系统上的单个局域幺正操作所处理的信息量，通常需要指数级的经典计算来表示。

在上述意义中，n 个量子比特比 n 个经典比特表示信息的容量有了指数级的增大。然而，包含在量子态中的潜在海量信息还有一个更显著的特征：其中绝大多数信息是无法通过任何方式读取的！确实，量子测量理论严格限制了我们可以获得的（给定未知量子态身份的）信息量。根据香农信息论[137]，这种信息固有的不可读性是可以量化的[135-136]。对于拥有 $O(2n)$ 信息量的 n 个量子比特的一般态，我们（通过任何物理手段）至多可以从单个拷贝中提取 n 个经典比特关于其特性的信息。这与 n 个经典比特的最大信息量一致。

给定未知量子态的全部信息内容（大部分不可读）称为量子信息。自然的量子物理演化可以被认为是对量子信息的处理。因此，计算复杂性的观点揭示了经典物理和量子物理之间一种新的奇怪的区别：要进行自然的量子物理演化，大自然必须以任何经典手段都无法实时匹配的速度处理海量信息，但同时，这些处理过的信息中的大部分对我们来说都是隐藏的！然而必须指出的是，量子信息固有的不可读性并不能抵消将这种海量信息处理能力用于有用计算的可能性。事实上，关于末态的整体特性的少量信息可能会被提取出来，这仍然需要通过经典方法进行指数级的努力才能获得。上述量子并行计算技术提供了一个例子：式（4.4）中 $|f\rangle$ 态的全部量子信息包含所有单个函数值 $f(x)$ 的信息，但是这对于任何测量都是不可读的。然而，所有函数值的集合的某些全局属性或许

可以通过测量 $|f\rangle$ 在标准基 $\{|x\rangle, |y\rangle\}$ 中的非对角元来确定。例如,如果 f 是周期函数,我们可以确定周期的值,虽然它远远不能表征各个函数值,但通常仍需要指数级数量的函数求值才能通过经典方法有效获得。这将是肖尔的高效量子分解算法(第 4.2.6 小节)中的一个关键事实。

在概述了量子理论的一些基本计算优势之后,我们现在将描述各种基本量子算法的工作原理。

4.2.4 量子黑箱和多伊奇算法

多伊奇算法[124,138]是证明在计算任务中,使用量子效应可以比任何经典方法执行得更快的第一个明确例子。随后,文献[139]中对其进行了改进,我们在此将描述其最新形式。

首先考虑四个可能的单比特函数 $f: B \rightarrow B$。我们有两个常函数

$$
\begin{array}{cc}
f(0) = 0 & \quad f(0) = 1 \\
& \text{或} \\
f(1) = 0 & \quad f(1) = 1
\end{array} \tag{4.6}
$$

和两个"平衡"函数("平衡"指输出值 0 和 1 出现的频率相等)

$$
\begin{array}{cc}
f(0) = 0 & \quad f(0) = 1 \\
& \text{或} \\
f(1) = 1 & \quad f(1) = 0
\end{array} \tag{4.7}
$$

假设现在给了我们一个"黑盒"(black box)或"黑箱"(oracle),它计算这些函数中(未知)的一个。oracle 可以被描绘成一个密封的盒子(参考图 4.4),为任何给定的输入值(或如图 4.5 所示的输入叠加)提供函数值。或者,我们可以将 oracle 看作一个计算机子线程,我们可以运行它,但不允许检查它的文本或内部工作方式。(稍后我们将讨论这一限制对 f 求值的意义。)我们要做的是判断由 oracle 计算的函数是平衡函数还是常函数。

在经典计算中,我们显然需要查询 oracle 两次才能确定地解决问题。事实上,如果我们只知道该函数的一个值(即 $f(0)$ 或 $f(1)$),那么我们根本无法得出函数是平衡函数还是常函数! 现在我们将展示,在量子计算机上,这个问题只需对 oracle 进行一次查询就可以确定地解决。

我们充分挖掘量子并行计算的可能性(如上所述),仅作一个额外调整——首先将输出寄存器设置为 $\frac{1}{\sqrt{2}}(|0\rangle - |1\rangle)$。量子计算的运行方式如下。从输入和输出寄存器的标准状态 $|0\rangle|0\rangle$ 开始,我们将 NOT 操作应用于输出,然后将 H 应用于两个寄存器,给出

$$|0\rangle|0\rangle \rightarrow |0\rangle|1\rangle \rightarrow \left(\frac{|0\rangle + |1\rangle}{\sqrt{2}}\right)\left(\frac{|0\rangle - |1\rangle}{\sqrt{2}}\right)$$
$$= \frac{1}{\sqrt{2}}\sum_{x\in B}|x\rangle\left(\frac{|0\rangle - |1\rangle}{\sqrt{2}}\right) \tag{4.8}$$

接着,我们将该状态交给 oracle,即执行 U_f。考虑到 U_f 将 $|x\rangle|y\rangle$ 变换成 $|x\rangle|y \oplus f(x)\rangle$,我们有

$$U_f: |x\rangle(|0\rangle - |1\rangle) \rightarrow \begin{cases} |x\rangle(|0\rangle - |1\rangle), & f(x) = 0 \\ -|x\rangle(|0\rangle - |1\rangle), & f(x) = 1 \end{cases}$$

因此

$$U_f: \frac{1}{\sqrt{2}}\sum_{x\in B}|x\rangle\left(\frac{|0\rangle - |1\rangle}{\sqrt{2}}\right) \rightarrow \left[\frac{1}{\sqrt{2}}\sum_{x\in B}(-1)^{f(x)}|x\rangle\right]\left(\frac{|0\rangle - |1\rangle}{\sqrt{2}}\right) \tag{4.9}$$

在上述整个过程中,输出寄存器一直保持在 $\frac{1}{\sqrt{2}}(|0\rangle - |1\rangle)$ 态,输入寄存器则处于 $\frac{1}{\sqrt{2}}\sum_{x\in B}(-1)^{f(x)}|x\rangle$ 态。如果 f 是常函数,我们有 $\pm\frac{1}{\sqrt{2}}(|0\rangle + |1\rangle)$;如果 f 是平衡函数,则有 $\pm\frac{1}{\sqrt{2}}(|0\rangle - |1\rangle)$。现在很容易直接验证 H 为其自身的逆矩阵,即 $HH = I$。因此,最终将 H 作用于输入寄存器(请注意式(4.2)):如果 f 是常函数,那么该寄存器的状态为 $\pm|0\rangle$;如果 f 是平衡函数,那么该寄存器的状态为 $\pm|1\rangle$。这些可以通过在标准基上的测量来准确地分辨,从而在仅对 oracle 进行一次查询之后就确定地分辨平衡函数和常函数。图 4.6 所示的网络总结了整个操作流程。

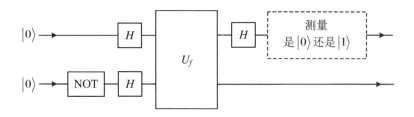

图 4.6　单比特函数的多伊奇算法
测量值是 0 表明 f 是常函数,测量值是 1 表明 f 是平衡函数。

上述对于调用 oracle 一次和两次之间的区别,在形式复杂性考虑上没有直接意义,但是我们可以很容易地将上述过程的思想推广至一种情况,其中经典解和量子解之间存在指数级差异。

假设我们有一个oracle,它计算从 n 比特到1比特的函数,而不是从1比特到1比特的函数:

$$f: B^n \to B$$

(已知 n 的值)。可以保证该函数或是常函数(即 2^n 个值要么全为 0,要么都是 1),或是平衡函数,这里"平衡"意味着恰好一半的(即 2^{n-1} 个)值是 0 而另一半是 1。注意,对于 $n>1$ 的情况,从 n 比特到1比特的一般函数既不是平衡函数,也不是常函数,但是存在大量可能的平衡函数。我们的问题还是:(确定地)判断 f 是平衡函数还是常函数。$n=1$ 的情况正是前文考虑的问题。

在经典情境下,如果我们查询 oracle 2^{n-1} 次以获得 2^{n-1} 个 f 的值,无论以任何方式使用后面的查询(可能取决于前面查询的结果),那么我们仍然不能在所有情况下解决问题。实际上,假设 2^{n-1} 个值完全相同(这始终是可能的,但如果函数真的是平衡的,则可能性很小),那么不管输入参数的选择如何,总会有一个常函数和一个平衡函数与所获得信息的总和是一致的。因此,该问题的任何经典解决方案都必须查询 oracle 2^{n-1} 次以上,即至少指数次(n 次幂)。事实上,很容易看出 $2^{n-1}+1$ 次查询总是足够的。在量子情境下,只需调用一次 oracle,问题就可在每种情况下确定地解决。该方法是1比特情况的直接推广。

我们从 n 行(输入)量子比特和1行(输出)量子比特开始,它们都处于标准态 $|0\rangle$。我们将 H 作用于每个输入量子比特。如式(4.3)所示,这将得到前面输入的全部 n 个量子比特的等权叠加。与前面完全一样,我们制备的最后一个(输出)量子比特的状态为 $\frac{1}{\sqrt{2}}(|0\rangle - |1\rangle)$。

接下来,我们将得到的 $n+1$ 个量子比特的状态提供给 oracle。这在形式上与式(4.9)相同,除了现在 x 的范围是 B^n,而不仅仅是 B。经过 oracle 处理后,前 n 个量子比特将处于如下状态:

$$|\xi_f\rangle = \frac{1}{\sqrt{2^n}} \sum_{x \in 2^n} (-1)^{f(x)} |x\rangle \tag{4.10}$$

(在这里顺便说一下,我们注意到,在 1992 年版原始多伊奇算法[138]中,输出寄存器在 $|0\rangle$ 态初始化,并且需要调用两次 oracle 来生成 $|\xi_f\rangle$ 态)。现在,如果 f 是一个常函数,那么 $|\xi_f\rangle$ 将是所有 $|x\rangle$ 加上一个总的正号或负号的等权叠加;如果 f 是平衡函数,那么 $|\xi_f\rangle$ 将是一个恰好有一半 $|x\rangle$ 有负号的等权叠加。因此,这两种可能性是正交的,存在一个对 $|\xi_f\rangle$ 的合适的测量,它将确定地分辨平衡函数和常函数。

我们需要明确地描述如何执行这种测量。在任何量子算法中,我们都不能假设任何

测量都可以通过命令作为一个计算步骤来执行(正如我们不能假设执行复杂的幺正操作是一个步骤一样)。为了评估任何测量的复杂性,我们假设唯一可用的测量是在计算基上对任何单个量子比特进行基本的 $|0\rangle$ 和 $|1\rangle$ 的测量,并且这算作一步。任何一般测量都可以简化为一系列这种标准测量:首先通过将测量的本征基幺正旋转到计算基中,然后连续读取比特。如此一来,测量的复杂性就可通过实现这种幺正旋转所需的步数加上需要读取的量子比特的数量来测量。

在我们的情况下,分辨平衡函数或常函数 $|\xi_f\rangle$ 的测量可以直接以如下方式实现:回顾一下,H 是它自己的逆矩阵(即 $HH = I$),并且 H 作用于 $|0\rangle|0\rangle\cdots|0\rangle$ 的每个量子比特会导致所有 $|x\rangle$ 的等权叠加(参考式(4.3))。由此推论,如果 H 再次作用于每个量子比特的等权叠加,则得到的状态将是 $|0\rangle|0\rangle\cdots|0\rangle$。因此,我们将 H 作用于 $|\xi_f\rangle$ 的每个量子比特(涉及 n 步)。如果 f 是常函数,则得到的态是 $\pm|0\rangle|0\rangle\cdots|0\rangle$。如果 f 是平衡函数,那么得到的态将与其正交,即所有 $|x\rangle$($x \neq 00\cdots0$)的叠加。因此,我们读取 n 个量子比特中的每一个,看看它们是否都为 0(再多 n 个步骤),这样就完成了测量。总体而言,多伊奇量子算法需要 $O(n)$ 步(包括一次对 oracle 的调用)才能确定地分辨平衡函数和常函数,而任何经典算法都需要 $O(2^n)$ 步才能完成相同的任务。

多伊奇算法是一个所谓的"黑箱结果"或"相对化"分离结果(相对于 oracle)。它没有在量子计算和经典计算之间提供绝对的指数级差异,只有当我们作出一些进一步的(看似合理但未经证实的)计算假设时(基于我们被禁止获取 oracle 内部工作原理的事实),才会给出这种差异。实际上我们已经做了一个假设:如果给定一个计算 f 的程序,没有使用一般这类程序语法的机械方法,比单纯地运行该程序足够多次,能更快地判断 f 是常函数还是平衡函数。当然,如果一个常函数的程序非常短,该程序就可以立即被识别为计算常函数,但是对手也可以提供一个(仍然计算常函数的)非常复杂的伪装程序,这就很难通过阅读语法来识别。尽管这一假设非常合理,但它仍然没有得到证实,因为很难分析将程序的语法作为输入来运行的算法!我们指出,如果能够证明经典计算和量子计算之间绝对的指数级差异,那么将解决经典复杂性理论中一些长期存在的基本问题(例如,这将意味着 $P \neq PSPACE$。这些术语的定义参见文献[131])。因此,可能很难正式地证明量子计算比经典计算更强大。

多伊奇算法的另一个重要特征是,如果不要求算法完美地工作,即如果我们容忍答案中的一些(任意小的)错误,那么经典计算和量子计算之间展现的指数级差异就会崩溃。事实上,给定任何 $\epsilon > 0$,都有一个经典的(概率)算法以恒定步骤数(与 n 无关!)运行,它将以 $1-\epsilon$ 的概率成功分辨任意给定函数 f 是平衡函数还是常函数。该算法运行如下:我们以 K 个随机选择的输入对 f 求值。如果答案都相同,则 f 被认为是常函数。否则,它被认为是平衡函数。稍微想一想,"平衡函数"的答案总是正确的,而"常函数"的答

案错误概率小于 $\frac{1}{2^K}$。因此，对于任何给定的 $\epsilon > 0$，我们选择足够大的 K 以使 $\frac{1}{2^K} < \epsilon$。请注意，K 与 n 无关，因此 K 的求值在算法中被记作恒定的步骤数。

只有在 $\epsilon = 0$ 的极限情况下，量子计算和经典计算才会产生指数级差异。有人可能会说，这种限制情况实际上是非物理的，因为任何计算机，作为一种物理设备，永远不可能与其环境完全隔离。因此，它总是有一定（通常非常小）的不正确运行的概率，例如，一个内存比特可能在任何时候被宇宙射线翻转。因此，我们非常渴望展示一种计算任务，它的计算复杂度能对量子计算与经典计算带来指数级差异，即使结果中容忍了小误差。第一个这样的例子是由伯恩斯坦（Bernstein）和瓦兹拉尼（Vazirani）[140]给出的。他们使用递归结构描述了一个涉及 oracle 的计算任务，该任务在量子计算机上可以在多项式时间内求解，但在经典计算机上需要 $O(n^{\log n})$ 时间。后来西蒙[141]描述了一个更简单的 oracle 问题，该问题在量子计算机上可以在 $O(n^2)$ 时间内解决，但在经典计算机上需要完全指数时间，即 $O(2^n)$ 时间。这条发展路线的典范是肖尔[36]的因数分解算法，它也消除了对 oracle 的依赖。肖尔算法提供了一种用若干步骤分解整数 N 的方法，该方法对于 N 的位数（$\log N$）是多项式的（小于三次幂），并且对于任何规定的 $\epsilon > 0$ 以概率 $1 - \epsilon$ 返回正确的结果。尽管几百年来（由诸如高斯（Gauss）、勒让德（Legendre）、费马（Fermat）等杰出数学家）进行了大量的努力，但是对于该问题仍没有已知的经典概率多项式时间算法。与多伊奇和西蒙的算法不同，肖尔的算法不涉及 oracle。然而，这并不能证明量子计算相对于经典计算具有绝对的指数级优势，因为也没有已知的证据证明经典的多项式时间因数分解算法不存在（只有大量不成功的构建此类算法的尝试！）。

4.2.5 傅里叶变换与周期性

肖尔的量子因数分解算法和西蒙算法在根本上依赖于量子计算机高效判断给定周期函数周期的非凡能力。我们以下面的基本示例来说明涉及的概念。假设我们有一个黑盒，它计算函数 $f: \mathcal{Z}_N \rightarrow \mathcal{Z}$，已知 f 是周期为 r 的周期函数：

$$f(x + r) = f(x) \quad \text{对所有 } x \tag{4.11}$$

回想一下，$\mathcal{Z}_N$ 表示模 N 整数群，这里的加法指的是模 N 加法。我们还假设 f 在任何单个周期内不会两次取相同的值。请注意，只有当 N 被 r 整除时，式(4.11)才成立。

我们的目标是确定 r。在经典情况下（没有任何关于 f 的进一步信息），我们只能在黑盒中尝试不同的 x 值，希望得到两个相等的结果，然后得到关于 r 的信息。通常，我们

会要求 $O(N)$ 次随机尝试以很高的概率达到两个相等的值。利用量子效应,我们将能够仅用 $O((\log N)^2)$ 步就确定 r,这相对任何经典算法都有指数加速比。

我们首先使用量子并行计算来计算 f 的所有等权叠加的值,从而得到状态

$$|f\rangle = \frac{1}{\sqrt{N}} \sum_{x=0}^{N-1} |x\rangle |f(x)\rangle \tag{4.12}$$

尽管该状态体现了 f 的周期性,但我们却无法直接清晰地知道如何提取 r 的信息! 如果我们在第二个寄存器中测量其值,比如说给一个值 y_0,那么第一个寄存器的状态就会化简为所有那些使 $f(x) = y_0$ 的 $|x\rangle$ 的等权叠加。如果 x_0 是最小的 x 且 $N = Kr$,那么我们在第一个寄存器中将得到周期态

$$|\psi\rangle = \frac{1}{\sqrt{K}} \sum_{k=0}^{K-1} |x_0 + kr\rangle \tag{4.13}$$

这里需要注意的是,$0 \leqslant x_0 \leqslant r-1$ 是随机生成的,对应于以相等的概率得到 f 的任意值 y_0。因此,如果我们现在测量这个寄存器中的值,总的结果只是随机地产生一个介于 0 和 $N-1$ 之间的数字,根本没有给出关于 r 值的任何信息!

解决这一难题的方案是使用傅里叶变换。众所周知,即使对于经典数据,它也能够从一组数据中识别出周期性规律,无论整个规律如何位移。模 N 整数的离散傅里叶变换 $\mathcal{F}$ 为 $N \times N$ 的幺正矩阵,其矩阵元为

$$\mathcal{F}_{ab} = \frac{1}{\sqrt{N}} e^{2\pi i \frac{ab}{N}} \tag{4.14}$$

我们将这个幺正变换作用于上面的态 $|\psi\rangle$,则得到[144]

$$\mathcal{F}_\psi = \frac{1}{\sqrt{r}} \sum_{j=0}^{r-1} e^{2\pi i \frac{x_0 j}{r}} \left| j \frac{N}{r} \right\rangle \tag{4.15}$$

注意,这里很重要一点是,随机位移 x_0 已从右矢标签中消失(图 4.7)。

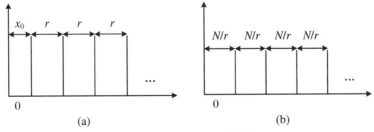

图 4.7 (a) $|\psi\rangle$ 态的周期振幅图示;(b) 其傅里叶变换的周期振幅图示

在传递到 $\mathcal{F}|\psi\rangle$ 时,周期 r 已被反转为 N/r,且随机位移 x_0 已被消除。

如果我们现在读取标签，将获得一个值 c，它必定是 N/r 的倍数，即 $c = \lambda N/r$。因此，我们有

$$\frac{c}{N} = \frac{\lambda}{r} \tag{4.16}$$

其中，c 和 N 是已知数，$0 \leqslant \lambda \leqslant r-1$ 是通过测量随机选择的（因为 $\mathcal{F}|\psi\rangle$ 中的所有振幅都具有相同的大小）。现在，如果很幸运 r 与随机选择的 λ 互素（即 λ 和 r 没有公因数），则我们可以通过将 c/N 约到一个不可约分数来确定 r。那么 r 与随机选择的 λ 互素的概率是多少呢？根据素数定理（参见文献[142-143]和文献[144]的附录 A），对于较大的 r，小于或等于 r 的素数的数目为 $r/\log r$。因此，r 与我们随机选择的 λ 互素的概率至少是 $1/\log r$，这超过了 $1/\log N$。所以如果我们重复上述过程 $O(\log N)$ 次，就可以以任何规定的概率 $1-\epsilon$（无限接近 1）成功地确定 r。

上文提到，我们希望用于确定 r 的量子算法在 $\mathrm{poly}(\log N)$ 时间内运行，即运行的步骤数是 $\log N$ 的多项式而不是 N 的多项式，以在用于确定周期性时相较任何已知的经典算法实现指数加速比。上文展示了 $O(\log N)$ 次重复足以确定 r，但是我们的论证中仍然有一个很大的空白：我们使用的傅里叶变换 $\mathcal{F}$ 是一个大型非平凡幺正操作，大小为 $N \times N$，我们不能从一开始就假设它可以仅使用 $\mathrm{poly}(\log N)$ 次基本计算操作来实现。事实上，可以证明任何 $d \times d$ 幺正操作都可以在量子计算机（配备任意通用操作集）上以 $O(d^2)$ 步来实现。[124,144] 这也是经典计算中将 $d \times d$ 矩阵乘以 d 维列向量所需的步骤数。对于我们对 $\mathcal{F}$ 的使用，$O(N^2)$ 这个界限是不够的。幸运的是，傅里叶变换具有额外的特殊性质，这使得它可以在 $O((\log N)^2)$ 步以内实现。这些性质源于快速傅里叶变换（fast Fourier transform，FFT）的经典理论[145]，该理论展示了如何将经典矩阵相乘的 $O(N^2)$ 步减少到 $O(N \log N)$ 步。如果要在量子装置中实现相同的思想，则可以用局域操作原理[134-144] 将步骤数减少到 $O((\log N)^2)$，以满足我们的要求。提出了这一重要观点后，我们将省略 FFT 的构建及其在量子环境中的实现等众多技术细节。这些细节在文献[134] 中有详细阐述，我们推荐感兴趣的读者进行阅读。另请注意，根据式(4.14)，我们有

$$\mathcal{F}|0\rangle = \frac{1}{\sqrt{n}} \sum_{x=0}^{N-1} |x\rangle \tag{4.17}$$

因此，一旦我们有了对 $\mathcal{F}$ 的高效实现，我们将能够高效地生成获得式(4.12)中 $|f\rangle$ 所必需的均匀大型叠加。

综上所述，在 N 个输入的情况下，确定给定函数 f 的周期的量子算法首先应用量子并行计算，用 $O(\log N)$ 步计算所有 f 值的叠加。接着，应用傅里叶变换来提取所得状态的周期结构。FFT 算法的量子实现应用了局域操作原理，以保证傅里叶变换可以在

poly($\log N$)步中实现。类似的经典计算需要 $O(N)$ 次调用 f 来计算所有函数值的列向量，而执行 FFT 只需 $O(N\log N)$ 步。因此，量子算法意味着指数加速比。

有趣的是，我们可以将周期的概念和傅里叶变换的构造扩展至适用于任何有限群 G。上面的讨论只涉及模 N 整数加法群这一特殊情况。广义的观点为我们提供了对傅里叶变换的工作原理更加深入的见解。现在我们将简要概述所涉及的一些基本概念，仅讨论有限阿贝尔群的情况。（如不感兴趣，本小节余下的部分可跳过，不会影响与后文的连贯性。）

设 G 是任意有限阿贝尔群，$f: G \to X$ 是群上的函数（从某集合 X 中取值），并考虑

$$K = \{k \in G : f(k + g) = f(g) \text{ 对所有 } g \in G\} \tag{4.18}$$

（请注意，我们使用加法表示群运算）。K 必然是 G 的一个子群，称为 f 的稳定子或对称群。它表征了 f 相对于 G 的群运算的周期性。在我们的前一个例子中，G 是 $\mathcal{Z}_N$，K 是 r 的所有倍数的循环子群。给定一个计算 f 的装置，我们的目标是确定 K。更准确地说，我们希望在时间 $O(\text{poly}(\log |G|))$ 内确定 K，其中 $|G|$ 是群的大小，并且对输入求 f 值被记为一个计算步骤。（注意，直接通过评估和检查 f 的所有值，我们可以轻易地在时间 $O(\text{poly}(|G|))$ 内确定 K。）与我们的示例一样，我们从构建量子态开始：

$$|f\rangle = \frac{1}{\sqrt{|G|}} \sum_{g \in G} |g\rangle |f(g)\rangle \tag{4.19}$$

并读取第二个寄存器。假设 f 是非简并的，此时当且仅当 $g_1 - g_2 \in K$ 时，有 $f(g_1) = f(g_2)$，即在每个周期内 f 都是一一对应的——我们将在第一个寄存器中获得

$$|\psi(g_0)\rangle = \frac{1}{\sqrt{|K|}} \sum_{k \in K} |g_0 + k\rangle \tag{4.20}$$

这对应于在第二个寄存器中得到 $f(g_0)$，且 g_0 是随机选择的。在式(4.20)中，我们有一个与 G 中随机选择的陪集相对应的标签的等权叠加。现在 G 是所有陪集的不相交并集，因此如果我们读取式(4.20)中的标签，我们将得到一个随机陪集的随机元素，即一个以相等概率从所有 G 中选择的标签，从而根本不获得关于 K 的任何信息。

"群 G 上的傅里叶变换"的一般构造将提供一种从标签上消除 g_0 的方法（就像在我们的例子中所说的一样），并且由此产生的状态将提供关于 K 的直接信息。设 $\mathcal{H}$ 是具有由群 G 的元素作为基$\{|g\rangle : g \in G\}$的希尔伯特空间，每个群元素 $g_1 \in G$ 在 $\mathcal{H}$ 上产生由下式定义的幺正"平移"算符 $U(g_1)$：

$$U(g_1) |g\rangle = |g + g_1\rangle \quad \text{对所有 } g \tag{4.21}$$

注意，可以将式(4.20)中的态写为 g_0 平移态：

$$\sum_{k \in K} |g_0 + k\rangle = U(g_0)\left(\sum_{k \in K} |k\rangle\right) \tag{4.22}$$

我们现在的基本思想是在 $\mathcal{H}$ 中引入一个特别态的新的基$\{|\chi_g\rangle : g \in G\}$，它们在如下意义上是平移不变的：

$$U(g_1)|\chi_{g_2}\rangle = \mathrm{e}^{\mathrm{i}\phi(g_1 \cdot g_2)}|\chi_{g_2}\rangle \quad \text{对所有 } g_1, g_2 \tag{4.23}$$

即$|\chi_g\rangle$是所有平移操作 $U(g)$ 的共同本征态。注意，$U(g)$ 是对易的，因此这样的共同本征态的基是肯定存在的。然后，根据式（4.22），如果我们在新的基中查看$|\psi(g_0)\rangle$，那么 $\sum_{x \in K} |g_0 + k\rangle$ 和 $\sum_{x \in K} |k\rangle$ 将包含相同的标签模式，且仅由子群 K 确定。如此一来，在新的基中读取标签将直接提供有关 K 的组成元素的信息。

将 G 上的傅里叶变换 $\mathcal{F}$ 定义为将平移不变基恢复为标准基的幺正变换：

$$\mathcal{F}|\chi_g\rangle = |g\rangle \quad \text{对所有 } g \tag{4.24}$$

因此，要在新的基中读取$|\psi(g_0)\rangle$，我们只需将 $\mathcal{F}$ 作用上去，并在标准基上读取信息即可。

为了给出 $\mathcal{F}$ 的明确构造，只要把状态$|\chi_g\rangle$写成在标准基中的各分量就足够了。根据群表示理论中的构造，有一种计算这些分量的标准方法。我们在这里省略了细节，但感兴趣的读者可以在文献[134]和文献[146]中找到简介。对于群 $\mathcal{Z}_N$，我们得到

$$|\chi_k\rangle = \frac{1}{\sqrt{N}} \sum_{j=0}^{N-1} \mathrm{e}^{2\pi\mathrm{i}\frac{jk}{N}} |j\rangle \tag{4.25}$$

从而得到式（4.14）中给出的傅里叶变换公式。

上述群论框架有助于推广和扩展量子算法在确定周期方面的适用性。例如，西蒙量子算法[134,141,146-147]证明只是群$(\mathcal{Z}_2)^n$上的周期性确定，该群是由所有 n 比特字符串组成的，其按分量取模 2 加法。西蒙考虑了以下问题：假设我们有一个黑盒，它计算从 n 比特字符串到 n 比特字符串的函数 f。还承诺该函数是"二对一"的，即存在固定的 n 比特字符串 ξ，使得

$$f(x + \xi) = f(x) \quad \text{对所有 } n \text{ 比特字符串的 } x \tag{4.26}$$

我们的问题是要确定 ξ。

为了看到这只是一个推广的确定周期问题，请注意，在 n 比特字符串的群$(\mathcal{Z}_2)^n$ 中，每个元素满足 $x + x = 0$。因此，式（4.26）仅说明在具有周期子群 $K = \{0, \xi\}$ 的群上的 f 是周期性的。因此，为了确定 ξ，我们在 n 比特字符串的群上构造傅里叶变换，并应用上

述标准算法。相应的具有由 n 比特字符串标记的基矢的希尔伯特空间 $\mathcal{H}$ 仅仅是一行 n 个量子比特。使用群表示理论的一般构造，傅里叶变换可以看作将（式（4.1）中的）H 作用到 n 个量子比特中的每一个上。[134] 量子算法能在 $O(n^2)$ 步以内确定 ξ，相较而言[141]，用任何经典算法对 f 取值都需要至少 $O(2^n)$ 次。该算法的完整描述可以在文献[141，146-147]中找到。

傅里叶变换形式化是量子算法中迄今为止发现的最重要的组成部分。它的一些有趣的进一步发展，包括推广到非阿贝尔群，可以在文献[148-149]中找到。

4.2.6　用于因数分解的肖尔量子算法

到目前为止，最著名的量子算法是肖尔的高效因数分解算法[36,144,146]。给定一个数 N，我们希望确定一个将 N 整除的数 k（不等于 1 或 N）。在本小节中，我们将概述如何将这个问题简化为适当的周期函数 f 的周期确定问题。如此一来，上一小节描述的量子算法就可在 $\text{poly}(\log N)$ 时间内（即 N 的位数的多项式时间内）实现 N 的因数分解。

首先，我们注意到，没有已知的经典算法能在 N 位数的多项式时间内对任何给定的 N 进行因数分解。例如，最简单的分解算法涉及尝试将 N 除以从 1 到 $\sqrt{N}$ 的每个数（因为任何合数 N 必须具有该范围内的因数）。这至少需要 $\sqrt{N}$ 步（每个试因数至少一步），并且 $\sqrt{N} = 2^{\frac{1}{2}\log N}$ 呈 $\log N$ 次幂的指数关系。事实上，穷尽现代数学的所有巧妙思维，已知最快的经典因数分解算法的运行时间也是 $\exp\left[(\log N)^{\frac{1}{3}}(\log \log N)^{\frac{2}{3}}\right]$ 量级的。

为了将因数分解问题简化为周期问题，我们需要使用数论的一些基本结论。这些在文献[144]的附录中有进一步的描述，完整的论述可以在大多数关于数论的标准文献中找到，如文献[142-143]。我们从随机选择一个数 $a < N$ 开始。利用欧几里得算法，我们在 $\text{poly}(\log N)$ 时间内计算出 a 和 N 的最大公因数。如果大于 1，我们就找到了 N 的一个因数，任务就完成了！然而，绝大多数情况下，随机选择的 a 与 N 互素。素数定理（在上一节中提到）表明，对于大的 N，此概率将超过 $1/\log N$。如果 a 与 N 互素，那么欧拉数论定理保证存在 a 的幂，其除以 N 时的余数为 1。设 r 是这样的最小幂：

$$a^r \equiv 1 \bmod N, \quad r \text{ 为最小幂} \tag{4.27}$$

（如果 a 不与 N 互素，那么 a 的幂没有余数 1）。称 r 为 a 模 N 的阶。接下来，我们证明 r 的信息可以得到 N 的一个因数。

假设我们有一种确定 r 的方法（见下文），并且进一步假设 r 是偶数。然后，我们可以将式（4.27）重写为 $a^r - 1 \equiv 0 \bmod N$，并分解为平方差：

$$(a^{r/2} - 1)(a^{r/2} + 1) \equiv 0 \bmod N \tag{4.28}$$

设 $\alpha = a^{r/2} - 1, \beta = a^{r/2} + 1$,则 N 整除乘积 $\alpha\beta$,如果 α 和 β 都不是 N 的倍数,那么 N 必须部分整除 α,部分整除 β。因此,计算 α 和 β 与 N 的最大公因数(同样使用欧几里得算法)将生成 N 的一个非平凡因数。

以 $N = 15$ 为例,取互素数 $a = 7$,通过计算 7 模 15 的幂,发现 $7^4 \equiv 1 \bmod 15$,即 7 模 15 的阶数为 4,因此 15 必定整除乘积 $(7^{4/2} - 1)(7^{4/2} + 1) = (48)(50)$。用 50 和 48 计算 15 的最大公因数分别给出 5 和 3,它们确实是 15 的非平凡因数。

如果 r 是偶数,并且 $a^{r/2} \pm 1$ 都不是 N 的整倍数,那么我们的方法将给出 N 的一个因数。为了保证这些条件足够频繁地出现(对于随机选择的 a),我们有如下定理:

定理 设 N 为奇数,并假设随机选取 $a < N$ 与 N 互素。设 r 是 a 模 N 的阶,则 r 为偶数且 $a^{r/2} \pm 1$ 不是 N 的整倍数的概率总 $\geqslant 1/2$。

该定理的(有些冗长的)证明可以在文献[144]的附录 B 中找到,请读者参阅以获取详细信息。

总的来说,我们的方法在每种情况下都会产生一个 N 的因数,其概率至少是 1/2。由于该过程的 K 次重复(K 是与 N 无关的常数)将以超过 $1 - 1/2^K$ 的概率成功分解 N,因此该成功概率可以被放大到无限接近 1。

该过程中的所有步骤,如应用欧几里得算法和数字的算术运算,都可以在 $\mathrm{poly}(\log N)$ 时间内完成。唯一尚未解决的部分是一种在 $\mathrm{poly}(\log N)$ 时间内确定 r 的方法。考虑指数函数:

$$f(x) = a^x \bmod N \tag{4.29}$$

现在式(4.27)准确地表明 f 是周期为 r 的周期函数,即 $f(x + r) = f(x)$。因此,我们使用在上一小节中描述的用于周期确定的量子算法来求 r。要应用该算法,我们需要将式(4.29)中 x 的值限制在一个有限范围 $0 \leqslant x \leqslant q$ 内(对于某些 q)。如果 q 不是(未知的)r 的整倍数,即对于某些 $0 < t < r$,有 $q = Ar + t$,那么所得到的函数将不是整周期函数——最后 t 个值上的最后单个周期是不完整的。然而,正如我们可能会凭直觉预料到的一样,如果选择的 q 足够大,给出足够多的 f 的完整周期,那么单个的损坏周期对使用 $q \times q$ 傅里叶变换来确定 r 的影响将可以忽略不计。事实上,可以证明,如果选择大小为 $O(N^2)$ 的 q,则我们可以可靠高效地确定 r。对于这种不完美周期的技术分析(涉及连分数理论),我们请读者参考文献[36,144]。q 通常也被选择为 2 的幂,这特别符合快速傅里叶变换的形式(参见文献[134,145])。

4.2.7 量子搜索与 NP 问题

假设我们有一个数据库,它由一个未排序的、非结构化的、包含 N 条记录的列表组成,并且至多有一条记录满足给定的属性。我们想定位这条特殊记录。任何以某种恒定概率(与 N 无关)定位该记录的经典方法都需要 $O(N)$ 步。事实上,初等概率论表明,如果我们检查记录中的 k 个,那么我们找到特殊记录的概率为 k/N。这个概率随着 N 的增加而趋于 0,除非 k 至少与 N 是同一数量级的。格罗弗量子搜索算法[120,150]仅用 $O(\sqrt{N})$ 步就解决了这个问题。因此,量子效应可以在这个问题上提供平方根加速比,这应该与前面讨论的量子算法表现出的更大的指数加速比形成对比。在格罗弗算法中,我们将需要一种检查叠加中不同记录的能力,就像之前的算法对输入值的叠加进行函数求值一样。

数据库的非结构化假设对结果非常重要。例如,如果数据库由 N 个随机数组成,这些随机数按升序排列,那么我们通常只需要 $O(\log N)$ 个步骤(使用标准的二分法)就可以定位任何一个给定的数字。类似地,数据库的任何预先知晓的结构都可以用来减少搜索时间。非结构化假设类似于我们之前对 oracle(或黑盒)的使用,其内部结构我们无法访问。其实,可以用 oracle 的概念更准确地重新表述数据库搜索问题:我们被给予一个黑盒,它计算一个具有 N 个输入的函数,其输出值为 0 或 1。此外,可以保证仅对唯一输入值 x_0,有 $f(x) = 1$(f 的所有其他值都是 0)。我们的任务是找到 x_0。

现在我们将概述如何用格罗弗量子搜索算法在 $O(\sqrt{N})$ 步中找到 x_0。(如果读者不想深入了解,首次阅读时可以跳过以下技术细节,鉴于算法的特征前文已有描述,不会扰乱知识的连贯性。)正如我们在讨论多伊奇算法和量子并行计算时一样,我们将假设 oracle 是作为将 $|x\rangle|j\rangle$ 转换为 $|x\rangle||j\oplus f(x)\rangle$ 的幺正变换 U_f 给出的。这里,$1 \leqslant x \leqslant N$,$j = 0$ 或 1,$\oplus$ 是模 2 加法。另外,为了方便,我们仅考虑 $N = 2^n$ 的情况,即 N 是 2 的幂,使得 f 是从 n 比特到 1 比特的函数。设 $\mathcal{B}^n$ 是 n 个量子比特的希尔伯特空间(即输入寄存器),其标准基 $\{|x\rangle\}$ 由所有 n 比特字符串 x 标记。格罗弗算法的原始形式基于两个作用于 $\mathcal{B}^n$ 的幺正操作 I_{x_0} 和 D。I_{x_0} 是仅将 $|x_0\rangle$ 的振幅反转的操作:

$$I_{x_0}|x\rangle = \begin{cases} |x\rangle, & x \neq x_0 \\ -|x\rangle, & x = x_0 \end{cases} \tag{4.30}$$

就像我们在多伊奇算法中所做的那样,首先将 U_f 的输出寄存器($n+1$ 个量子比特的最

后一个)设置为 $\frac{1}{\sqrt{2}}(|0\rangle - |1\rangle)$,这很容易从 U_f 中构造出来。然后,U_f 的操作就会影响输入寄存器上的 I_{x_0},而使输出寄存器处于态 $\frac{1}{\sqrt{2}}(|0\rangle - |1\rangle)$,如图 4.8 所示。

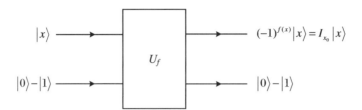

图 4.8　从 U_f 构建 I_{x_0}

这里,f 是标记 x_0 的 oracle。

算符 D 定义如下。设 H_n 是 H(参见式(4.1))作用到 n 个量子比特中每一个的操作,并且设 I_0 是当 $x = 00\cdots0$ 时的算符 I_{x_0}。则 D 由下式定义:

$$D = - H_n I_0 H_n \tag{4.31}$$

对 D 的矩阵元的直接计算[120,150]表明,所有非对角元都是 $\frac{2}{N}$,并且所有对角元都是 $-1 + \frac{2}{N}$(请记住,这里 $N = 2^n$)。因此,

$$D \mid x\rangle = - \mid x\rangle + \frac{2}{N}\sum_y \mid y\rangle \tag{4.32}$$

其中,D 有一个简单的几何解释,为"平均值的反演"。对于任何态 $|\psi\rangle = \sum a_x \mid x\rangle$,设 $D \mid \psi\rangle = \sum a'_x \mid x\rangle$,并且用 $\bar{a} = \frac{1}{N}\sum a_x$ 表示态 $|\psi\rangle$ 的平均振幅。通过式(4.32),我们得到

$$a'_x = - a_x + \frac{2}{N}\sum_y a_y = \bar{a} - (a_x - \bar{a}) \tag{4.33}$$

由 $\Delta a_x = a_x - \bar{a}$,我们有 $a_x = \bar{a} + \Delta a_x$ 和 $a'_x = \bar{a} - \Delta a_x$,所以振幅的值只反映在平均值 $\bar{a}$ 中。

为了执行格罗弗算法,我们从等权叠加 $|\psi_0\rangle = \frac{1}{\sqrt{N}}\sum \mid x\rangle$ 开始,它可以通过将 H_n 作用于 $|0\cdots0\rangle$ 来制备。该状态对应于以等权叠加的方式检查数据库的所有位置。我们的目标是修改 $|\psi_0\rangle$ 以将振幅集中在 $x = x_0$ 处。该算法包括重复应用算符 DI_{x_0},从而给

出状态序列 $|\psi_k\rangle$:

$$|\psi_0\rangle = \frac{1}{\sqrt{N}}\sum |x\rangle$$

$$|\psi_{k+1}\rangle = DI_{x_0} |\psi_k\rangle \tag{4.34}$$

使用关于 D 与 I_{x_0} 的表达式,不难发现对于 $x \neq x_0$,所有 $|x\rangle$ 的振幅保持彼此相等,因此每个 $|\psi_k\rangle$ 有如下形式:

$$|\psi_k\rangle = \alpha_k \sum_{x \neq x_0} |x\rangle + \beta_k |x_0\rangle \tag{4.35}$$

其中,α_k 和 β_k 也是实数。使用 D 和 I_{x_0} 的矩阵元,我们可以推导出如下递归关系:

$$\alpha_0 = \beta_0 = \frac{1}{\sqrt{N}}$$

$$\alpha_{k+1} = \left(1 - \frac{2}{N}\right)\alpha_k - \frac{2}{N}\beta_k \tag{4.36}$$

$$\beta_{k+1} = \left(1 - \frac{2}{N}\right)\beta_k - (N-1)\frac{2}{N}\alpha_k$$

归一化后,有

$$\beta_k^2 + (N-1)\alpha_k^2 = 1 \tag{4.37}$$

上式表明我们可写出 $\alpha_k = \frac{1}{\sqrt{N-1}}\cos\theta_k$,$\beta_k = \sin\theta_k$。然后可直接验证[151],式(4.36)中的递归关系由以下条件保证:

$$\alpha_k = \frac{1}{\sqrt{N-1}}\cos(2k+1)\theta, \quad \beta_k = \sin(2k+1)\theta \tag{4.38}$$

其中,θ 是由 $\sin\theta = \frac{1}{\sqrt{N}}$ 给出的角度。

因此,β_k 随迭代次数 k 呈正弦变化,如果 $(2k+1)\theta = \frac{\pi}{2}$,即 $k = \frac{\pi - 2\theta}{4\theta}$,我们就有 $\beta_k = 1$。当 N 很大时,我们有 $\sin\theta = \frac{1}{\sqrt{N}} \approx \theta$,所以 $k = \frac{\pi}{4}\sqrt{N} - \frac{1}{2}$,在 $\sqrt{N}$ 量级。因此,如果我们迭代该过程,直到最接近 k 值的整数步,就可以通过读取标准基(参见文献[151]以进一步分析所涉及的概率)中的末态来以高概率(与 N 无关)获得 x_0。这样就完成了算法过程。

自格罗弗的原始工作以来,上述算法中涉及的基本思想已经扩展到各种进一步的应用中了,例如估算有 N 个给定数的数据库的平均值和中位数[152],以及分析数据库中多于一个标记项的情况[151,153]。使用格罗弗算法和肖尔算法的巧妙组合,布拉萨尔、霍耶(Hoyer)和塔普(Tapp)已经证明[153]估算这种标记项的数量(而不是定位它们的位置)也是可行的。广义地讲,其基本思想是,上面的幅度 α_k 和 β_k 周期性地变化,其周期由标记项的数量确定。然后使用量子傅里叶变换估算周期,如前面几小节所述。乍一看令人惊奇的是,人们也证明了[151,153-154] D 的定义中的幺正操作 H_n 可以用几乎任何幺正算符 U 代替,且使用修改后 D 的算法仍然成功地在 $O(\sqrt{N})$ 步以内找到了 x_0。

格罗弗算法提供了一种搜索指数级巨大的可能性空间的方法。一般说来,指数搜索在数学和计算机科学的许多分支中都是非常重要的。特别有意义的是这样一种情况,目标属性(即我们正在搜索的)可以在多项式时间内被验证为对任何提出的项都成立,即直观地说,该属性本身验证起来"在计算上是很简单的",但是我们需要确定在指数级的大量选项中是否存在一个示例。作为说明性示例,假设给我们一个图,该图被描述为一组顶点和连接所选顶点的边。当且仅当存在连接顶点 i 和顶点 j 的边时,具有 n 个顶点的图可以用矩阵元为 0 和 1 的 $n \times n$ 矩阵来描述。我们想确定是否可能找到一条通过该图的闭路,该闭路访问每个顶点一次且只访问一次。这就是所谓的哈密顿回路问题,它有很多重要的应用。现在给定一个图,通常存在指数级数量的可能回路(即描述图的大小的函数呈指数级增长),但是给定任何回路,很容易在多项式时间内检查其是否满足所需的条件(即直接沿着线路查看其是否恰好访问每个顶点一次)。在计算理论中,这类决策问题称为 NP 问题(参见文献[131-132]以获得详细论述)。从直觉上来说,对于 NP 性质,很"难"找到一个满意的实例;但给出一个实例,则很"容易"检验该性质是否成立。

许多非常有数学意义和实际意义的计算问题都存在于 NP 中(参见文献[132],示例种类繁多)。也许经典复杂性理论中最著名的悬而未决的问题,即所谓的 P≠NP 问题,就是确定 NP 中的每一个计算任务是否真的能在多项式时间内求解。这里的研究动机是,如果一个属性验证起来"在计算上是很简单的",那么也许对于它在给定的结构中是否成立的问题也应该能够在多项式时间内解决。请注意,这里我们考虑的不是在指数级的大量选项中进行详尽的搜索(这肯定需要指数级的大量时间),而是对产生指数级的大量可能性的结构本身进行一些巧妙的分析。例如,在哈密顿回路问题中,有没有一种方法可以通过检查图本身的描述,来判断它是否有哈密顿回路,而不是不智能地依次测试每条回路?

考虑到 NP[132]中一些问题的复杂性和广泛性,似乎不太可能在多项式时间内解决它们,但是这件事到目前为止仍然没有得到证明,尽管已经引起了极大的关注!注意,问题中特定结构的一些特殊数学特性将需要被调用,例如在哈密顿回路问题中,其解法将等

量子信息物理
The Physics of Quantum Information

同于发展了图论的一些深层次的新定理。

现在让我们回到格罗弗搜索算法的场景。这里要求数据库是非结构化的(与上面的备注相反),但是通过量子方法,我们实现了相较直接穷举的经典搜索方法的平方根加速比。这种加速比可以应用于任何NP问题的搜索。现在的关键问题是:能否以某种更巧妙的方式,利用量子效应,进一步加快对指数级的大量选项的非结构化空间的搜索速度呢?事实上,我们已经看到,指数级的大型叠加可以在线性时间内产生(参见式(4.3)),于是这些大型叠加就可以用来在单次查询中探测指数级的大量函数值(参见式(4.4))。在量子计算发展的早期,人们希望这种效应能带来一种在多项式时间内搜索指数级的大型非结构化可能性空间的方法,从而给出在多项式时间内解决NP问题的量子方法。例如,给出一个图,我们可以看到所有可能的回路叠加,但是我们能用这个效应来以很高的概率确定是否存在哈密顿回路吗?这个希望被本内特、伯恩斯坦、布拉萨尔和瓦兹拉尼打破了,他们严格地证明了量子过程对非结构化搜索的加速比不会超过格罗弗算法所展示的平方根加速比。粗略地说,直觉告诉我们,尽管可以在一次查询中检查叠加中指数级的大量选项,但是由于叠加中指数级的大量分量,所需结果的确定通常仅以呈指数缩小的幅度发生。因此,该过程必须以任意恒定的概率水平重复指数多次才能确定结论。

因此在量子计算概念里,就像在经典计算中一样,如果我们要在多项式时间内解决NP问题,就必须以某种巧妙的方式利用问题的结构。例如,西蒙算法和肖尔算法中的指数加速比是通过傅里叶分析技术利用了周期性理论的特殊数学性质。不幸的是,所有NP类问题与多项式时间可计算性的关系这一重要问题,表面上看来在量子环境中解决起来并不比在经典计算复杂性理论的环境中容易。

4.3　囚禁离子实现量子门与量子计算

西拉克　措勒尔　波亚托斯

4.3.1　导语

从本章前面的讨论中可以清楚地看出,量子计算可以提供惊人的能力。问题是:我们能否实现量子计算的基本单元,如量子逻辑门?如果可以,如何实现?在什么样的物

理系统中实现？我们不会进行一般性讨论,而是将重点放在一个特定的例子上。我们将详细描述与实现囚禁离子量子计算机相关的方案[156-157]。在该类方案中,每个量子比特被实现为离子的电子基态($|0\rangle$)和激发态(亚稳态)($|1\rangle$)的叠加(图4.9)。结果表明,一组离子与激光相互作用并在线性阱中运动,提供了实现量子计算机的现实物理系统。

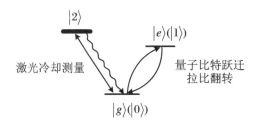

图4.9　单离子内部能级的双共振结构

与弱跃迁相关的能级作为量子比特($|0\rangle$,$|1\rangle$),而第三能级($|2\rangle$)通过偶极跃迁连接到$|0\rangle$态,通过量子跳跃技术用于冷却和探测。

4.3.2　囚禁离子量子门

我们将考虑 N 个离子被束缚在线性保罗阱(Paul trap)中的情况,该线性保罗阱能够通过静电场和交变电场的组合来囚禁和束缚离子(见第 5 章)。离子基本上只在轴向一维移动,因为这个方向的囚禁势相当弱,并与不同的激光场相互作用(图4.10)。

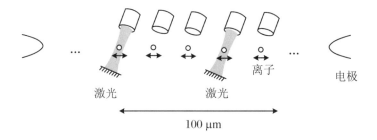

图4.10　线性阱中的 N 离子与激光相互作用

离子的运动被用作量子比特之间的数据总线。

离子运动的耦合是由库仑斥力提供的,这种斥力通常比相隔几个光学波长的离子之间的其他相互作用要强得多。

囚禁离子系统最初的优势之一是,许多制备和操纵量子态所需的技术已经开发出来了,并用于高精度光谱学和频率标准。因此,拉比翻转和电子态测量都是发展成熟的工具,它们将构成计算的基本部分。拉比翻转,即内态之间的相干跃迁,可以用激光脉冲作用一个特定的时间来实现(例如,一个 π 脉冲将布居从激发态完全反转到基态,反之亦然),而内部量子态的测量则是使用所谓的量子跳跃技术来进行的。考虑双共振的情况,一个跃迁是强共振的,另一个是较弱的,这样就可能去测量作为量子比特的能级状态。这是通过将两束激光分别调谐到每个跃迁来实现的。量子比特的状态将通过是否存在(偶极)强跃迁自发辐射光子来测量,如图 4.9 所示。已证明,该探测方案的探测效率接近 1。然而,我们还将利用激光冷却技术,将离子的运动减少为围绕其平衡位置的小振荡。简而言之,激光冷却是基于对辐射压强的高效利用,辐射压强与每束光相关的动量有关。这样的动量在宏观尺度上可以忽略不计,但却能对原子施加足够大的力,从而显著降低它们的速度(这个力可以大到 $10^4 g$,其中 g 是重力加速度)。使用这种力的一种高效方法是利用多普勒效应:用这种方法,运动方向与激光束传播方向相反的离子将会受到一种力,这种力可以大大减慢它们的运动。

让我们假设离子在所有三个维度上都经过了激光冷却,因此它们只在平衡位置附近存在非常小的振荡。在这种情况下,离子的运动用简正模来描述,相当于一组非耦合谐振子的集合,它们可以用常用方式独立地量子化。此时要求,每个模式都必须满足所谓的 Lamb-Dicke 极限,这在物理上意味着离子被束缚在比外加辐射波长小得多的区域内。

实现量子计算机,相当于找到实现单量子比特门和双量子比特门的方法。单量子比特门很简单,因为我们只需在量子比特的内部状态之间诱导拉比翻转。正如我们已经提到的,对于囚禁离子的情况,这是一种众所周知的技术。双量子比特门更难实现,主要的困难在于找到一种连接两个量子比特的方法,即保持两个量子比特的相干叠加。为此,我们将考虑与离子串相关的外部自由度。特别地,我们使用最低量子化模式,即用质心(CM)运动来描述所有离子的运动,就好像它们是连接在一起的单个物体一样。其挑战是将内部量子比特的信息交换到量子线上。一旦实现了这一点,就有可能将信息从量子线传输到另一个选定的量子比特上,以这种方式实现两个量子比特之间的相干相互作用。

4.3.3　N 个冷离子与激光的相互作用

本小节专业性稍强,将更详细地展示如何描述离子和激光系统及其实现量子计算的能力。我们考虑给定的离子 i 与驻波激光的相互作用(行波也可以用同样的方法研究)。在随激光频率转动的参考系中,描述这种情况的哈密顿量为 $H = H_{ex} + H_{int} + H_{las}$,其中 $(\hbar = 1)$,

$$
\begin{aligned}
H_{ex} &= \sum_{k=1}^{N} \nu_k a_k^{\dagger} a_k \\
H_{int}^{i} &= -\frac{\delta_i}{2} \sigma_z^i \\
H_{las}^{i} &= \frac{\Omega_i}{2} \sin(k_L r_i + \phi_i)(\sigma_i^+ + \sigma_i^-)
\end{aligned}
\tag{4.39}
$$

这里,$\delta_i = \omega_L^i - \omega_0^i$ 是激光失谐量(ω_L^i 是激光的频率,ω_0^i 是与量子比特跃迁相关的频率);ν_k 是不同简正模的频率;Ω_i 是拉比频率[①](外加激光场诱导的相干演化速率);k_L 是激光波矢量(激光束通常沿倾斜于阱轴的方向照射,在这种情况下,k_L 将由 $k_\theta = k_L \cos\theta$ 给出,见图 4.10);ϕ_i 是描述离子相对于驻波情况的相位;r_i 是离子的位置(一般表示为简正模的线性组合)。此外,我们还使用了与二能级(自旋 1/2)原子相关的泡利(Pauli)算符和与量子化谐振子相关的产生(湮灭)算符。

当激光束作用于其中一个离子时,它会引起(内部)基态和激发态能级之间的跃迁,并可以改变集体简正模的状态。但是,在 Lamb-Dicke 极限内,考虑到足够弱的激光强度,只有质心运动会被修正。在这些限制下,与激光的相互作用将采取以下形式:

$$
\begin{aligned}
H_{las}^{i} &\approx H_a^i + H_b^i \\
&= \frac{\Omega_i^a}{2}(\sigma_i^+ + \sigma_i^-) + \frac{\Omega_i^b}{2}\frac{\eta_{cm}}{\sqrt{N}}(a_{cm}\sigma_i^+ + a_{cm}^{\dagger}\sigma_i^-)
\end{aligned}
\tag{4.40}
$$

其中,η_{cm} 是与 ν_z 相关的 Lamb-Dicke 参数,ν_z 是与质心模的频率重合的轴向约束频率。上述哈密顿量仅在 $\Omega_i^a \neq 0 (\delta_a = 0)$ 或 $\Omega_i^b \neq 0 (\delta_b \approx -\nu_1)$ 时有效。这意味着我们将发现两个可用的相互作用,它们改变(b)或不改变(a)离子的运动。

我们现在展示如何利用上述相互作用实现一个或两个量子比特之间的量子门。单

---

① 拉比频率是以美国物理学家伊西多·艾萨克·拉比(Isidor Isaac Rabi)命名的物理量。他最早提出了使用振子驱动的磁场来诱导原子和分子内部能级之间的跃迁。

量子比特量子门很容易实现,因为它们只意味着单个离子的单独旋转,而不会改变其运动状态。它们可以用一个与内部跃迁频率($\delta_i = 0$)共振的激光来实现,离子被束缚在驻波激光束的波腹上。可以看到,这种情况下的演化是由哈密顿量 H_a^i 给出的,从而导致如下旋转:

$$|g\rangle_i \rightarrow \cos(k_L\pi/2)\,|g\rangle_i - \mathrm{i}e^{\mathrm{i}\phi}\sin(k_L\pi/2)\,|e\rangle_i$$
$$|e\rangle_i \rightarrow \cos(k_L\pi/2)\,|e\rangle_i - \mathrm{i}e^{-\mathrm{i}\phi}\sin(k_L\pi/2)\,|g\rangle_i$$

然而,双量子比特门实现起来就困难得多。首先我们考虑以 $\delta_i = -\nu_z$ 的方式选择激光的频率,即它只激发质心模,且离子被束缚在驻波激光束的波节上。离子与激光的相互作用现在由上述哈密顿量 H_b^i 给出。激光作用时间 $t = \dfrac{k\pi}{\Omega_i^b \eta_z/\sqrt{N}}$ 时($k\pi$ 脉冲),状态将以如下方式演化:

$$|g\rangle_i\,|1\rangle \rightarrow \cos(k_L\pi/2)\,|g\rangle_i\,|1\rangle - \mathrm{i}e^{\mathrm{i}\phi}\sin(k_L\pi/2)\,|e'\rangle_i\,|0\rangle$$
$$|e'\rangle_i\,|0\rangle \rightarrow \cos(k_L\pi/2)\,|e'\rangle_i\,|0\rangle - \mathrm{i}e^{-\mathrm{i}\phi}\sin(k_L\pi/2)\,|g\rangle_i\,|1\rangle \tag{4.41}$$
$$|g\rangle\,|0\rangle \rightarrow |g\rangle\,|0\rangle$$

其中,$|0\rangle$($|1\rangle$)表示具有 0 个(1 个)声子的质心模;ϕ 是激光的相位;$|e'\rangle$ 可以是所考虑的量子比特的状态 $|1\rangle$(表示为 $|e\rangle$),也可以是选择性激发的辅助电子态。(这种选择性激发可以通过不同的偏振或频率来实现。从实验上看,频率似乎比偏振控制得更好。)双量子比特逻辑量子门可以以如下方式实现:① 使用聚焦于第一个离子的 π 脉冲,我们将第一个离子的内态交换到质心模的运动态;② 利用辅助能级 $|e'\rangle_i$,通过 2π 脉冲在第二个离子上引入条件符号翻转;③ π 脉冲将把质心模的量子态交换回第一个离子的内态。完整的演化将由下式给出:

$$
\begin{array}{cccccccc}
 & (\text{i}) & & (\text{ii}) & & (\text{iii}) & \\
|g\rangle_1\,|g\rangle_2\,|0\rangle & \rightarrow & |g\rangle_1\,|g\rangle_2\,|0\rangle & \rightarrow & |g\rangle_1\,|g\rangle_2\,|0\rangle & \rightarrow & |g\rangle_1\,|g\rangle_2\,|0\rangle \\
|g\rangle_1\,|e\rangle_2\,|0\rangle & \rightarrow & |g\rangle_1\,|e\rangle_2\,|0\rangle & \rightarrow & |g\rangle_1\,|e\rangle_2\,|0\rangle & \rightarrow & |g\rangle_1\,|e\rangle_2\,|0\rangle \\
|e\rangle_1\,|g\rangle_2\,|0\rangle & \rightarrow -\mathrm{i}\,|g\rangle_1\,|g\rangle_2\,|1\rangle & & \rightarrow \mathrm{i}\,|g\rangle_1\,|g\rangle_2\,|1\rangle & & \rightarrow |e\rangle_1\,|g\rangle_2\,|0\rangle \\
|e\rangle_1\,|e_0\rangle_2\,|0\rangle & \rightarrow -\mathrm{i}\,|g\rangle_1\,|e\rangle_2\,|1\rangle & & \rightarrow -\mathrm{i}\,|g\rangle_1\,|e\rangle_2\,|1\rangle & & \rightarrow -|e\rangle_1\,|e\rangle_2\,|0\rangle
\end{array}
\tag{4.42}
$$

这样,只有当两个离子都处于(内部)激发态时,相互作用的净效应才是符号翻转。注意,在门操作之前和之后,质心模都处于真空态 $|0\rangle$。最后,利用这些操作,我们可以在每组离子中使用 n 量子比特实现逻辑门。

4.3.4　非零温度下的量子门

我们在上一节中已经看到,由线性阱中的一组离子组成的系统似乎是实验室中实现量子计算的一个有前途的选项。用激光冷却囚禁离子进行计算的基本要求似乎是精确控制哈密顿量操作,使离子高度退相干并冷却到振动基态,从而初始化到集体声子模的纯态。我们不会讨论前两个问题,因为它们更多地涉及纠错和退相干问题,这些将在第7章中讨论,这里我们将说明如何克服冷却到零温度极限的限制。

让我们考虑线性阱中有两个离子的情况。这个新颖的想法是利用其中一个离子向右或向左移动运动的波包,这取决于激光诱导光子的吸收或发射,之后,第二个离子在阱中的位置将取决于第一个离子所经历的动力学过程。以此方式,可以强制第二个离子的内态随位置改变。结果是一个对于计算必不可少的逻辑量子门,即第二个离子的最终内态取决于第一个离子的初始内态。

从某种意义上说,我们借鉴了原子干涉测量术的思想,原子波包通常被分成不同的部分,每个部分经历不同的动力学过程并在过程结束时结合起来,以研究经历的演化,作为一种光学干涉分析。

我们将特别说明如何实现双量子比特门的操作。首先,通过激光束,由于光子吸收(发射),离子 1 根据其内态被向左或向右推动。因此,根据离子 1 的内态条件,另一个离子将通过库仑斥力经历一次冲击。相应的波包将演化成两个可能的空间波包,它们与控制离子(表示为 $1_R, 1_L, \cdots$,代表离子 1 向右,向左,等等)的内态纠缠在一起。如果这些波包的空间分裂足够大(在给定时间 t_0),我们就可以根据目标离子(离子 2)的空间位置来操控其内部状态,即根据控制离子(离子 1)的状态来实现量子比特的门操作。随着时间的推移,这些原子波包将会在阱中振荡,且借助适当的激光脉冲序列,该转移到两个离子上的动量可以被撤销,以还原(在时间 t_g 的)原始运动状态,参见图 4.11。然后,离子的运动状态将从门操作之前和之后的内部原子状态中分离出来,无论它是处于混态还是纯态,即与温度无关。

总而言之,在本小节中,我们介绍了一个很有前景的实现量子计算的系统。我们考虑了两种完全不同的情况,即零温度和非零温度,讨论了离子条件动力学方案。美国国家标准与技术研究院(National Institute of Standards and Technology,NIST)的戴维·瓦恩兰(D. Wineland)小组[158]已经报告了零温方案的原理证明,这表明在不久的将来建立小型离子阱量子计算机将是可行的。在接下来的一章中,我们将介绍几种实现量子逻辑门的实验方向。

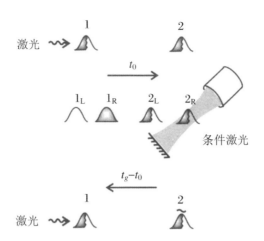

图 4.11 非零温度下双量子比特门的激光和波包配置

在实现门操作之后,目标量子比特(离子 2)的内态是否改变(用波浪号表示)取决于控制量子比特(离子 1)的内态,即由于受激发的光子吸收或发射而向右或向左移动。这里,波包的暗(亮)填充表示内部激发态(基态)。更多详细信息请参阅正文。

第 5 章

通向量子计算的实验

5.1　引言

　　量子计算的基本理论思想在前一章已经解释过。但实际建造量子计算机可行性有多高呢？需要意识到，即使是单个量子门，也需要两个与环境干扰高度隔离的强相互作用量子系统，这给我们泼了一盆冷水。本章将介绍几种实验技术和成果，表明少量高度受控的、强相互作用的量子系统是可以想象的。但是，是否有可能扩大到实用的量子计算的规模仍有待观察。

　　三种实验方法成功地达到了实现小规模量子逻辑操作的实验条件。它们基于腔量子电动力学(腔 QED)、囚禁离子和核磁共振(NMR)。前两种方法实现了一个最简单的耦合量子力学系统：耦合到量子振子的二能级系统。为了强调这个共同特征，第 5.2 节将同步呈现腔 QED 实验和相应的囚禁离子实验。

腔 QED 实验特别成功地证明了量子力学的基本特征,如第 5.2.3 小节所述的量子拉比振荡、第 5.2.4 小节呈现的薛定谔猫态和量子退相干。这些实验以一种优美的方式展示了基本的量子逻辑操作。然而,用这些技术执行大量的此类操作似乎非常困难。

关于可扩展性问题,囚禁离子实验似乎更有希望,因为它可以在线性阱中储存和冷却一串离子。这个串可以看作量子比特的寄存器,其中每个量子比特(存储在单个离子上)可以通过强聚焦的激光束来处理。第 5.2.5～5.2.12 小节将证明单离子层面上的量子逻辑是可以实现的。第 5.3 节将概述旨在用离子串进行量子计算的实验。

正在研究的第三种量子计算方法已经演示了一系列简单的量子逻辑操作,它基于核磁共振。核磁共振涉及磁场中原子核的塞曼(Zeeman)亚能级之间的跃迁。分子内部原子核的核磁共振信号频率取决于原子核确切的化学环境。这使得人们能够在单个分子中处理不同的核自旋。自旋扮演着量子比特的角色,可以通过分子内部的强自旋耦合相互作用实现不同自旋之间的相互作用。这为量子计算提供了基本的组成部分。第 5.4 节将描述核磁共振量子计算的原理。

基于固态体系的量子逻辑操作是一个更具挑战的领域。虽然在制造此类器件方面取得突破将是极其重要的,但这一研究领域的发展尚不充分,因此我们未将其纳入本书。

5.2 腔 QED 实验: 腔内原子与囚禁离子

内格尔　莱布弗里德　施密特-卡勒　埃施纳

布拉特　布吕内　雷蒙　阿罗什

5.2.1 耦合到量子振子的二能级系统

光腔中的原子或阱中的离子可以很好地近似为耦合在量子谐振子上的二能级系统。在前一种情况下,一个二能级原子与腔谐振模耦合。在后一种情况下,一个离子的两个内态(超精细或亚稳能级)与阱中离子的振动自由度耦合。因此,这两种系统可以用相同的相互作用来描述。相互作用(杰恩斯-卡明斯(Jaynes-Cummings),简称 J-C)哈密顿

量[159]可以写成

$$H_{int} = -\hbar\frac{\Omega}{2}(a\sigma^+ + a^\dagger\sigma^-) \tag{5.1}$$

其中，a 和 $a^\dagger$ 是量子振子的湮灭和产生算符；σ^+ 和 σ^- 是二能级系统的升降算符；Ω 是耦合振幅。这个哈密顿量描述了与原子或离子跃迁有关的光子(在腔 QED 实验中)或声子(在囚禁离子实验中)的发射或吸收。当谐振子模与二能级系统完全共振时，相互作用项描述了实际的能量交换。当系统处于非共振状态时，能量传递过程是虚拟的，相互作用导致原子能级的相移。

关键是实现强耦合区，其中式(5.1)的简单相互作用控制着所有的弛豫过程，如原子自发辐射、光子/声子阻尼和热噪声引起的退相干。一个令人信服的对最简单的物质场系统的实验，演示了基本的量子逻辑操作。同时，它也对我们理解量子理论最反直觉的方面提出了严峻的考验，比如非局域纠缠和介观态叠加。

腔 QED 在光学和微波领域都有发展，实验的基本原理非常相似。关于这两类实验的评论请参见文献[160]。在光学领域，光学原子跃迁耦合到非常精细的腔中，实现并研究了强耦合机制。本节将着重讨论微波领域。长寿命、易于探测的圆态里德堡(Rydberg)原子与高 Q 值超导腔中的毫米波辐射强耦合。以热运动速度穿过腔的原子与场模纠缠在一起，腔场和原子二能级系统的寿命都比相互作用时间长得多。因此，即使在原子离开腔之后，场和原子仍然纠缠在一起。故场和原子的联合量子态可以进一步研究或随意操纵。

本节描述的第二类实验涉及束缚在电磁简谐势阱中的离子。量子振子是离子振动的一种特殊模式。它通过激光脉冲耦合到离子二能级系统的内态。通过选择合适的激光脉冲，离子运动与内态的相互作用可以用 J-C 型哈密顿量来描述。利用为离子频率标准开发的技术，离子二能级系统和振动模式的长相干时间均得以实现。

尽管实验环境完全不同，但原子腔实验和囚禁离子实验都实现了相同的简单模型。因此，任何为腔 QED 设计的实验都可用于离子阱，反之亦然。而且，这两种技术的成果具有相当高的可比性。接下来，我们将讨论微波领域中的腔 QED 实验和涉及 J-C 相互作用的囚禁离子实验，然后比较两种技术在量子计算方面可能的前景。

5.2.2　使用原子和腔的腔 QED

本节介绍微波谐振腔中原子的腔 QED 实验的总体方案。实验和理论的细节可以在

其他文献中找到。[160-161]

圆态里德堡原子为实现腔 QED 实验提供了空前有效的工具。这些原子具有较高的能级[162-163]，其主量子数 n 多达 50，拥有最大轨道量子数和磁量子数，表现得像是与毫米波辐射强耦合的巨大天线。在 51.099 GHz 下，圆态 $n=51(|e\rangle)$ 与 $n=50(|g\rangle)$ 之间跃迁的偶极矩阵元高达 1 250 个原子单位。当放置在一个弱定向电场中时(避免了与氢原子多重性中的其他能级混合)，这些能级具有很长的寿命，约为 30 ms，表现为一个真正的二能级系统。此外，它们可以被场离子化方法选择性地、灵敏地探测到。

在毫米波领域，超导材料带来了非常高品质的腔。实验中采用了镀铌反射镜的厘米级法布里-珀罗(Fabry-Perot)腔。在如 0.6 K 低温下，品质因子在 $10^8 \sim 10^9$，对应于几百微秒到几毫秒的光子存储时间 T_r。这比原子-腔相互作用时间长得多，原子在热运动速度下的相互作用时间只有几十微秒。在这种低温下，热场可以忽略不计，找到基态腔的概率在 98% 以上。

巴黎高等师范学院使用的实验装置[164-168]如图 5.1 所示。它的核心被一个 ^{3}He-^{4}He 低温恒温器冷却到 0.6 K。原子最初从炉 O 中喷出，借助与原子束传播方向成一定角度的激光束，在 V 区通过速度选择光泵来选择速度。然后，通过连续的激光脉冲和绝热射频跃迁，在方框 B 中将选定速度的原子制备到 $|e\rangle$ 或 $|g\rangle$ 态。[163]这种制备是脉冲的，在确定的时间内产生圆态原子的喷射，速度仔细控制在 $200 \sim 400$ m/s，精度为 ± 2 m/s。原子的位置在任何时候都能以 ± 1 mm 的精度确定。因此，可以对穿过该装置的不同原子进行选择性变换。每次喷射的平均原子数保持在 1 个以下，从而使同时制备两个原子的概率保持很小。

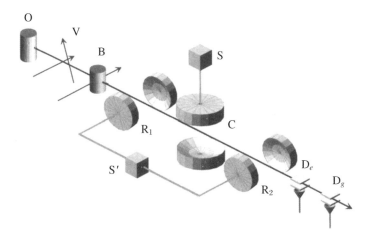

图 5.1　原子-腔实验装置方案

127

超导腔 C 由两个相距 2.7 cm 的球形铌镜构成。它支持一个束腰为 6 mm 的电磁高斯横模。当需要时,该超导腔可以通过原子-场共振耦合过程来填充,也可以通过微波源注入相干场来填充。通过调整反射镜的距离或在反射镜上施加电场来改变原子跃迁频率,可以调节腔与原子跃迁的共振。

在进入 C 之前,原子穿过一个低 Q 辅助腔 R_1,这里一个经典的微波脉冲可以混合 $|e\rangle$ 和 $|g\rangle$ 能级。每个原子在几十微秒内穿过 C,在此期间原子与腔场之间有很强的相互作用。对于处于腔中心的原子,原子-场耦合振幅(J-C 相互作用中的 Ω)为 $\Omega/(2\pi) = 50\ \text{kHz}$。这相当于单个光子在原子和腔模之间的交换率。当原子穿过腔时,耦合 $\Omega(r)$ 是其位置的高斯函数。在 C 之后,一个经典的共振微波脉冲可以在辅助腔 R_2 中再次混合 $|e\rangle$ 和 $|g\rangle$。最后,原子到达两个态选择场电离探测器 D_e 和 D_g,它们以 40% 的效率对处于 $|e\rangle$ 和 $|g\rangle$ 态的原子进行记数。

一个实验序列包括发送一个或两个原子,以确定的间隔穿过系统,并在 D_e 或 D_g 中探测它们。同一序列重复多次,重复周期为 1.5 ms(比腔衰减时间长),使得 C 中的场在每个序列开始时处于相同的初态。然后从重复序列中提取统计信息。两原子联合概率的样本通常对应于大约两小时内记录的 15 000 个事件。人们已经进行了两种类型的实验。第 5.2.3 小节将介绍第一种,其中原子与腔模处于精确共振状态,通过能量交换,原子能和场能纠缠在一起。第 5.2.4 小节将呈现第二种,此时原子和腔不处于共振状态,因此相互作用产生原子或腔的能量位移,导致相位纠缠。

5.2.3　共振耦合:拉比振荡与纠缠原子

考虑将腔调谐为与 $|e\rangle \rightarrow |g\rangle$ 原子跃迁共振的情况。单个光子可以被 C 中的单个原子通过连续的原子流发射或吸收[161-169],这种累积发射导致了微波激光操作[170]。这样的单光子-单原子相互作用系统已经被用来演示量子拉比振荡[171]、场量子化的直接证据、量子存储器[167]、两个原子之间的纠缠[168],以及单光子无吸收探测[169]。

最简单的实验是通过将能级为 $|e\rangle$ 的原子送入腔,并测量其从 $|e\rangle$ 翻转到 $|g\rangle$ 的概率(未使用 R_1 和 R_2 区)。[165] 以不同的原子-腔相互作用时间 t 重复该测量,t 可以通过改变原子速度,也可以通过斯塔克调谐使原子跃迁在一部分穿越时间里与腔共振来获得。

图 5.2(A)显示了腔场初始处于真空状态时,拉比振荡信号与有效相互作用时间 t 的关系。这些点是实验结果,而这条线是理论拟合曲线。根据实验参数计算出的有效相互作用时间 t 考虑了腔内耦合的高斯变化。在接近 $\Omega/(2\pi) = 50\ \text{kHz}$ 的频率下,观察到 4 个完整的拉比振荡。它们对应于基本的 J-C 过程:原子在 $|e\rangle$ 和 $|g\rangle$ 之间的可逆演化,

与单光子的发射和吸收有关。振荡的衰减是由实验缺陷引起的。这个真空拉比振荡信号,是在原子-空腔系统光谱中观察到的真空拉比劈裂的时域对应物。[172-173]

图 5.2(B)~(D)显示了当腔初始包含一个平均光子数分别为 $n = 0.40(\pm 0.02)$,$0.85(\pm 0.04)$ 和 $1.77(\pm 0.15)$ 的相干场时的振荡信号。振荡包含几个频率分量,对应于场中存在的各种光子数。它们之间的光学拍会导致振荡的塌缩与复原。[171]图 5.2(a)~(d)中所示的是拉比信号的傅里叶变换,它们在频率 $\Omega\sqrt{n+1}$ 处出现峰值,对应于 n 个光子($n = 0\sim3$)的场中的拉比频率。拉比频率与经典场的振幅成正比,因此是一个离散量。这提供了一个盒中场量子化的直接证据。图 5.2(α)~(δ)显示了傅里叶分量振幅,它们直接给出了光子数分布。图 5.2(a)中 $\Omega/\sqrt{2}$ 处的小峰值是由残余热场造成的,其平均光子数在 0.8 K 时为 0.06。

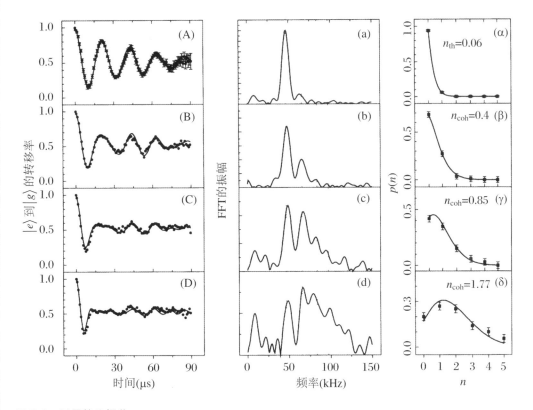

图 5.2 量子拉比振荡

(A),(B),(C),(D):拉比章动信号。(A):无注入场,平均 0.06(± 0.01)个热光子;(B),(C),(D):平均 0.40(± 0.02),0.85(± 0.04)和 1.77(± 0.15)个光子的相干场。这些点是实验结果;实线是理论拟合曲线。(a),(b),(c),(d):对应的傅里叶变换。频率范围为连续整数的平方根,用竖线表示。(α),(β),(γ),(δ):由实验信号(点)推断的光子数分布。实线:理论热分布(α)或相干分布(β),(γ),(δ)。

除了提供场能量子化的内在证据,本实验还证明了原子-腔共振相互作用主导了弛豫过程。由此产生的原子-场纠缠可以用来制备或操纵量子纠缠,从而为基本的量子计算操作奠定了基础。

原子-场纠缠首次被用来实现一种非常简单的装置:在腔中保存一个量子比特的量子存储器。这个存储器由第一个原子写入,由第二个原子读取。在最简单的情况下,第一个原子以 $|e\rangle$ 态进入空腔。有效相互作用时间 t 满足 $\Omega t = \pi$。因此,原子在 $|g\rangle$ 态上离开 C,并在 C 中留下一个单光子态。第二个原子在延迟 T 之后,以 $|g\rangle$ 态进入腔,吸收该光子,前提是它没有自发衰变,最后成为 $|e\rangle$ 态。发现第二个原子处在 $|g\rangle$ 的概率相对于 T 的衰减变化可以衡量腔中单个光子的寿命。毫不意外,它等于经典场能量耗散时间 T_r。[167]

我们也可以通过 R_1(频率为 ν)的 $\pi/2$ 微波脉冲将原子制备到 $|e\rangle$ 和 $|g\rangle$ 态的等权叠加态并发送到空腔中。原子态的 $|e\rangle$ 分量以单位概率在 C 中发射一个光子,而 $|g\rangle$ 分量保持不变。因此,原子态的叠加被映射到场上,对应 0 光子态和 1 光子态的叠加,原子以 $|g\rangle$ 态离开 C。C 中的场具有 1/2 的平均光子数和明确的相位,该相位与 R_1 中微波场的相位直接相关。也就是相位信息被原子从 R_1 带到 C。

在延迟 T 之后,场由制备在 $|g\rangle$ 态上的第二个原子读出,该原子同样在 C 中经历 π 脉冲。然后量子相干被映射到这个原子上,并将其制备到 $|e\rangle$ 和 $|g\rangle$ 态的叠加而留下空腔。向 R_2 中的第二个原子施加一个 π 脉冲,该脉冲的频率 ν 和相位与施加在 R_1 中第一个原子上的相同。因此,腔 R_2 及随后的 D_e 和 D_g 充当了包括相位信息的第二个原子叠加态的探测器。在 $|e\rangle$ 或 $|g\rangle$ 中探测到这个原子的概率相对 ν 振荡,就像通常的拉姆齐(Ramsey)干涉条纹的情况一样。与通常情况不同的是,两个脉冲作用于两个不同的原子上,它们之间的相干通过 C 中的腔场进行传输。图 5.3(a)~(c)显示了指示原子之间三个不同时间间隔的相干转移的条纹信号。当该时间增加时,条纹周期和条纹振幅减小。对比度降低揭示了 C 中的场衰减。由于本实验涉及 $|1\rangle$ 和 $|0\rangle$ 福克(光子数)态的叠加(第二个是无耗散的),因此衰减时间是 T_r 的 2 倍。

在这个实验中,量子比特通过单光子场在两个原子之间传输。在中间态,腔场是单光子态和零光子态的高度非经典叠加。这种原子到场的映射过程在一个腔 QED 量子门的实现中是必不可少的。[174]

同样的方案,在稍有不同的条件下,可以用来制备和操纵非局域原子-场或原子-原子纠缠。[175]第一个以 $|e\rangle$ 态送入空腔的原子,会经历 $\pi/2$ 脉冲($\Omega t = \pi/2$)。原子和腔处于纠缠态,即 $|e,0\rangle + |g,1\rangle$。原子-原子纠缠可以通过将制备在 $|g\rangle$ 态的第二个原子穿过 C 并相互作用而产生,其相互作用时间 t 满足 $\Omega t = \pi$。第一个原子留下的光子被第二个原子以单位概率吸收,留下空腔与处于纠缠态的原子:

$$|\Psi_{EPR}\rangle = \frac{1}{\sqrt{2}}(|e_1, g_2\rangle - |g_1, e_2\rangle) \tag{5.2}$$

其中,下标分别标记第一个和第二个原子。

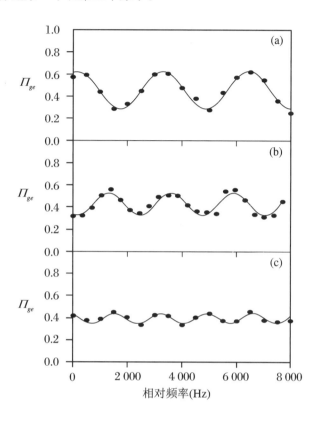

图 5.3　两个原子之间的相干转移

图为条件概率 Π_{ge}(在探测到第一个原子处于 $|g\rangle$ 态的条件下,探测到第二个原子处于 $|e\rangle$ 态的概率)相对频率 ν(在 R_1 中作用于第一个原子和在 R_2 中作用于第二个原子的微波脉冲的频率)的图像。从(a)到(c),R_1 和 R_2 中两个微波脉冲之间的延迟分别为 301 μs、436 μs 和 581 μs。

这是爱因斯坦-波多尔斯基-罗森(EPR)纠缠粒子对[21]。原子可以用一个自旋 1/2 粒子来表示,$|e\rangle$ 和 $|g\rangle$ 态对应于沿 Oz 方向量子化的 +1/2 和 -1/2 态。$|\Psi_{EPR}\rangle$ 则是旋转不变的"自旋零"态,意味着这两个自旋应该是反相关的,因为它们总是被探测到沿着相反方向投影在任何量子化轴上。为了说明这一点,在 xOy 平面上选择一个与 Ox 成 ϕ 角的轴。沿该轴的自旋本征矢量的形式为 $|e\rangle \pm e^{i\phi}|g\rangle$,$|\Psi_{EPR}\rangle$ 态可以(在整体相位因子内)写为

$$|\Psi_{EPR}\rangle = (|e_1\rangle + e^{i\phi}|g_1\rangle)(|e_2\rangle - e^{i\phi}|g_2\rangle)$$

$$- (\,|\,e_1\rangle - \mathrm{e}^{\mathrm{i}\phi}\,|\,g_1\rangle)(\,|\,e_2\rangle + \mathrm{e}^{\mathrm{i}\phi}\,|\,g_2\rangle) \qquad (5.3)$$

上式描述了反相关。

为了分析在能量基(Oz 轴)上的纠缠,我们探测原子离开 C 后的状态。理想情况下,在 $|\,e\rangle$ 和 $|\,g\rangle$ 的各种组合中探测到原子的联合概率应为 $P_{eg} = P_{ge} = 1/2$,$P_{ee} = P_{gg} = 0$。然而,我们发现 $P_{eg} = 0.44$,$P_{ge} = 0.27$,$P_{ee} = 0.06$,$P_{gg} = 0.23$。这种差异是由两个原子通过时储存在 C 中光子的衰减以及其他各种缺陷造成的。定量分析表明,生成的 EPR 原子对的纯度为 63%。[168]

式(5.3)表示的反相关特性通过在 R_2 中对两个原子施加 $\pi/2$ 脉冲进行分析。R_2 中的自旋旋转,以及随后沿 Oz 方向的探测,相当于在水平面上沿量子化轴进行探测。更具体地说,在 R_2 之后探测到 $|\,e\rangle$ 或 $|\,g\rangle$,对应于 R_2 之前的原子叠加态 $|\,e\rangle \pm \mathrm{e}^{\mathrm{i}\phi}\,|\,g\rangle$,其中 ϕ 是作用于 R_2 的脉冲相位($|\,e\rangle$ 的符号为 +)。根据反相关原理,第二个原子应该通过这种测量投影到与第一个原子的被测方向相反的叠加态上。如果两个原子同时穿过 R_2,则应观察到 $|\,e\rangle$ 和 $|\,g\rangle$ 探测器之间的完全反相关。实际上,第二个原子的相干性(延迟了时间 T)和 R_2 中的场在时间间隔 T 内进动。在 $|\,e\rangle$ 或 $|\,g\rangle$ 中探测到第二个原子的最终概率取决于 R_2 中原子相干性和微波之间累积的相位。这种相位滑移与原子/拉姆齐场频率差和飞行时间 T 都成正比。这又是一个拉姆齐条纹情况。然而,这两个微波脉冲被施加到不同的原子上,并且相位通过非局域量子关联在它们之间转移。

图 5.4 显示了当第一个原子为 $|\,e\rangle$($|\,g\rangle$)时探测到第二个原子为 $|\,e\rangle$ 的条件概率 Π_{e_1,e_2}(Π_{g_1,e_2}),与拉姆齐区域中频率 ν 的关系。这些调制揭示了第二个原子态的相干性。当第一个原子以 $|\,g\rangle$ 而不是 $|\,e\rangle$ 被探测到时,第二个原子的相位变化了 π,所以它们是反相的。

实验数据演示了两个量子比特(这里两个原子相隔约 1.5 cm)的受控纠缠的制备。通过结合共振和色散相互作用,该方案可扩展到制备形式为 $|\,e,e,e\rangle - |\,g,g,g\rangle$ 的三原子态。[175-177]

共振原子-场相互作用也被用于对储存在腔中的单个光子进行无吸收探测。[169]该方法的核心是处于 g 能级的原子穿过单光子场并经历 2π 拉比旋转带来的条件相移。当原子穿过空腔(初态 $|\,g,0\rangle$)时,它不受相互作用的影响。当腔中含有一个光子时,原子-腔系统发生了 $|\,g,1\rangle \rightarrow - |\,g,1\rangle$ 的变换。整体波函数的 π 相移与实空间中自旋 1/2 经过 π 旋转时的相移相似。这种条件相移可以用拉姆齐干涉法在一个连接 g 到与腔场无耦合的参考能级 i 的跃迁上进行测试。对相移的观察相当于探测腔中的光子。与大多数光探测器不同的是,光子在与"计量"原子相互作用后留在空腔中。因此,这个实验等效于对零光子和单光子状态张成的子空间进行单光子场的量子非破坏测量。此外,该方法的核

心,即条件动力学可以看作一个量子逻辑门。

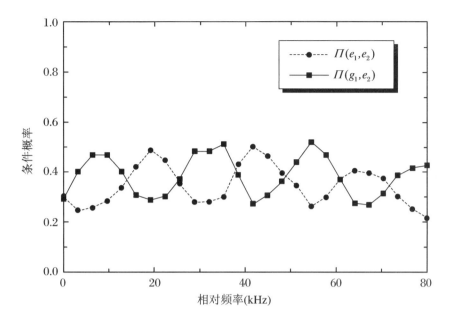

图 5.4 EPR 原子纠缠

图为条件概率 $\Pi(e_1, e_2)$(用圆点表示)与 $\Pi(g_1, e_2)$(用方点表示)(在探测到第一个原子分别处于 $|e\rangle$ 态和 $|g\rangle$ 态的条件下,测量到第二个原子处于 $|e\rangle$ 态的概率)相对 R_2 中脉冲的频率 ν 所作的图像。连接实验点的线条是为观察方便而添加的。

5.2.4 色散耦合:薛定谔的猫与退相干

现在考虑原子跃迁频率 ω_0 和场模频率 ω 相差 δ 的情况,其中 δ 比 Ω 和腔线宽都大得多。在这种情况下,能量守恒阻止了原子发射或吸收光子,且与腔的相互作用只有色散。如前一节所述,原子-场能量纠缠被原子态与辐射场相位的纠缠所取代,这可以被认为是经典的。微观自由度因此控制着"宏观"量。这种纠缠是量子测量的一个原型,它允许我们在一个不寻常的尺度上探索量子力学的怪异之处。

让一个圆态里德堡原子与 C 中的一个小相干场相互作用,腔场振幅为 α,平均光子数为 $|\alpha|^2$,通常在 0 到 10 之间。由于真空拉比频率是腔内原子位置的高斯函数,因此相互作用是绝热开启和关闭的。这使得原子和腔场之间的光子交换非常不可能,即使在原子-腔小失谐($\delta/(2\pi) = 100 \sim 700$ kHz)时也是如此。因此,这种相互作用只会导致谱线

位移。腔中心原子的腔模位移为 $\pm\Omega^2/(4\delta)$。这种位移由单个原子折射率的效应引起，对于处于 $|e\rangle$ 或 $|g\rangle$ 态的原子，其值正好相反。[161]当 $\delta/(2\pi)=100$ kHz 时，它可以达到 $\pm$ 6 kHz，相当于每个原子的折射率比"普通原子"大了 15 个数量级。

单个原子通过腔产生的频移，导致相干腔场的相移 $\pm\Phi=\pm\Omega^2 t/(4\delta)$，其中 t 是有效相互作用时间。该相移通常是一个弧度的量级。这种原子-场相互作用可以用来生成具有不同相位的场态的非经典叠加。通过 R_1 中的 $\pi/2$ 脉冲，可以将原子制备在 $|e\rangle$ 和 $|g\rangle$ 的叠加态上。当穿过 C 时，它同时给予场两个相反的相移 $\pm\Phi$。原子-场复合系统就成为

$$|\Psi\rangle = \frac{1}{\sqrt{2}}(|e,\alpha e^{i\Phi}\rangle + |g,\alpha e^{-i\Phi}\rangle) \tag{5.4}$$

这是一个纠缠态，原子的能量与腔场的相位有关。相干场可以用相空间中的箭头来表示，其长度和方向与振幅和相位有关，如图 5.5(a) 所示。箭头的尖端位于一个单位半径的圆内，用来描述场的量子不确定性。方程(5.4)允许将此箭头视为能指向两个与原子态相关的不同方向的"计量指针"，如图 5.5(b) 所示。这种相互作用实现了一种"测量"，即用"场箭头"来确定原子的能量。我们也可以采用薛定谔的比喻[178]：$+\Phi$ 和 $-\Phi$ 场分量类似于著名的猫的"活"态和"死"态，它们与一个处于激发态和基态叠加的原子纠缠在一起。

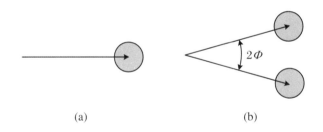

(a)　　　　　　　　　　(b)

图 5.5　(a) 相干场态在相空间中的图形表示；(b) 式(5.4)中与原子态 $|e\rangle$ 和 $|g\rangle$ 相关的场分量

在离开腔后、未被探测之前，原子在 R_2 中又经历了一个与 R_1 中的脉冲相位相干的 $\pi/2$ 脉冲。以 $|g\rangle$ 探测到原子的概率 P_g 是 R_1 和 R_2 中频率 ν 的函数。图 5.6(a)显示了腔场中无光子且失谐 $\delta/(2\pi)=712$ kHz 情况下的实验结果。原子态可以要么在 R_1(以 $|g\rangle$ 态穿过 C)要么在 R_2(以 $|e\rangle$ 态穿过 C)中从 $|e\rangle$ 转换成 $|g\rangle$。由于原子在腔中没有留下任何存在的痕迹，这两条路径不可分辨，且相应的振幅相互干涉，导致 P_g 中的振荡(拉姆齐条纹)。

图 5.6(b)～(d)显示了平均光子数为 9.5 的相干腔场和减少原子腔失谐的实验结

果。失谐越小，C 中场分量的间距越大。图 5.6(b)～(d) 右侧的插图描绘了场的相位信息，记录了原子态。根据互补原理，这种 Welcher-Weg (即 which-way) 信息，即使未被读取，也必须破坏干涉效应。定量分析表明，条纹信号由两个场分量之间的重叠积分决定：其模对应条纹对比度，其相位对应拉姆齐条纹的相位。当 Φ 较大时，重叠很小，并且条纹消失。当 Φ 较小时，能观察到条纹，尽管对比度降低。信号令人信服地表明，腔充当了原子态的计量器。而且，大失谐时条纹的相移能精确地确定光子数。

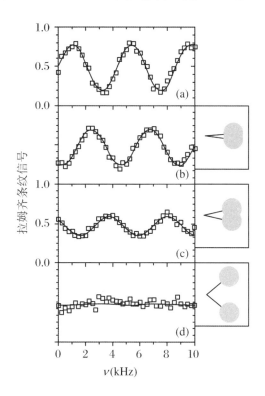

图 5.6　在 $|g\rangle$ 能级探测到原子的概率与 ν 的关系中的拉姆齐干涉条纹

(a)：C 是空的，$\delta/(2\pi) = 712\,\text{kHz}$；(b)～(d)：C 存储了一个相干场，$|\alpha| = \sqrt{9.5} = 3.1$，$\delta/(2\pi)$ 分别为 712 kHz、347 kHz 和 104 kHz。点是实验结果，曲线是其正弦拟合。右侧插图显示留在 C 中的场分量的相空间表示。

　　由上述原子通过腔的制备和探测方案带来的介观场的量子叠加是脆弱的，并且容易发生退相干，特别是当 $|\alpha|^2$ 和/或 Φ 变得较大时[179-186]。为了监测从量子叠加到统计混合的演化过程，我们用第二个原子探测场的"猫态"，在延迟 T 之后穿过腔。[166,186] 该探测产生与第一个原子相同的相移。它把由第一个原子带来的场分量中的每一个分为两部分。这意味着最终的场态有四个分量，其中两个在零相位重合。当穿过 C 的两个原子处

在$|e\rangle$,$|g\rangle$或$|g\rangle$,$|e\rangle$组合时,相位就恢复到初始值。在R_2中的原子态混合后,由于第二个原子部分地抹去了[187]第一个原子在场中留下的信息,在R_2中原子的路径上就没有留下信息了。因此,在联合概率P_{ee},P_{eg},P_{ge},P_{gg},以及相关信号$\eta = P_{ee}/(P_{ee} + P_{eg}) - P_{ge}/(P_{ge} + P_{gg})$中,这两条路径的分量导致了干涉项的存在。

如果状态的叠加在T期间一直存在,那么理想情况下η取$1/2$的值,而当场态仅仅是统计混合时,它就消失了。图5.7显示了两种不同的"猫"态(见右侧插图)下的实验值η关于T的图像。这些点是实验结果,曲线是理论结果。[188]因为拉姆齐干涉仪的对比度有限,所以η的最大值仅为0.18。退相干发生的时间比腔衰减时间短得多,并且当猫态分量之间的间隔增加时,退相干效率更高。结果表明,我们观察到一个非平凡的弛豫机制,其时间常数与初始状态密切相关。

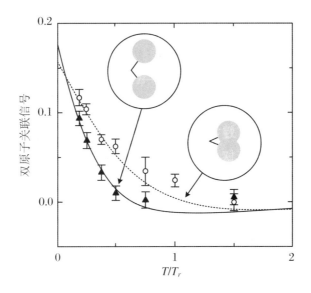

图5.7　薛定谔猫态的退相干

图为当$\delta/(2\pi) = 170\,\text{kHz}$(圆点表示)与$\delta/(2\pi) = 70\,\text{kHz}$(三角形表示)时双原子关联信号$\eta$关于$T/T_r$的图像。虚线和实线是理论曲线。圆形插图:相隔$2\Phi$的相应场分量的图示。

退相干是由光子从腔中丢失而引起的。每个"逃逸"的光子都可以被描述为一个小的"薛定谔小猫"(Schrödinger kitten,注意与"猫"(cat)区分),其在环境中复制了C中包含的相位信息。仅仅是这个"泄漏"信息可以被读出这一事实,就足以冲掉与"猫"的量子相干性有关的干涉效应。从这点来说,退相干是一种互补现象。这种方法解释了为何上述薛定谔猫态的退相干时间较短,约为T_{cav}/n。光子数越大,将单个"光子拷贝"泄漏到环境中所需的时间越短。这个实验验证了退相干的基本特征,生动地展示了大系统中量子相干的脆弱性。将量子力学叠加态外推到宏观尺度会导致几乎瞬间的退相干,从而验证了对量子测量的哥本哈根诠释在任何实际目标上都是正确的。这项实验也让人们深入了解了产生和控制大规模的量子纠缠必须克服的困难,即量子退相干似乎是大规模量子信息处理的主要限制。在第 7.3 节中,我们将进一步讨论在没有量子纠错方案的情况下,量子计算面临的限制。

5.2.5 囚禁离子实验

储存在射频保罗阱中的一个或几个离子为研究简单量子系统的动力学提供了一个理想的环境,在激光脉冲的帮助下,研究者几乎可以任意地定制这些简单系统的相互作用。一种特别有趣的情形是,用描述离子在外部囚禁势中运动的谐振子取代前文所述的腔 QED 的光子场。合适的光场可以将离子的两个内部电子能级 $|g\rangle$ 和 $|e\rangle$ 耦合到频率为 ω 的外部振动运动,其相互作用哈密顿量为[189-192]

$$H_{\text{int}} = -\hbar G(\sigma^+ \, e^{i\eta(a^\dagger+a)-i\delta t} \, + \, \sigma^- \, e^{-i\eta(a^\dagger+a)+i\delta t}) \tag{5.5}$$

其中,$\eta = \delta k \sqrt{\hbar/(2m\omega)}$ 是 Lamb-Dicke 参数,δk 是波矢的(如果系统由拉曼跃迁耦合,则为波矢差的)模;$a^\dagger + a$ 是用谐振子升降算符表示的位置算符;G 是耦合强度,与耦合光场的振幅成正比。这个相互作用的哈密顿量天然地比 J-C 哈密顿量(式(5.1))丰富,但通过选择相对于两个内态能量差的光场失谐为 $\delta = -\omega$ 且在极限 $\eta\sqrt{\langle(a^\dagger+a)^2\rangle} \ll 1$ 中,可以简化为后者。通常,任何满足 $\delta = (n'-n)\omega(n,n'$ 为整数)的失谐都会共振地驱动 $|g,n\rangle$ 和 $|e,n'\rangle$ 态之间的跃迁,从而导致另一个有效的相互作用哈密顿量。另外,耦合强度 G 不像前几小节的实验中那样由偶极矩阵元和腔的模体积确定,而是可以通过适当选择光强来改变。

在实验室中实现上述情况的技术,来自于用囚禁冷离子构建频率标准。[193-195]沃尔夫冈·保罗(W. Paul)首个提出并于 1958 年在射频(RF)阱中动态囚禁了带电粒子。[196]由适当的电极结构产生的射频电场会产生束缚带电粒子的赝势。[197]为了捕获单原子离子,电极的典型尺寸为几毫米,最小约为 100 μm。射频场在 10~300 MHz 范围内,峰-峰值电压为数百伏。束缚在这种场中的粒子,其运动包括与所施加的驱动频率同步的快速分量(微运动),和在动态产生的赝势中的慢速(长期)运动。对于四极场,赝势是简谐势,并且囚禁离子的量子化长期运动可以由量子谐振子非常精确地描述。有关不同类型的保罗阱及其特殊属性的更详细说明,请参阅第 5.3.2 小节。

对于频率标准,囚禁离子应提供至少一个长寿命的窄跃迁,该跃迁既可以在微波范围内(例如基态超精细跃迁),也可以在光学范围内(例如跃迁至亚稳激发态)。为了减少多普勒频移和与运动有关的其他不利影响,离子激光冷却是非常方便的工具。这种冷却机制是在 1975 年由瓦恩兰和德梅尔特(Dehmelt)[198]提出的,并在 1978 年通过实验[199]观察到的。对于基本量子系统和量子逻辑应用的实验,要求几乎相同。现在,窄跃迁形成了隔离良好的二能级系统,而激光冷却是将运动的谐振子初始化为目标状态的关键工具。

5.2.6　离子选择和多普勒冷却

尽管离子阱非常深(几电子伏特(eV)的势阱深度)且几乎可以容纳所有离子,但是只有少数离子适合进行腔 QED 式实验。它们应该具有适合实现可忽略自发衰减的二能级系统的能级,并且还应适合光学冷却和探测。选择的离子通常在最外壳层上有一个电子(氢离子)和相应的简单电子能级结构。二能级系统既可以由两个超精细基态提供,也可以由长寿命的亚稳电子态提供[200]。迄今,大多数相关实验是由位于美国科罗拉多州博尔德的 NIST 离子存储小组(Ion Storage Group)使用 $^9\text{Be}^+$ 进行的[201],但其他研究团队也已准备开展量子逻辑门和相干控制的研究,例如,IBM 阿尔玛登(Almaden)研究中心(使用 $^{138}\text{Ba}^+$)、喷气推进实验室(Jet Propulsion Laboratory,JPL)(使用 $^{199}\text{Hg}^+$)[202]、马克斯·普朗克量子光学研究所(Max-Planck-Institute for Quantum Optics,MPQ)(使用 $^{25}\text{Mg}^+$)[203]、洛斯阿拉莫斯国家实验室(Los Alamos National Laboratory)(使用 $^{40}\text{Ca}^+$)[204]、美因茨大学(使用 $^{40}\text{Ca}^+$)[205]、汉堡大学(使用 $^{138}\text{Ba}^+$ 与 $^{171}\text{Yb}^+$)[206],以及因斯布鲁克大学(使用 $^{40}\text{Ca}^+$ 与 $^{138}\text{Ba}^+$)[207]。以下讨论将集中在 $^9\text{Be}^+$(超精细基态形成二能级系统)和 $^{40}\text{Ca}^+$(使用光激发的亚稳能级)上。$^{40}\text{Ca}^+$ 和 $^9\text{Be}^+$ 的能级方案如图 5.8 所示。

冷却是实现囚禁离子振动的确定初态所必需的。最明显的选择是基态[208],但也有人提出了囚禁态[209]。大部分动能已经可以通过多普勒冷却来提取。该技术是基于这样一个事实:如果激光频率相对于光学跃迁略有红失谐(多普勒频移),那么朝激光源移动的原子可以被激发。由于光子的散射,原子的运动将减慢。由吸收而产生的动量转移不断增加,而由散布在 4π 立体角上的自发辐射产生的动量转移平均值为零。因此,离子的运动能量,或者说温度发生了下降,这种技术可以达到的平均最终能量由多普勒冷却极限 $E_\text{D} = \hbar\Gamma/2$ 给出,其中,Γ 表示冷却跃迁激发态的自然线宽。如果振动频率(沿相应轴的长期频率 ω_i)小于自然线宽 Γ,则对囚禁离子采用相同的程序。这里,所需的向激光源的运动由离子在阱中的周期性振动提供,与自由原子的情况一样,该冷却过程的最终温度为 $T_\text{D} = E_\text{D}/k_\text{B}$[210](通常为几毫开尔文)。

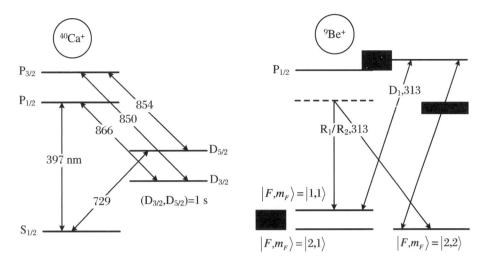

图 5.8 $^{40}\mathrm{Ca}^+$ 和 $^9\mathrm{Be}^+$ 能级方案

图中标出了不同跃迁的波长。对于 $^{40}\mathrm{Ca}^+$，也标出了激发态的寿命。

对于大多数离子，用于多普勒冷却的光学跃迁在紫外波段。对于 $^9\mathrm{Be}^+$，使用 313 nm 处的 $^2\mathrm{S}_{1/2}$ 至 $^2\mathrm{P}_{3/2}$ 跃迁，而对于 $^{40}\mathrm{Ca}^+$，则使用 397 nm 处的相应跃迁。巧合的是，Be^+ 和 Ca^+ 的线宽均为约 20 MHz。冷却光可以分别通过将染料激光器或掺钛蓝宝石激光器倍频来产生。在 Ca^+ 中，$\mathrm{P}_{1/2}$ 能级可能会衰变至亚稳能级 $\mathrm{D}_{3/2}$，并且需要一个附加的 866 nm 激光来再泵浦离子。在这两种情况下，多普勒冷却都会导致温度约为 1 mK 的热运动状态，但是 $\langle n_\mathrm{D} \rangle$（谐振子中相应的振动量子平均数）取决于阱的刚度。对于 NIST 在 Be^+ 实验中使用的阱，$\omega/(2\pi)$ 为 11.2 MHz，导致 $\langle n_\mathrm{D} \rangle \approx 1.3$[211]，而对于因斯布鲁克用于 Ca^+ 的线性阱，其弱得多的轴对称性（$\omega/(2\pi) \approx 100 \sim 180$ kHz）导致 $\langle n_\mathrm{D} \rangle \approx 50$[212]。阱的设计要在离子间距与冷却方案之间权衡，既希望有足够大的离子间距以通过单个激光束处理每个离子[213]，又希望冷却方案尽可能简单。因斯布鲁克离子阱的离子间距约为 15 μm，而 NIST 离子阱中的离子间距为 1～2 μm。

对于单个离子，温度的概念是在遍历意义上使用的，即经过多次测量的平均值将揭示最终的能量（或温度）。对于运动频率 ω_i 大于 Γ 的情况，考虑冷却跃迁的光谱结构更为合适。由于因禁离子的振动运动，吸收光谱在 $\omega_0 \pm n\omega$ 获取边带，其中 ω_0 为跃迁频率。这些边带的强度是由振动能量决定的。人们可以使用这些边带来获得低于多普勒极限的光学冷却。该方法将在下一小节中解释。

5.2.7　边带冷却

　　囚禁离子可以很好地近似为量子力学的谐振子。如图5.9所示,沿一个轴运动时,单个二能级原子的内态被类似于分子结构的谐振子能级结构修饰,其中振动态由沿这个轴的囚禁频率给出。因此,这些能级可以方便地用内部自由度 $|e\rangle$,$|g\rangle$(描述电子激发)和外部自由度 $|n\rangle$(即谐振子的运动激发)标注。对于一串离子,其光谱结构更为丰富,但本小节中概述的程序和技术在经过一定修改后也适用于离子串(参见第5.3.3小节)。

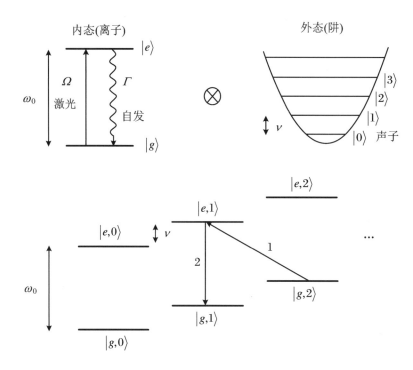

图5.9　囚禁在谐势中的单个二能级离子的能级方案
边带冷却通过(诱导由箭头1指示的 $|g,n\rangle \rightarrow |e,n-1\rangle$ 跃迁的)光子吸收,以及随后(通过自发辐射或附加的光泵过程)衰减到 $|g,n-1\rangle$(见箭头2)来实现。

　　通过调整激光频率以使吸收发生在振动运动的较低边带上,可以获得非常有效的冷却。这种吸收是由跃迁 $|g,n\rangle \rightarrow |e,n-1\rangle$(图5.9中的箭头1)导致的。随后的自发辐射主要出现在载波频率上,即 $|e,n-1\rangle \rightarrow |g,n-1\rangle$(图5.9中的箭头2),因此机械振荡的平均激发被有效地衰减一个声子。我们还可以通过快速衰减的第三能级主动再泵浦到

量子信息物理
The Physics of Quantum Information

$|g, n-1\rangle$ 上。如果衰变中的光子反冲能 E_{rec} 远小于振子能量,则运动态的变化概率为 $E_{rec}/(\hbar\omega)$。平均而言,反冲不会被离子的运动吸收,而是被整个阱结构吸收。当这些步骤重复足够次数时,离子最终以很高的概率保持在基态,因为一旦达到 $|g, 0\rangle$,它就与两个激光场解耦(暗态)。

在 Be^+ 实验中,拉曼跃迁,即由图5.8所示的两束激光 R_1 和 R_2 诱导的跃迁,通过虚拟的第三能级耦合了两个频率差为 $\omega_{HF}/(2\pi) \approx 1.25\,GHz$ 的(超精细基)态。拉曼光束通过与 $^2S_{1/2}$-$^2P_{3/2}$ 跃迁失谐约 $12\,GHz$ 的倍频染料激光器产生,并用声光调制器(acousto-optical modulator,AOM)将其分成相距约 $1.25\,GHz$ 的两个分量。这样,可以在射频精度上控制两个分量的频率差和相对相位,对激光的绝对稳定性要求不高。在 NIST 的实验中,没有采取特别的预防措施来对线宽约为 $1\,MHz$ 的染料激光器进行光谱滤波。对于可分辨边带冷却,频率差调谐到 $\omega_{HF} - \omega$(红边带)。然后,冷却循环如上所述进行,其中,$^2S_{1/2}$ 到 $^2P_{3/2}$ 偶极跃迁上的激发所诱导的再泵浦也用于多普勒冷却。[211]

对于 Ca^+,亚稳的 $D_{5/2}$ 能级如图5.8所示,其自发寿命约为 $1\,s$,可以与基态一起用于可分辨边带冷却技术。同样,可以通过诱导红失谐 ω 的激励激光与窄共振能级之间的跃迁,来消除运动声子。与拉曼跃迁不同,激光必须表现出良好的绝对频率稳定性,才能分辨运动边带,因此在稳定时必须小心。因斯布鲁克大学使用的装置包括一台 $729\,nm$ 的掺钛蓝宝石激光器,稳定在悬浮于真空中的隔热隔音参考腔上。腔的精细度为 $250\,000$,初步测试表明激光线宽优于 $1\,kHz$。原则上,无反冲返回基态可以作为再泵浦的一种手段,但亚稳态的 $1\,s$ 寿命会使冷却变得非常缓慢。为了加快冷却周期,离子通过快速衰减的 $P_{3/2}$ 能级被再泵浦到基态。1989 年,NIST 小组以这种方式将单个离子冷却到一维基态。[214] 在 Ca^+ 中,$854\,nm$ 的激光可以驱动再泵浦跃迁。在因斯布鲁克大学的球形保罗阱中观察到了单个离子的基态冷却,以及最近两个离子各种振动模式的基态冷却。[215] 文献[216]报道了两个 $^9Be^+$ 因禁离子的集体运动模式首次冷却到基态。

显然,如果多普勒冷却导致较低的平均振动声子数,则基态冷却更容易实现。在这种情况下,只需要极少的分辨边带冷却循环就可以达到振动基态。对于刚度很大的 NIST 阱,5 个拉曼冷却循环足以使 98% 的状态达到基态。[211] 在球形因斯布鲁克阱中使用 Ca^+ 的情况下,$6.4\,ms$ 的冷却期后,测量到 99.9% 的运动基态占有率(在 $4.5\,MHz$ 阱频率下)。[215] 这里的冷却速度是几千赫兹。对于线性因斯布鲁克阱,其阱频率较低,因而多普勒冷却后的振动声子数较高,增加了基态冷却的难度。然而如上所述,线性阱的优点是更宽的离子间距,这简化了量子门操作的单独寻址。此外,还观察到了低加热,低至每 $190\,ms$ 一个声子,这与相对较大的 $1.4\,mm$ 阱尺寸有关。[215]

5.2.8 电子搁置与振动运动探测

少数离子的量子化运动与环境的耦合很弱,很难直接探测到。相比之下,德梅尔特提出的所谓"电子搁置"(electron shelving)法可以非常方便地探测内部电子态。[217]这种情况与"经典"腔 QED 实验非常相似,在"经典"腔 QED 实验中,光子场被束缚在超导腔内,很难直接获得,但可以通过里德堡原子与振子模相互作用后的测量间接推断。

"电子搁置"法的基本思想非常简单。需要由基态 $|g\rangle$、亚稳激发态 $|e\rangle$ 和短寿命激发态 $|p\rangle$ 组成的三能级系统。基态首先耦合到激发态一段时间,使系统处于某种叠加态 $\alpha|g\rangle + \beta|e\rangle$。如果现在驱动 $|g\rangle \rightarrow |p\rangle$ 跃迁,那么当且仅当系统塌缩到 $|g\rangle$ 时,短寿命的 $|p\rangle$ 态将被激发和衰减。原则上可以观察到光子随着 $|p\rangle$ 的衰减而发射这一现象,这构成了对叠加态的测量。该测量以概率 $|\alpha|^2$ 得到 $|g\rangle$,对应于 $|p\rangle$ 的激发和衰减,以概率 $|\beta|^2$ 得到 $|e\rangle$,对应于不存在 $|p\rangle$ 的激发和衰减。即使从单次 $|p\rangle$ 的衰减中探测到光子的效率非常低(通常为 10^{-3} 级别),人们也可以不断地重新激发系统并散射数百万个光子,最终探测到其中的少部分(假设状态塌缩到 $|g\rangle$)。如果亚稳态总处于"搁置"状态,就不会发生散射。在每个单次实验中,答案总是 $|g\rangle$(探测到散射光子)或 $|e\rangle$(没有探测到散射光子),从而以几乎 100% 的探测效率测量这些状态,并破坏 $|g\rangle$ 和 $|e\rangle$ 之间的所有相干性。

经过多次实验的平均,观察到散射光子的尝试次数将与 $|\alpha|^2$ 成正比。为说明这种方法的有效性,图 5.10 显示了在 397 nm 的 $S_{1/2} \rightarrow P_{1/2}$ 跃迁上连续激发时从单个 Ca^+ 离子散射到光电倍增管中的光。当 Ca^+ 离子处于 $S_{1/2}$ 态时,它在 100 ms 内向光电倍增管散射约 2 000 个光子。在某些时刻,例如在 $t = 20$ s 左右,离子被 729 nm 的弱光束激发到 $D_{5/2}$ 态,并且速率下降到在 100 ms 内大约 150 次,这是由不理想光电倍增管的暗计数和从激发光直接散射到探测器的某些 397 nm 光造成的。显然,在 1 ms 内可以很好地区分这两个态,并且平均暗时间大约是 1 s,即 $D_{5/2}$ 态的辐射寿命。

量子搁置方法稍加修改后也可以用于分辨超精细基态,这在使用 $^9Be^+$ 的实验中是必要的。因为 $|g\rangle$ 被选择为具有最大 $m_F(F=2, m_F=2)$ 的态,所以可以使用 σ^+ 圆偏振激光(图 5.8 中的 D_2)激发循环跃迁到 $^2P_{3/2}(F=3, m_F=3)$ 态,使得离子除了回到 $|g\rangle$ 之外没有其他衰减通道。产生偏振光 σ^+ 和非共振激发的实验缺陷会一起导致光学泵浦到非散射态,从而降低探测效率。[218]

量子信息物理
The Physics of Quantum Information

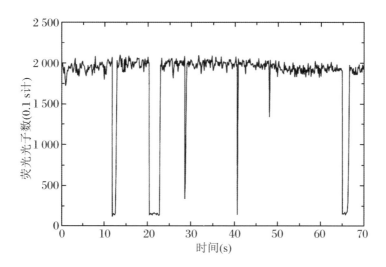

图 5.10　单个 Ca$^+$ 离子的量子跃迁

如果离子跃迁到 D$_{5/2}$ 亚稳态,荧光就会下降。在经过等于激发态寿命($\tau \approx 1$ s)的时间后,自发跃迁使离子返回基态,荧光返回较高的水平。

5.2.9　运动的相干态

利用腔 QED 产生光的相干态已在第 5.2.3 小节中讨论过。这里我们描述阱中离子运动相干态的产生。从基态出发,通过将离子耦合到与振荡频率共振的经典力,可以产生运动的相干态。最方便的方法是将离子暴露在频率为 ω 的驱动电场中,根据驱动的大小、相位和持续时间,出现的相干态由复参数 α 描述,其中 $|\alpha|^2 = \bar{n}$ 是振子的平均量子数。

对于多个离子,可以通过输入它们的共振频率来激发简正模。必须注意激发场的几何形状是否正确。质心模式将由均匀场驱动,拉伸模式需要一定的场曲率,更高阶的模式需要更高的场矩。在因斯布鲁克研究小组的主页[207]上,可以看到几部在多达 7 个离子的串中拍摄的大相干态($\bar{n} \approx 100\,000$)的影像,我们在图 5.11 中也作了展示。本实验中的场不均匀性很大,足以激发最低的两个简正模。图 5.11(a)显示拉伸或呼吸模式,图 5.11(b)显示质心运动。照片是用慢扫描 CCD 相机以频闪方式拍摄的。

可以利用离子的内态与激光场的相互作用,而不是离子的电荷和外部电场来诱导振动模的相干激发。两束频率差等于 ω 的激光(拉曼)光束不会引起内态跃迁,但会相干激

发越来越高的振动模。结果，在两个光场的光学拍驱动下，离子将（集体地）以谐振子频率 ω 振荡。因为两束激光（拉曼）光束中的每一束都与 $^2S_{1/2}$ 到 $^2P_{1/2}$ 的跃迁接近共振，所以振荡的偶极作用力作用于离子。通过将拉曼光束 σ^+ 偏振，甚至可以使该力依赖于内态：对于 $|g\rangle$，在 $^2P_{1/2}$ 超精细流形中没有耦合态，因此只有 $|e\rangle$ 态会受到偶极力。这一点对于创建薛定谔猫类型的状态至关重要，如第 5.2.11 小节所述。NIST 研究小组在单个囚禁的 Be$^+$ 离子上使用了这两种产生相干态的技术。

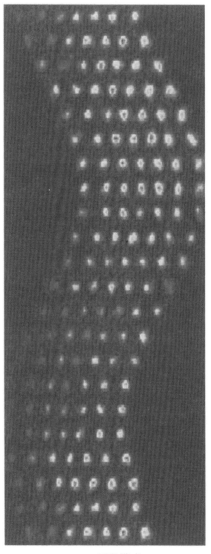

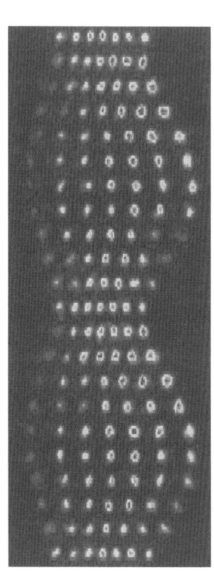

(a) 呼吸模式   (b) 质心运动

图 5.11　由 7 个离子组成的离子串的实验演示

这些图像由固定时间间隔（与振动运动的时间尺度相比很短）拍摄的离子串快照组合而成。

量子信息物理
The Physics of Quantum Information

对于平均振动量子数较小的相干态，振动运动的振幅太小，摄像机无法分辨，很难直接探测到离子的运动。取而代之的是，我们可以将振动运动耦合到内部的双态系统。

为了测量振动运动，也就是为了确定声子数态 $|n\rangle$ 的布居，我们首先用激光诱导"蓝边带"跃迁，其频率蓝失谐 $\delta = +\omega$。这些在 $|g,n\rangle$ 和 $|e,n+1\rangle$ 之间的跃迁如图 5.12 所示。通过使用连续的激光，将在图 5.12 中箭头所示的能级之间诱导拉比振荡。

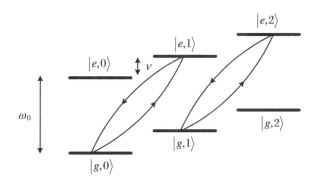

图 5.12　囚禁在谐势中的单个二能级离子的能级方案

箭头表示能级 $|g,n\rangle$ 和 $|e,n+1\rangle$ 之间的拉比振荡。拉比频率取决于 n。

在蓝失谐激光打开的情况下，初始处于内态 $|g\rangle$ 的离子在时间 t 之后仍然处于该态的概率 $P_g(t)$ 由下式给出：

$$P_g(t) = \frac{1}{2}\Big[1 + \sum_{n=0}^{\infty} P_n \cos(2\Omega_{n,n+1}t)\mathrm{e}^{-\gamma_n t}\Big] \tag{5.6}$$

其中，P_n 是发现原子处于第 n 运动数态的概率，$\Omega_{n,n+1}$ 是 $|g,n\rangle$ 和 $|e,n+1\rangle$ 之间的交换频率。结合式(5.5)讨论的极限，$\Omega_{n,n+1} = \Omega_0 \eta \sqrt{n+1}$。关键是所有 $(n,n+1)$ 对的频率是不同的，因此 $P_g(t)$ 的傅里叶变换可以获得所有概率 P_n。数据点是通过在蓝边带辐射中照射时间 t，然后用上一节讨论的"搁置"技术测量离子的内态来获取的。在每个时间 t 的多次实验极限下（实际 1 000 次实验），可以推导出 $P_g(t)$。然后对时间轨迹进行傅里叶变换，得到运动能级的概率分布 P_n。图 5.13 显示了单个 Be^+ 离子的 $\bar{n} = 3.1$ 相干态的实验确定的信号 $P_g(t)$ 及其傅里叶变换。该轨迹与图 5.2 所示的腔 QED 结果非常相似。在约 6 μs 的快速塌缩之后，信号在 $t \approx 12$ μs 恢复。从 3 μs 到 45 μs，在信号最终被退相干冲刷掉之前，可以观测到另一次塌缩复原现象。

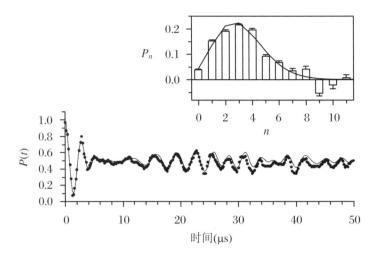

图5.13　相干态的概率 P_g

实线是数据(点)与具有相干态分布的数态之和的拟合。平均量子数拟合值为 $\bar{n}=3.1\pm0.1$。右上方插图显示符合泊松分布的数态分量(柱)的幅度,对应于 $\bar{n}=2.9\pm0.1$(线)。(转载自参考文献[220]。)

5.2.10　单声子态的维格纳函数

上一小节确定的 P_n,直接对应于密度矩阵 ρ 的对角元 ρ_{nn},乍一看,这似乎就是人们所能确定的全部了。但是,人们可以通过相干地位移初始运动态来绕过这个问题。实验上,这完全等同于制备相干态。现在不是移动基态,即 $|\alpha\rangle=U(\alpha)|0\rangle$,而是移动初态,即 $|\Psi_{\mathrm{mot}},\alpha\rangle=U(\alpha)|\Psi_{\mathrm{mot}}\rangle$。然后,如第 5.2.9 小节所述,测量不同数态的占有率 $|\langle n|U(\alpha)|\Psi_{\mathrm{mot}}\rangle|^2$。通过利用足够数量的不同移位参数 α 来这样做,可以重构数态基上密度矩阵的非对角元,或重构初始运动态的维格纳(Wigner)函数。[219]

从运动的基态出发,利用式(5.5)中给出的哈密顿量提供的现有工具,几乎可以随意制备运动态。实践中,NIST 研究小组已经制备并分析了单个离子的热态、数(Fock)态、压缩态、薛定谔猫型和其他数态的叠加。[219-221]

通过在蓝边带和红色边带上交替变换 π 脉冲,可以从基态制备数态。这个序列使离子实现如下演化:$|g,0\rangle\rightarrow|e,1\rangle\rightarrow|g,2\rangle\rightarrow\cdots$。以这种方式制备了最多 $n=16$ 个数态。它们的信号 $P_g(t)$ 是一个简单的正弦波,其频率增长与 $\sqrt{n+1}$ 大致成正比,偏差是由 η 非零($\eta=0.202$,见文献[220]中的图1)的事实引起的。更有趣的是 Wigner 函数,当 n

量子信息物理
The Physics of Quantum Information

为奇数时,它显示数态的负值区域。图 5.14 描述了实验确定的 $|n\rangle = |1\rangle$ 数态的 Wigner 函数。实验确定的 Wigner 函数在原点附近为负值,与理论契合较好。

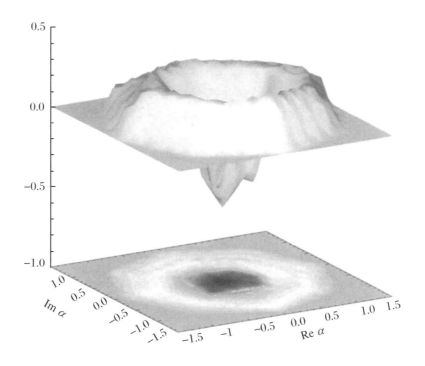

图 5.14. 重构的近似 $n = 1$ 数态的 Wigner 函数的表面和等值线

原点附近的 $W(\alpha)$ 负值突出了这种态的非经典性质。(转载自参考文献[219]。)

5.2.11 离子压缩态与薛定谔猫态

压缩真空态的产生类似于光学参量振荡器,方法是在 2ω 上用电场驱动离子,或者相应地使两束拉曼光失谐。实验中产生了正交方差比为 40 的压缩真空态(在压缩正交中抑制 16 dB 噪声)。[220] 不幸的是,与压缩光不同,到目前为止还没有灵敏的测量手段可以让我们利用这种惊人的压缩程度。

用 Be$^+$ 已经产生了与式(5.4)形式完全相同的薛定谔猫态,但涉及的是离子运动而不是光子场。[221] 在激光冷却到如图 5.15(a)所示的 $|g, n = 0\rangle$ 态之后,通过施加几个连续的拉曼光脉冲来制备薛定谔猫态。

如图 5.15(b)所示,载波频率上的 $\pi/2$ 脉冲将波函数分割成态 $|g, 0\rangle$ 和 $|e, 0\rangle$ 的等权

叠加。然后,相对彼此失谐 ω 的偏振拉曼光仅将与 $|e\rangle$ 分量相关的运动激发到相干态 $|\alpha\rangle$,如第5.2.9小节所述并在图5.15(c)中表示。接着,图5.15(d)描绘了载波上的 π 脉冲如何交换叠加的内态。图5.15(e)表示第二个偏振拉曼光脉冲如何将与新的 $|e\rangle$ 分量相关的运动激发到第二个相干态 $|\alpha \mathrm{e}^{\mathrm{i}\phi}\rangle$。在此步骤之后,状态具备所需的形式:

$$|\Psi\rangle = \frac{1}{\sqrt{2}}(|e\rangle|\alpha \mathrm{e}^{\mathrm{i}\phi}\rangle + |g\rangle|\alpha \mathrm{e}^{-\mathrm{i}\phi}\rangle) \tag{5.7}$$

相对相位 ϕ 由拉曼光的射频差频相位决定,其容易通过对射频源的锁相来控制。在研究该态的退相干特性时,人们不得不忍受这样一个缺点,即它没有像腔模的衰变那样被很明确地描述和建模。然而,各种可能的相互作用可以使实验人员能够随意设计储备池(reservoir)。[222]只要对耦合进行调整,使诱导耗散时间比没有储备池时观测到的耗散时间短得多,这个人工储备池就会在很大程度上决定退相干。

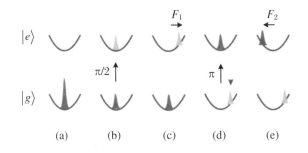

图5.15　用离子产生薛定谔猫态
(a)初态 $|g, n = 0\rangle$;(b) $\pi/2$ 脉冲产生 $|g, 0\rangle$ 和 $|e, 0\rangle$ 态;(c)通过偏振拉曼光之间的光学相互作用激发振动运动的相干态;(d) π 脉冲交换内态布居;(e)最后为新的 $|e\rangle$ 分量激发另一个相干态,从而产生薛定谔猫态。

5.2.12　单个 $^9\mathrm{Be}^+$ 囚禁离子的量子逻辑门

与激光场相互作用的囚禁冷离子是实验实现量子门的有力候选者,如第4.3节所述,这首先是由西拉克(Cirac)和措勒尔(Zoller)指出的。[156]量子信息存储在由离子的内部能级组成的量子比特中,而阱中所有离子共享的外部运动的简正模可以作为"数据总线"来纠缠内态(见第5.3.7小节)。到目前为止,已经有几个研究小组成功地将离子在线性阱中冷却到形成有序排列的程度(图5.11),而且已经实现了将两个离子冷却到运动基态,并正在尝试对由更多离子组成的离子串进行基态冷却。

在 1995 年进行的一项实验中,NIST 研究小组在一个离子的内部双态系统($|g\rangle$ 和 $|e\rangle$,目标比特)及其在阱中的运动($|n=0\rangle$ 和 $n=1\rangle$,控制比特)之间,创建了一个量子受控非门,从而证明了可以从"数据总线"读取谐波运动。[223]他们施加了由三个激光脉冲组成的序列来运行该受控非门:

(1) 载波上的 $\pi/2$ 脉冲生成 $|g\rangle$ 和 $|e\rangle$ 的线性叠加。

(2) 在连接 $|e\rangle$ 和 $|aux\rangle$ 的辅助跃迁的蓝边带上的 2π 脉冲,在叠加的 $|e\rangle$ 部分引入了一个条件相移。如果运动是 $|n=1\rangle$,那么该边带仅耦合 $|e\rangle$ 和 $|aux\rangle$,然后 $|e\rangle$ 部分的相位被反转。

(3) 最后,载波上的 $-\pi/2$ 脉冲导致其中一个状态的相长或相消干涉,这取决于 $|e\rangle$ 部分是否获得条件相移。

为了更直观地来理解,我们可以把整个序列看作一个拉姆齐共振实验。从 $|g\rangle$ 开始,第一个 $\pi/2$ 脉冲产生叠加 $|g\rangle+|e\rangle$。然后,取决于 n 是否为 0,叠加要么保持不变,要么对激发部分引入相移(即 $|g\rangle-|e\rangle$,仅当 $n=1$ 时)。最后一步是 $-\pi/2$ 脉冲。因此,在没有相移的情况下,内态返回到 $|g\rangle$,但是如果发生相移($n=1$),它将被反转到 $|e\rangle$。在这个过程中,控制量子比特保持不变。NIST 研究小组测量了以这种方式实现的受控非操作的真值表,并且还演示了门的相干性(参见文献[223]中的图 2 和图 3)。

5.2.13 比较与展望

在本节前几个小节中,已经描述了基于腔 QED 和囚禁离子的量子信息与量子计算的实验。即使腔 QED 和离子阱实验基本实现了 J-C 型哈密顿量,从而实现了相同的动力学,但每种技术都各有优缺点。本小节将介绍这两种技术之间的本质区别。

初态的制备涉及微波腔 QED 的标准技术,因为腔的基态可以通过低温冷却到 ^{3}He 温度而获得。特定速度的长寿命圆态里德堡原子的制备,由一些标准红外激光和射频场激发。离子的激光冷却主要涉及紫外光源。腔 QED 实验严格实现了 J-C 相互作用,而囚禁离子的耦合只是小 Lamb-Dicke 参数极限下 J-C 哈密顿量的近似。可是,囚禁离子与振子模的耦合提供了更多的自由度,并且可以随意定制以实现比基本的 J-C 相互作用更复杂的功能。对于原子的里德堡态和离子的超精细/亚稳态,原子/离子退相干实际上可以忽略不计。对于谐振子模,超导腔的损耗是相当清楚的,并且可以建模。退相干的唯一可调参数——腔品质因数是由经典微波技术独立确定的。对于阱中的离子,振动退相干的来源尚不完全清楚。计算"基本"的退相干源,如电极结构中离子的镜像电荷或背景气体碰撞引起的阻尼,导致加热率比实验观察到的低一个数量级。[215,218] 这种"反常"加热将被进一步研究,并可能最终被克服,因为目前还未知其根本原因。

要对量子信息进行有趣的操作,至少需要能操控几个量子比特。使用目前的技术,依靠穿过腔体的一束圆态里德堡原子的腔 QED 实验在处理两三个以上的连续原子时就已经变得非常困难。如上所述,每个脉冲的平均原子数必须保持在远低于 1 的水平,以避免双原子事件。三个或四个原子重合是非常罕见的,捕获时间随着原子数的增加而呈指数增加。这一限制不影响离子阱实验。在线性阱中囚禁几个离子相对容易。用聚焦良好的激光脉冲对单个离子进行单独寻址是可行的。只要离子的集合冷却到振动基态,就可以实现涉及几个量子比特的量子逻辑操作。

离子阱实验的另一个主要优点是,使用量子搁置方法,有可能以几乎 100% 的量子效率探测到离子状态。例如,测试纠缠囚禁离子的贝尔不等式的实验,可以很容易地填补在其他涉及光子甚至原子的实验中仍然存在的探测效率漏洞(对于腔 QED,似乎没有希望将探测效率提高到 90% 以上)。

因此,"经典"腔 QED 实验似乎更适合研究在一个控制良好的系统中,涉及原子数目有限(最多 4 个)的退相干和纠缠。目前,正在进行 GHZ 型三原子纠缠态的制备。对退相干的进一步研究也将展开。特别地,可以直接确定腔场的 Wigner 函数。[224] 这将使我们能够深入理解薛定谔猫态的退相干。最后,用两个单独的超导腔进行实验可以产生非局域介观态,结合了量子世界最有趣的两个特征。

在离子阱中,Wigner 函数的重建已经被证明,但由于缺乏理论模型且本质上不清楚离子阱中的退相干过程,我们对它的理解变得复杂了。离子阱作为一种中等规模的研究量子逻辑的工具,也很有前途,它可能涉及多达十几个量子比特和数百次操作。然而,用"有趣的"数实现肖尔因数分解算法(见第 4.2 节)来破解经典密码至少需要 400 个量子比特,这以目前的知识和技术似乎是遥不可及的。[225]

必须找到新的方法来克服自发辐射等基本限制,而实施纠错和编码稳定技术(见第 7 章)也许能提供解决这些问题的方法。一路走来,有许多有趣的量子信息处理操作已经可以通过几个量子比特来实现,例如纠缠纯化。这些"信息丰富"态也可以用来改进使用阱中离子的频率标准的性能(见第 7.6 节)。

除了所有可能的应用,在控制良好的环境中相互作用的简单基本系统的实验,将让我们一窥量子力学最深刻的特征。

5.3 用于量子计算的线性离子阱

内格尔　施密特-卡勒　埃施纳　布拉特
朗格　巴尔德奥夫　瓦尔特

5.3.1 导语

在实现了对单个离子的量子态近乎完美的控制之后(如第 5.2 节所述),我们的注意力转向了几个离子的系统,其中,离子间的相互作用受到很好的控制。[226]对它们整体量子态的操控包括制备没有经典对应的纠缠态。此外,大量粒子纠缠的可能性为新的实验提供了前景,包括贝尔态和 GHZ 态的测量[176],这将允许我们进行新的量子力学测试。粒子的纠缠为详细研究量子测量过程和退相干现象提供了可能。[183,221]

由于其独特的性质,人们提出用线性阱中的一串离子来实现量子逻辑门[156],而量子逻辑门是量子计算机的基本构件。该设备使用由量子比特组成的量子寄存器来运作,这些量子比特可以通过门操作,像经典比特一样来操控。离子阱量子门依靠离子内部自由度的纠缠(电子激发)和囚禁(离子)串的集体运动(振动激发),来逻辑组合量子比特。经典异或门(XOR-gate)的量子力学近似是所谓的受控非操作,它可以通过使用一系列明确定义的激光脉冲去寻址串中两个不同的离子来实现。已经证明,受控非门是一种通用量子门,因此原则上仅使用这种两离子量子门和单比特旋转就可以进行任意计算。[227]实现这些基于一串离子的门操作至关重要,因为所有的基本算法都可以仅使用一串囚禁离子来测试。

我们在本节中将总结线性离子阱的特殊性质,并讨论它们在量子计算中的应用。其中,第 5.3.2 小节讨论离子阱的操作,并描述线性阱的各种实现方式;第 5.3.3 小节介绍实现冷却到运动基态所需的技术,这是用离子串实现量子门的必要前提;离子的有序结构将在第 5.3.4 小节中简要讨论;第 5.3.5~5.3.9 小节将评论并探讨操作量子门所需的具体技术,例如状态的制备和操控、共模激发和具有单位探测效率的内部电子态的读出。

5.3.2　线性保罗阱中的离子束缚

带电粒子,如原子离子(atomic ion),可以通过电磁场来束缚,要么使用静电场和磁场的组合(彭宁阱),要么使用含时非均匀电场(保罗阱)。[197]对于囚禁离子作为量子比特和寄存器的应用,保罗阱,特别是它的线性变体,似乎较为适用。[228]

为了束缚粒子,需要回复力 F,例如 $F \propto -r$,其中,r 是与阱原点的距离。这样的力可以通过四极子电势 $\Phi = \Phi_0(\alpha x^2 + \beta y^2 + \gamma z^2)/r_0^2$ 获得,其中,Φ_0 表示施加到四极子电极构型的电压;r_0 是特征阱大小;常数 α, β, γ 确定电势的形状。例如,保罗阱中的三维束缚用 $\alpha = \beta = -2\gamma$ 来描述,而对于 $\alpha = -\beta, \gamma = 0$,则得到了四极滤质器。三维保罗阱相对于空间中的一个点提供了一个束缚力,因此主要用于单离子实验或对大型中心对称离子云的约束。为了实现囚禁离子量子寄存器,需要离子的线性阵列,即离子串。因此在大多数情况下,人们采用保罗阱的线性变体,它基于四极滤质器电势。该电势在垂直于 z 轴的两个方向上提供束缚力,但沿 z 轴的运动不受影响。对于轴向束缚,必须使用附加电极。离子的径向束缚需要在电极上施加直流电压 U_{dc} 和交流电压 $V_{ac}\cos(\Omega t)$。在阱轴附近,这创建了如下形式的电势:

$$\Phi = \frac{U_{dc} + V_{ac}\cos(\Omega t)}{2r_0^2}(x^2 - y^2) \tag{5.8}$$

其中,r_0 表示从阱轴到其中一个电极表面的距离。如果只施加直流电压,那么式(5.8)表示一个鞍形电势,它只在一个方向上带来稳定的束缚,如图 5.16 所示。然而,有了时变(交流)电压,囚禁就可以实现。从图 5.16 可以看出,交流电压符号的反转可以带来在先前不稳定方向上的束缚。通过适当选择频率 Ω,粒子可以无限期地被囚禁。正如从式(5.8)中推断的那样,理想的电势是由双曲线形状的电极产生的(图 5.17(a))。为简单起见,它们通常近似于图 5.17(b)所示的圆柱形杆,或更精细的形状(图 5.17(c)),这取决于激光接入和诊断的要求。轴向束缚是通过使用额外的环形电极(图 5.17(b))或杆电极的分段部分(图 5.17(c))沿 z 轴施加的额外静态电势 U_{cap} 提供的。这在 z 方向上产生了以纵向阱频为特征的静态谐波阱:

$$\omega_z = \sqrt{2\kappa q U_{cap}/(mz_0^2)} \tag{5.9}$$

这里,m 和 q 表示离子质量和电荷;z_0 是轴向束缚电极之间长度的一半;κ 是一个经验确定的几何因子,其考虑了特定电极配置。原则上,κ 的精确值既可以通过数值获得,在某些情况下也可以通过解析获得。然而从实际的角度来看,使用测量获得的 κ 值足以描述

实验数据。在 x 和 y 方向上,由式(5.8)得到的运动方程由马蒂厄(Mathieu)方程给出[228]:

$$\frac{\mathrm{d}^2 u_x}{\mathrm{d}\tau^2} + \left[a_x + 2q_x\cos(2\tau)\right]u_x = 0 \qquad (5.10)$$

$$\frac{\mathrm{d}^2 u_y}{\mathrm{d}\tau^2} + \left[a_y + 2q_y\cos(2\tau)\right]u_y = 0 \qquad (5.11)$$

其中

$$a_x = \frac{4q}{m\Omega^2}\left(\frac{U_{\mathrm{dc}}}{r_0^2} - \frac{\kappa U_{\mathrm{cap}}}{z_0^2}\right) \qquad (5.12)$$

$$a_y = -\frac{4q}{m\Omega^2}\left(\frac{U_{\mathrm{dc}}}{r_0^2} + \frac{\kappa U_{\mathrm{cap}}}{z_0^2}\right) \qquad (5.13)$$

$$q_x = -q_y = \frac{2qV_{\mathrm{ac}}}{m\Omega^2 r_0^2} \qquad (5.14)$$

$$\tau = \frac{\Omega t}{2} \qquad (5.15)$$

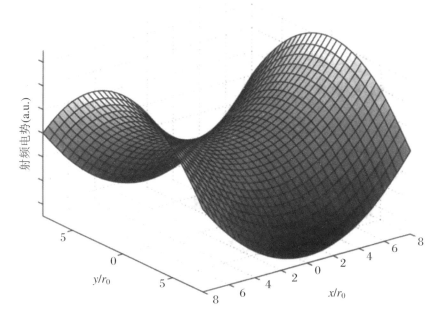

图 5.16 射频保罗阱的鞍形电势

通过电势符号的快速变化来实现带电粒子在 $x = y = 0$ 附近的束缚。

(a) 线性四极阱　　　　　　　　(b) 四杆阱

(c) 线性端盖阱　　　　　(d) 加长环形电极保罗阱

图 5.17　线性离子阱的各种实现形式

式(5.10)与式(5.11)的通解是阱频 Ω 的谐波的无穷级数。[197] 在实际中,通常满足 $a_i <$ $q_i^2 \ll 1(i = x, y)$ 的条件,从而提供运动方程的解析近似解。它包含频率 ω_i 处的谐波长期运动(宏运动),并叠加了阱的驱动频率 Ω 处的微运动:

$$u_i(t) = A_i \cos(\omega_i t + \varphi_i)\left[1 + \frac{q_i}{2}\cos(\Omega t)\right] \quad (i = x, y) \tag{5.16}$$

其中,振幅 A_i 和相位 φ_i 取决于初始条件,并且长期频率由下式给出:

$$\omega_i = \beta_i \frac{\Omega}{2}, \quad \beta_i \approx a_i + \frac{q_i^2}{2} \tag{5.17}$$

在此极限下,对于 $U_{dc} = 0$(通常如此选择),微运动小到可以忽略不计,并且束缚离子在径向就好像被囚禁在谐波赝势 Ψ 中一样振荡,由下式给出:

$$q\Psi = q\frac{|\nabla \Phi|^2}{4m\Omega^2} = \frac{1}{2}m\omega_r^2(x^2 + y^2) \tag{5.18}$$

其中,径向长期频率 $\omega_r \approx qV_{ac}/(\sqrt{2}m\Omega r_0^2)$。

线性保罗阱(与用于存储单个离子的三维保罗阱相比)的一个主要优点是,对于束缚

在 z 轴上的离子,微运动完全消失。因此,该运动是静态电势中的纯谐振,提供轴向束缚。

虽然将线性阱用于离子量子寄存器看起来较为合适,但三维保罗阱的加长版本也可以用来提供两个和三个离子的离子串。[216] 这种装置由一个椭圆形的环形电极和两个端盖电极(图 5.17(d))组成,离子串沿环形电极的长轴定向。与线性阱相比,这种几何形状可能带来高得多的阱频,也是光学冷却的一个优势(见第 5.2.7 小节和 5.3.3 小节)。然而,总是存在残余微运动,导致串的射频加热。

5.3.3 激光冷却与量子运动

为了以确定的方式存储量子信息,必须仔细制备一串离子中每个单离子的量子态。这是通过激光冷却技术实现的,其方式类似于第 5.2.7 小节中描述的对于单个囚禁离子的情况。冷却的最后阶段也将是一种边带冷却技术,它最终制备好处于运动基态的离子串。然而,具有不同频率的串的不同振动模式的出现,改变了冷却过程。具体来说,第 5.2.7 小节中描述的边带冷却情况通常不适用于两个或更多离子。重要的区别在于,振动模式的非公度频率导致了准连续的能谱,而不是单一振动模式下离散的等距能谱。系统的能级现在由内态 $|g\rangle$ 或 $|e\rangle$ 和运动态 $|n\rangle$ 标记,其中 $n = (n_1, n_2, \cdots)$ 是频率为 $\omega = (\omega_1, \omega_2, \cdots)$ 的振动模式的量子数矢量。相应地,$|g, n\rangle$ 到 $|e, m\rangle$ 跃迁的共振谱表现出比单个离子的边带间隔更密集的边带,并且通过将激光调谐到一个特定频率,在该跃迁的线宽 γ 的间隔内,围绕该频率的所有边带跃迁被同时激发。

更准确地说,必须区分两种情况。[229] 如果边带冷却发生在 Lamb–Dicke 区内,即如果只有振动态 n_j 和 $n_{j\pm1}$ 被光相互作用的反冲可观地耦合,则只有一阶边带起作用,而多个振动声子的交换被抑制。边带谱很简单,如图 5.18(a)所示,调谐到其中一个边带会导致相应模式的冷却,就像对单个离子一样。然而情况并不完全相同,因为其他不与激光相互作用的模式由于自发辐射而被加热,因此需要不同的失谐设置或足够大的线宽 γ 才能让所有模式达到基态。

另一种情况,即 Lamb–Dicke 区外的边带冷却,适用于目前追求的大多数使用线性离子阱的量子逻辑实现。图 5.18(b)显示了这种情况下离子串中有两个离子的边带谱的例子。显然,如果激光调谐到共振以下的某个频率,就会激发一组跃迁,涉及由一个或多个声子引起的两个模式的激发的变化。在这种情况下,与 Lamb–Dicke 区内不同,这两个模式是同时冷却的。此外,出现了冷却速率与跃迁线宽 γ 的新的依赖关系:冷却速率随着线宽的增加而非线性增长,因为首先吸收-辐射循环的速率与 γ 成正比,其次初态耦合到的能级数,以及随之而来的离子串被冷却的通道数,也随着 γ 的增加而增加。如果在多普勒冷却之后,仍有许多振动声子被激发,那么考虑冷却速率,即总冷却时间,就很重要了。这在线性离子阱实验中是典型的情况。

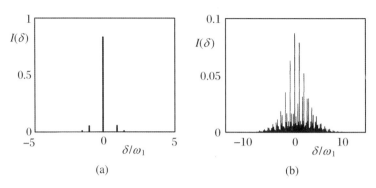

图5.18 两个囚禁离子的共振谱

在失谐为零时,运动状态不变的光学跃迁与它们各自失谐时的振动边带一起被显示出来。(a) 在 Lamb-Dicke 区内,只有 $\delta = \omega_{1,2}$ 处的基边带是有意义的,它只涉及一个振动声子的交换。(b) 在 Lamb-Dicke 区外,出现了许多边带,这涉及一个或多个声子对两个模式激发的变化。摘自文献[229]。

　　数值计算[229]表明,在 Lamb-Dicke 区内外,边带冷却都可以使两个离子进入运动基态。在 Lamb-Dicke 区外,通过在冷却过程中调整跃迁线宽 γ,可以利用冷却速率对 γ 的强依赖性来优化冷却时间。

　　用于冷却的离子种类不必与用于所需量子计算的离子种类相同。位于加尔兴的马克斯·普朗克量子光学研究所构建了一个实验,其中使用了包含镁和铟离子的线性串。铟可以被非常高效地边带冷却到基态[230],而镁可以用来携带量子信息。冷却和计算的分离让我们可以对所有简正模进行持续冷却,而不会干扰量子寄存器的内容。

　　作为保罗阱中激光冷却到振动基态的最后一个实验考虑因素,我们提出,任何残余的杂散电场都必须仔细补偿。这种场可能是由电极上的贴片场引起的,并将导致离子被推离阱轴。因此,离子会经历残余的微运动,这可能会阻碍正常的光学冷却。通过向附加电极施加直流电位来补偿杂散场,以便将离子推回到阱轴。在单个囚禁离子处于普通保罗阱中的情况下,这在所有三个空间维度上都是常规操作。类似的技术也可以应用于线性离子阱。在离子串的情况下,所有电极的仔细对准是消除微运动的重要前提。

5.3.4　离子串和简正模

　　在线性离子阱中,离子可以被束缚并光学冷却,从而形成有序结构。[212,231]如果径向束缚足够强,离子就会沿阱轴以线性方式排列,其距离由库仑斥力与轴向束缚的电势之间的平衡来确定。图 5.19 显示了线性阱中一串 Ca^+ 离子的示例。

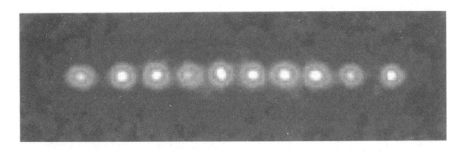

图 5.19 示例:线性保罗阱中的一串离子

两个离子间的平均距离约为 $10\ \mu m$。CCD 相机的曝光时间为 $1\ s$,由镜头和 CCD 相机组成的成像系统的测量分辨率优于 $4\ \mu m$。另请参阅文献[231]以作对比。

离子的平衡位置可以用数值确定。如果阱电势是很好的简谐电势,位置就可以用单个参数来描述,即轴向频率 ω_z(式(5.9))。[212,232]离子从平衡位置的微小位移不能用单个离子的运动来描述,因为库仑相互作用耦合带电粒子。相反,离子串的运动必须按照以不同频率振动的整个链的简正模来描述。[156,232]例如,考虑束缚在线性离子阱中的两个离子。第一个简正模对应于整个离子链来回移动的振荡,就好像它们是刚性连接的一样。这种振荡被称为串的质心模式(centre-of-mass mode,COM)。[232]第二个简正模对应于离子沿相反方向运动的振荡。更广泛地说,这种所谓的呼吸模式描述了一串 N 个离子的移动,其振幅与它们离阱中心的平均距离成正比。第 5.2.9 小节的图 5.11(a)和5.11(b)展示了在因斯布鲁克大学对一个 7 离子串的呼吸模式和质心运动进行的频闪观测。

对离子串的简正模(本征模)和各自的本征频率的详细计算,得到了以下简单结果[200,232]:① 对于由 N 个离子组成的一维串,恰好有 N 个简正模和简正频率;② 质心模式的频率恰好等于单个离子的频率;③ 高阶频率几乎与离子数 N 无关,由(1,1.732,2.4,3.05(2),3.67(2),4.28(2),4.28(2),⋯)ω_z 给出,其中括号里的数字表示当 N 从 1 个离子增加到 10 个离子时的最大频率偏差;④ 简正模的相对振幅必须通过数值方法进行估算(至少对于具有 3 个以上离子的串,参见文献[232]中的公式(28))。

在将一串离子装载到阱里以后,可以通过向其中一个环形电极或补偿电极施加额外的交流电压来激发简正模。[212]在光电倍增管收集的荧光出现凹陷之前很久,CCD 相机上的光斑宽度就会增加,从而可以观察到简正模激发。所测得的呼吸模式频率与预期频率一致(在 1% 以内),对应质心频率的 $\sqrt{3}$ 倍。图 5.20 显示了 5 个离子在两种激发强度下的质心模激发(158.5 kHz)和呼吸模激发(276.0 kHz)。为了激发呼吸模式,需要施加的电压通常比激发质心模式所需的电压高约300倍(一个3 V,一个0.01 V)。在文献[212]的设置中提供的交流电压下,没有观察到更高阶模式的激发。这是因为激发场沿着离子串方向几乎是均匀的,意味着对于那些需要跨离子的场梯度的更高阶模式,其激发效率要低得多。

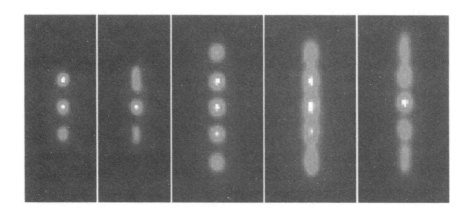

图5.20 外加交流电压对一串5个离子的振动激发

从左到右:无激发、质心模弱激发和强激发(158.5 kHz)、呼吸模激发(276.0 kHz)。

质心模振动是用均匀的场激发的,因此很容易受到场涨落的影响,在离子距离给定的长度尺度上,场波动的空间变化通常很小。相反,高阶模式的激发需要很大的场梯度。因此,对于高阶模式,无用激发发生的频率要低得多。注意,在量子计算过程中,离子链中的振动声子是由激光与单个离子相互作用诱导的拉曼边带跃迁产生的。

5.3.5　离子作为量子寄存器

量子信息可以存储在离子中,这是通过将其制备成两个不同的电子态$|g\rangle$,$|e\rangle$之一,或它们的任何叠加态来实现的。选择这两种态的一个明显要求是,它们都应该有足够长的辐射寿命,以便在相干性被自发衰减破坏之前完成计算。一种可能性是使用离子的基态和一个亚稳激发态,甚至两个亚稳态。寿命可以是几秒的量级(一个例子是$^{40}Ca^+$的^2D能级,见图5.21(b)),这应该足以进行简单的量子计算。如果使用基态的两个超精细分量,寿命甚至可能更长,这两个分量相对于电偶极衰减是稳定的。[216,228]例子包括$^9Be^+$,$^{25}Mg^+$和$^{43}Ca^+$,铍如图5.21(c)所示。此外,在不具有超精细结构的离子的情况下,可以

利用其塞曼子结构将信息存储在基态中。注意,由于离子通常有两个塞曼基态,这种方法排除了使用辅助离子能级的量子比特操作,如下面描述的相位门。阱中 N 个离子的内态张成了 $2N$ 维量子计算演化的希尔伯特空间。

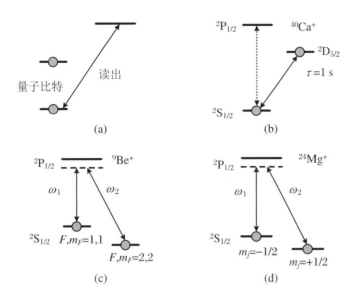

图 5.21　用于量子计算的囚禁离子能级方案
(a) 用于有效读出的具有慢速量子比特跃迁和快速跃迁的三能级方案;(b) 存储在基态和一个亚稳态中的量子比特;(c) 存储在超精细基态中的量子比特;(d) 存储在塞曼子能级中的量子比特。

5.3.6　单量子比特的制备和操控

在执行量子计算之前,必须将输入数据加载到量子寄存器中。这一过程对应将 N 个离子中的每一个激发到特定的电子量子态。这最容易通过激光操控离子的内态来实现。前提条件是每个离子都可以通过激光束单独寻址。阱中相邻离子的间距约为 $10~\mu m$,因此激光必须聚焦到这个大小,以避免离子的交叉激发。一种合适的离子寻址方案是通过声光或电光效应使单个激光束偏转,依次将其指向链中的每个离子。因斯布鲁克研究小组已经通过实验演示了该方案。[213]

给定量子比特输入态的制备分两个步骤进行。首先,通过例如光学泵浦,将离子转移到两个基态($|g\rangle$ 或 $|e\rangle$)之一来擦除量子比特。然后,根据该确定的初态,可以通过使用可变长度的共振激光脉冲驱动两个量子比特状态之间的拉比振荡来激发量子比特的

任意叠加态($\alpha|g\rangle + \beta|e\rangle$)。如果使用 π 脉冲,量子比特就翻转到正交态,而对于更短的脉冲,则可以制备量子比特的叠加态。如果在量子计算期间需要无条件单量子比特旋转来相干地修改量子寄存器的内容,也可以使用拉比翻转技术。

关于如何完成拉比翻转的细节取决于所使用的能级结构。如果量子比特状态被光学频率分开,则采用单光子跃迁。在超精细态或相同电子能级的塞曼子态的情况下,使用两束拉曼光束通过靠近离子激发态的中间虚能级连接量子比特状态。

5.3.7　振动模作为量子数据总线

到目前为止所描述的操作都彼此独立地操控单个量子比特。然而,对于有用的计算(逻辑操作),有必要在量子比特之间提供强耦合,以使链中任何离子的动力学都与链中的其他离子状态有关。到目前为止,阱中离子之间最强的相互作用是它们的库仑斥力,在平衡状态下,库仑斥力由外部因禁势来平衡。如第 5.3.4 小节所示,离子围绕这一平衡位置进行振荡,这是高度关联的。对于耦合线性阱不同位置的离子,我们特别感兴趣的是质心振荡模式,在该模式中,所有离子在阱轴的方向上进行同相振荡。西拉克和措勒尔[156] 已经展示了如何使用质心模式在离子之间传输量子信息,这些离子可能位于链上相距很远的位置。

最初,质心振荡必须冷却到其量子力学基态,这可以通过第 5.3.3 小节描述的分辨边带冷却技术来实现。然后,可以通过以下过程将量子信息从串中的任何离子传送到质心模式:一个离子被聚焦的激光束选择性地照射;通过离子共振的第一个红失谐振动边带上的 π 脉冲,该离子的内态被映射到离子链的外部(振动)态(图 5.22(a))。结果,质心振荡处于基态和第一激发态的叠加态,该叠加态对应于离子中初始存在的低量子比特状态和高量子比特状态的叠加。由于相互关联的质心运动,链中所有离子都经历了相同的振荡运动,因此可以获得相同的量子信息。所以,执行量子门的任务,即根据一个离子的状态来改变另一个离子状态的任务,被简化为根据质心模式的振动态改变离子态的任务(图 5.22(b)),在下一节中将进一步解释。离子的振荡就像一条量子总线,沿链连接着量子比特寄存器。在对第二个离子执行操作之后,必须反转图 5.22(a)所示的步骤,以便将振动模恢复到其基态,同时将第一个离子返回到其初态。

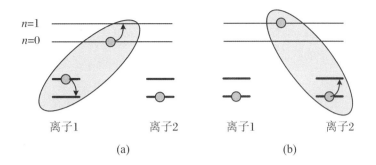

图 5.22　离子作为量子数据总线的振动模

（a）利用第一个激光脉冲,离子 1 的状态被映射到质心模式;(b) 根据质心模式的状态,改变离子 2 的状态。

5.3.8　离子阱量子计算机中的两比特门

Cirac-Zoller 方案提出的离子阱量子计算机的核心步骤是实现一个两比特量子门,以质心模式的振动态和一个离子的内态作为输入量子比特。本节我们将描述振动模充当控制比特的门,以调节目标离子的状态改变。

最容易理解的门是这样一种门,其中只有一种基态的组合会导致输出的修改。这就是所谓的相位门的情况,其中如果两个输入量子比特都处于上能级状态,则系统的波函数获取 π 相移(符号改变),而在所有其他情况下波函数保持不变。要实现波函数的符号变化,对离子施加 2π 脉冲就足够了。为了获得所需的条件动力学,脉冲应该处于仅耦合到离子上能级内态的跃迁上。这需要存在一个辅助电子能级,它可以是另一个塞曼子态或不同的电子能级。对振动态的调节是通过调谐到第一个蓝质心边带来实现的,这仅在至少存在一个振动声子的情况下才会导致跃迁。注意,根据构造,在该方案中不可以激发超过一个振动声子。

通过将相位门与单量子比特旋转相结合,可以实现其他门。受控非(CNOT)门(见第 5.2.12 小节)就是一个例子,在该门中,目标比特根据控制比特的状态被翻转。这可以通过在相位门之前和之后施加(共振的)$\pi/2$ 脉冲来实现,对应于计算基临时改变到 $|g\rangle \pm |e\rangle$。以其振动模作为控制比特的单量子比特 CNOT 门已经被实验演示。[211]

在某些情况下,直接获得 CNOT 也是有用的,例如当离子的能级方案中没有合适的辅助能级时。要做到这一点,人们可以利用这样一个事实,即内部和外部自由度之间的耦合非线性地依赖于激发的振动声子的数量。[233]选择合适的参数时,如果系统处于最低振动态,共振脉冲将充当2π脉冲,但如果存在一个振动声子,则将充当π脉冲,因此只有在后一种情况下,离子的状态才会翻转。

5.3.9 量子比特的读出

在量子计算结束时,需要读出计算结果,即确定量子比特寄存器的状态。显然,这涉及将离子的状态投影到用于探测的基态上。

离子阱量子计算机的优点在于,通过应用一种方法(本书中首次出现时是用于演示探测单个离子中的量子跳跃[234],见第5.2.8小节),可以以几乎100%的探测效率实现读出。随后,每个离子都会被仅与其中一个量子比特状态耦合的快速跃迁相匹配的激光照射,并探测到发射的荧光(图5.23)。散射光的存在表示占据耦合态,若不存在则表示占据正交基态。可以通过在探测之前旋转量子比特来探测叠加态。

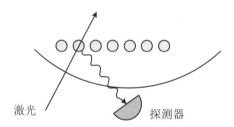

图 5.23　离子量子比特的状态测量
利用调谐到读出跃迁的激光束,对每个离子进行单独寻址(参见图5.21(a)),并监测荧光。

5.3.10 小结

在以上几小节中,我们概述了离子阱的工作原理及其在执行量子计算任务中的应用。目前,线性阱中的一串离子似乎是演示量子计算机基本概念最有前途的选择。该系统的主要优点是离子内态的长退相干时间,以及通过激光脉冲制备、相干控制和读出量子比特状态的能力。到目前为止,在实验实现的量子计算方案中,至少在理论上,离子阱具有最大的扩大规模的潜力,以提供足够长时间的量子比特寄存器来运行有用的量子算法。

在现实的离子阱量子计算机中,实际问题限制了可能实现的计算规模。电磁场涨落和与真空室中背景气体的碰撞,可能导致退相干速率大于离子内态的辐射衰减率。更大的限制是离子串振动态的退相干。对于单个^{198}Hg$^+$离子,零点振动能级的跃迁发生在0.15 s 内[214],而对于^{9}Be$^+$离子,测得的寿命为 1 ms[211]。有关^{40}Ca$^+$的实验数据,请参阅文献[215]。这些过程对量子计算机在失去相干性之前可以执行的操作数量设置了上限。然而鉴于最近的实验结果[212,216],使用呼吸模式作为量子数据总线可能会克服一些更偏技术方面的限制。

在逻辑操作过程中,还有额外的问题会影响量子计算机的性能。影响系统演化保真度的过程包括激光脉冲的不精确计时、激光束失谐、强度和相位的误差,以及激光焦点和离子位置之间的偏差。然而,这样的错误最终可以通过实施纠错码和协议来处理。

虽然可以存储在阱中的离子数量应该只受到阱的大小和可用于冷却的激光功率的限制,但到目前为止,只有一串两个离子成功地冷却到了运动的基态。[216]在不久的将来可能会增加到几十个离子,但要实现如肖尔分解非平凡数的算法,则需要数千个量子比特和数十亿个激光脉冲,这目前似乎超出了实验的范围。然而,离子阱为测试量子门的小型网络以及量子纠错方案提供了最好的前景。通过这种方式,离子阱为合成、操控和探测一串离子高度纠缠的量子态提供了一个理想的环境。

5.4 核磁共振实验

琼斯

5.4.1 导语

核磁共振(NMR)研究磁场中原子核塞曼能级之间的跃迁。如此简单地去描述,很难理解为什么有人会对它感兴趣,但核磁共振实际上是分子科学中非常重要的光谱技术之一。[235-236]这是因为 NMR 信号的频率微妙地依赖于原子核的精确化学环境,如此一来,仔细研究分子的 NMR 谱就可以确定其结构。

长期以来,核磁共振一直被认为是实现量子计算机的一种可能的技术。表面上看,这个想法很有吸引力,因为核自旋提供了一个很好的量子比特来源,而且构造量子逻辑门也相当简单。然而,有一个主要问题:很难将 NMR 量子计算机置于确定的初态,而这似乎对任何有趣的计算都是必不可少的。这个问题最近通过两种不同的方法[237-239]得到了解决,自那以后研究突飞猛进。

由于核磁共振在分子科学中的重要性,核磁共振仪技术得到了广泛的发展。在优化每个部件上花费了巨额资金,商用核磁共振仪随处可见,性能接近理论极限。现代核磁共振仪是极其复杂的设备,但它们很容易控制,即使是最紧张的理论家,在一点帮助下也应该能够进行简单的核磁共振实验。

5.4.2 核磁共振哈密顿量

在最坏的情况下,NMR 哈密顿量可能相当复杂[236,240-241],但在许多情况下,大部分这种复杂性可以忽略不计。首先,我将只考虑自旋 1/2 核(如^{1}H,^{13}C,^{15}N,^{9}F,^{31}P),因为这些核没有经历许多发生在高自旋核中的相互作用。这些核也是目前 NMR 量子计算机实现中最重要的,因为自旋 1/2 核的两个自旋态为实现量子比特提供了一个天然的二能级系统。其次,我将假设 NMR 样本是一种流体(通常要么是纯液体要么是溶液)。流体中分子的快速运动极大地简化了 NMR 哈密顿量,因为各向异性相互作用可以用它们的各向同性平均值(通常为零)代替。来自流体中自旋 1/2 核的 NMR 信号通常相当窄,因此这种研究通常被称作"高分辨率"NMR。[242]

在高分辨率 NMR 中,两种相互作用尤为重要。第一个当然是塞曼相互作用。在沿 z 轴方向磁场 B_z 存在的情况下,塞曼相互作用解除了两个自旋态($I_z = \pm \frac{1}{2}\hbar$)的简并:

$$\mathcal{H} = - \gamma I_z B_z \tag{5.19}$$

式中,γ(旋磁比)是原子核的恒定特性。对于典型 NMR 磁体中的^{1}H 原子核,塞曼分裂对应于约为 500 MHz 的频率,因此 NMR 实验是使用射频辐射进行的。

使用常规的空间定位技术来挑出单个分子是不切实际的,因为与射频辐射的波长相比,分子间距很小(几埃(Å)),而且在任何情况下,单个分子都在经历快速运动。取而代之的是,我们来探测所有分子的组合信号。这对 NMR 实验有重要的影响,因为它们不是在单个自旋系统上实现的,而是在这些系统的统计系综上实现的。然而,分辨同一分子中的不同核是可以做到的。原子核周围的电子起屏蔽它们与磁场的作用,从而改变了表观旋磁比。这种屏蔽的程度取决于原子核的化学环境,因此不同环境中原子核的跃迁频率略有不同。

高分辨率 NMR 中第二个重要的相互作用是标量耦合(J 耦合)。它不是简单的偶极-偶极耦合,不会被快速的分子翻滚所平均,而是一种与费米接触相互作用有关的更微妙的效应。当两个原子核 I 和 S 之间的耦合相较它们的 NMR 频率之差(弱耦合)很小时,耦合哈密顿量具有如下简单形式:

$$\mathcal{H} = J_{IS} I_z S_z \tag{5.20}$$

其中,自旋-自旋耦合常数 J_{IS} 取决于分子结构的细节。这种耦合在 NMR 谱中可以直接观察到,即对应于每个原子核的 NMR 信号中的分裂(大小为 J_{IS})。

举一个简单的例子。图 5.24 显示了氘代胞嘧啶的化学结构。胞嘧啶是用来编码 DNA 信息的四个"基"之一,最近被用来实现 NMR 量子计算机。[243]为此,分子中的三个氢核被氘取代,这可以很容易地通过将其在 D_2O 中溶解来实现。该分子在 500 MHz 核磁共振仪上的 ^1H 谱如图 5.25 所示。两个 ^1H 原子核中的每一个都会产生一对信号,称为双重态。这两个双重态在频率约为 500 MHz 时出现,它们的间隔为 763 MHz;每个双重态内的小分裂(7.2 Hz)是由原子核之间的自旋-自旋耦合造成的。

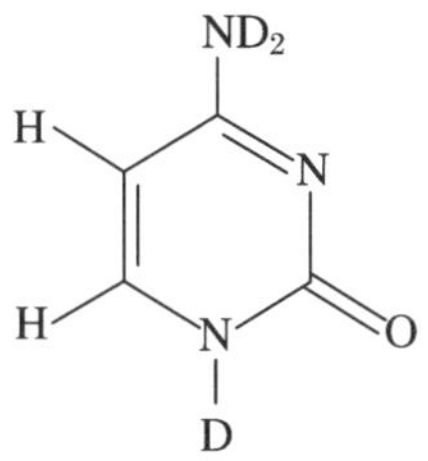

图 5.24　在 D_2O 中溶解胞嘧啶得到的部分氘代胞嘧啶的结构

与氮核结合的三个质子与溶剂氘交换,留下两个 ^1H 核作为一个孤立的双自旋系统(所有其他核可以忽略)。

图 5.25　部分氘代胞嘧啶的 ^1H NMR 谱

每对线都是来自两个 ^1H 核之一的 NMR 信号。

5.4.3　构建核磁共振量子计算机

虽然已经考虑了几种不同的量子计算模型,但最常见的方法是基于量子逻辑电路。这样的量子计算机有四个必须实现的主要元素。第一个是量子比特,它很简单,因为 1/2 自旋核的两个自旋态提供了一个理想的二能级系统。其余的元素稍微复杂一些。

1. 量子门

量子逻辑电路是由量子比特和量子门互连而成。虽然门的种类各式各样,但是众所周知,任何门都可以通过单量子比特门和双量子比特门的适当组合来构造[244]。单量子比特门对应于单个自旋在它自己的希尔伯特空间内的旋转,这些都可以很容易地通过使用射频场来实现。双量子比特门,如受控非门,因为它们涉及条件动力学,所以更加复杂,因此需要两个量子比特之间的相互作用。在核磁共振中,标量耦合(J 耦合)很好地适用于这一目的:虽然标量耦合并不完全具有构造传统受控门所需的形式,但它可以很容易地与单量子比特门组合成它们。[245]例如,受控非门可以通过在(作用于目标量子比特的)一对单量子比特 Hadamard 门之间放置一个受控相移门(执行变换 $|11\rangle \rightarrow -|11\rangle$,同时保持其他基态不变)来实现。受控相移本身可以通过结合标量耦合下的演化与单量子比特相移门来实现,这导致了一个双量子比特相位旋转。[245]

2. CLEAR 算符

量子逻辑门将量子比特从一种状态转换为另一种状态。显然,只有当量子比特以某种确定的输入态开始时,这才是有用的。在实践中,具有用于达到任何单个状态的某种方法就足够了,因为随后可以通过应用单比特门来达到其他初态。初态的简单选择是使所有量子比特处于 $|0\rangle$ 态,对应于一个 CLEAR 操作。

原则上,CLEAR 应该很容易实现,因为它将量子计算机带入其能量基态,这可以通过一些冷却过程来实现。不幸的是,这种方法在核磁共振中是不可行的,因为在任何合理的温度下,塞曼能级之间的能隙与玻尔兹曼能量相比都很小。在室温下,与 kT 相比,能隙非常小,以至于所有状态的布居几乎相等,与平均值仅有很小的偏差(约为 $1/10^4$)。由于来自不同分子的信号将被抵消,因此从平均布居中不会观察到 NMR 信号,但可以看到一个小信号,它是由相对平均值的偏差而产生的。

对于包含单个孤立核的分子,也就是只有一个量子比特的计算机,很容易达到有效的 $|0\rangle$ 态:在热平衡时,与(能量略高的)$|1\rangle$ 态相比,(低能量的)$|0\rangle$ 态对相等布居的偏离

只是略微过剩。不幸的是,这种简单的方法不适用于较大的系统,因为布居偏差的模式更加复杂,并且没有我们所需的形式。基于此,由于明显无法实现 CLEAR,核磁共振多年来一直被认为是一项不切实际的量子计算技术。

1996 年底,人们发明了两种不同的方法来解决这一问题。第一种方法由科里(Cory)及其团队[237-238]提出,使用复杂的 NMR 脉冲序列来修改不同自旋态的布居,最终生成所需的模式,从而产生与所需的初态等效的状态。另一种方法是由庄(Chuang)和格申菲尔德(Gershenfeld)[239,246]提出的,通过将自旋系统分成许多不同的子系统来工作。在这些子系统中,平衡态的布居模式具有所需的形式,因此所需的初态是可获取的。虽然这种方法在理论上是精妙的,但实践起来很复杂,而且还没有得到广泛的应用。更新的方法,例如时间平均[247],在概念上与科里等人的方法相关,这里将不再进一步描述。哈韦尔(Havel)及其团队[248]对各种方法进行了细致的比较。

3. 输出

最后,需要有某种方法来读出最终的答案。通常,这是通过读取在本征态中完成计算的一个或多个量子比特的值来实现的。在 NMR 量子计算机中,这对应于判定 $|0\rangle$ 态的布居是高于 $|1\rangle$ 态的布居,还是相反的情况。直接测定这些布居是不现实的,但是通过施加 $90°$ 激发射频脉冲就可以很容易地进行等效测量。这产生了 $|0\rangle$ 和 $|1\rangle$ 的相干叠加,它们随后在磁场中振荡。然后,可以通过观察该振荡信号的大小和相位来确定相对布居。信号的绝对相位没有意义,但可以并入一个参考信号,从而只需要测量相对相位。

一些量子算法产生的结果占用了两个或更多的量子比特,在这种情况下,可以采用两种不同的方法。第一种方法是只激发相应自旋中的一个,此时,可以通过检查观察到的自旋的多重态结构来监测其他自旋态。第二种方法是激发所有的自旋并同时观察它们,如此一来,每个自旋态可以直接根据其 NMR 信号的相位来确定。

与其他设计相比,NMR 量子计算机有一个潜在的优势,即它不需要将答案存储为本征态。取而代之的是,可以直接观察到一些叠加。之所以如此,是因为在任何 NMR 测量中都隐含着系综平均。虽然在单自旋系统上的测量会导致叠加塌缩,但在系综平均中看不到相同的效果。因此,可以连续且同时监测两个互补的可观测量。这种操作模式在未来的实验中会很有用。

5.4.4 多伊奇问题

上文描述的概念可以用一台 NMR 量子计算机来说明,该计算机设计用来实现一种

算法,以解决多伊奇问题。[138,249]这个问题在第4.2.4小节中有详细描述,这里只给出摘要。考虑一个二元函数

$$f(x): B \mapsto B \tag{5.21}$$

并假设我们有一个相应的算符 U_f,使得

$$|x\rangle |y\rangle \xrightarrow{U_f} |x\rangle |y \oplus f(x)\rangle \tag{5.22}$$

显然,可以建立量子线路来确定 $f(0)$ 和 $f(1)$,如图 5.26(a)所示。多伊奇的问题是,只使用一次 U_f(对应于 f 的一次求值)的情况下来确定 $f(0) \oplus f(1)$。这在经典计算机上是不可能的,但可以在量子计算机上使用图 5.26(b)中所示的线路来实现。

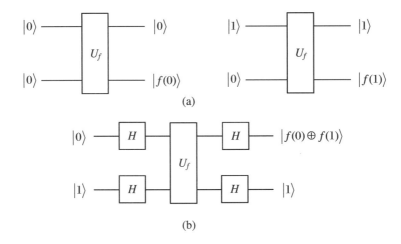

图 5.26　两种量子线路

(a) 确定二元函数的 $f(0)$ 和 $f(1)$ 的量子线路;(b) 单次应用 U_f(多伊奇问题)确定 $f(0) \oplus f(1)$ 的量子线路。H 表示单量子比特 Hadamard 门。

该线路已经在我们基于部分氘代胞嘧啶的双量子比特 NMR 量子计算机上实现了[243](Chuang 等人使用基于氯仿的双量子比特 NMR 量子计算机也得到了类似的结果[250])。在我们的 NMR 量子计算机中,每个双重态对应于一个量子比特的信号。可以根据相应信号的相位来确定量子比特的值:正信号对应处于 $|0\rangle$ 态的量子比特,而负信号对应处于 $|1\rangle$ 态的量子比特。

如上所述,NMR 信号的绝对相位没有意义,因为它取决于各种实验因素。然而,相对相位是有意义的,因此可以通过调整频谱来获得"绝对"相位,从而保证参考信号的相位是正确的。如果以相同的方式进行两个不同的实验,那么两个不同实验中信号的相对

相位也是有意义的,因此可以使用来自一个实验的参考信号来校正来自另一个实验的信号。下面讨论的结果正是采用这种方法获得的。

用经典算法确定 $f(0)$ 的实验结果如图 5.27 所示。在该算法中,左边的线(对应第一个量子比特)表示输入值,而右边的线(对应第二个量子比特)表示输出值。表 5.1 中列出了四个可能的二元函数的结果。正如预期的那样,左边的信号总是正的,表示输入值 (0);当 $f(0)=0$ 时,右边的信号是正的(对应 f_{00} 和 f_{01}),而当 $f(0)=1$ 时,右边的信号是负的(对应 f_{10} 和 f_{11})。虽然这些频谱的绝对相位是未知的,但我们通过调整频谱(a)的相位以使左边的信号为正,然后对所有其他频谱应用相同的相位校正,从而解决问题。

表 5.1　将一个比特映射到另一个比特的四个可能的二元函数

x	$f_{00}(x)$	$f_{01}(x)$	$f_{10}(x)$	$f_{11}(x)$
0	0	0	1	1
1	0	1	0	1

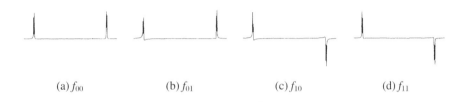

(a) f_{00}　　　(b) f_{01}　　　(c) f_{10}　　　(d) f_{11}

图 5.27　NMR 量子计算机测定 $f(0)$ 的实验结果
显示了四个可能的二元函数 f 中每一个的结果。

这些图没有清楚地给出每个双重态内的精细结构,但这并不是特别重要,因为在量子计算机的这种实现方法里,多重态中的所有线都应该具有相同的符号,我们观察到的也的确如此。理想情况下,这个符号应该很简单,要么是正的,要么是负的,但实际观察到的线形要稍微复杂一些。同样,所有的线都应该有相同的高度,而实验结果却显示出很大的差异。这些线形和高度的畸变是由计算机中的误差引起的。这些误差在很大程度上是系统性的,它们之所以出现,是因为计算机没有完全正确地实现量子门。应该可以通过仔细优化用于实现门的 NMR 脉冲序列来减少这些误差。

可以使用相同的算法来确定 $f(1)$,唯一的变化是更改输入值。这种方法的结果如图 5.28 所示。在这种情况下,左边的信号总是负的,表示新的输入值(1),而右边的信号既可以是负的,也可以是正的。正如预期的那样,当 $f(1)=0$ 时,该信号为正(对应 f_{00} 和 f_{10}),而当 $f(1)=1$ 时,该信号为负(对应 f_{01} 和 f_{11})。注意,对这些频谱使用的相位校正与图 5.27 中的相同,这展示了对于相同条件下进行的两个不同实验,相对相位可以被定义。

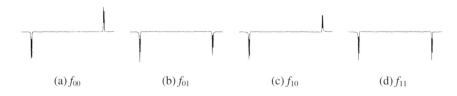

(a) f_{00} (b) f_{01} (c) f_{10} (d) f_{11}

图 5.28　NMR 量子计算机测定 $f(1)$ 的实验结果
显示了四个可能的二元函数 f 中每一个的结果。

最后,这种量子计算机还可以用来实现求解多伊奇问题的算法(确定 $f(0) \oplus f(1)$)。结果如图 5.29 所示。在这种情况下没有输入比特,因为量子计算机使用两个可能输入的叠加,并且答案被编码为左边信号的相位。第二个量子比特仅仅是个工作比特,并且以 $|1\rangle$ 态开始和结束计算。正如预期的那样,右边的信号总是负的,而左边的信号对于 f_{00} 和 f_{11} 是正的(对应 $f(0) \oplus f(1) = 0$),对于 f_{01} 和 f_{10} 是负的(对应 $f(0) \oplus f(1) = 1$)。

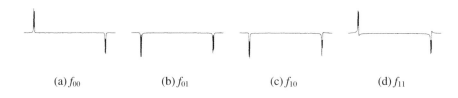

(a) f_{00} (b) f_{01} (c) f_{10} (d) f_{11}

图 5.29　NMR 量子计算机测定 $f(0) \oplus f(1)$(多伊奇问题)的实验结果
显示了四个可能的二元函数 f 中每一个的结果。

5.4.5　量子搜索和其他算法

自从发现在 NMR 量子计算机中可以有效地产生纯初态以来,科研进展就变得非常迅猛。借助双量子比特搜索空间,人们已经用双量子比特计算机实现了两比特空间的格罗弗量子搜索算法。[251-253]这允许在单次查询四个项目的搜索中定位单个项目;这种算法使量子计算机以 $|00\rangle$ 态开始,并以对应于匹配项目的状态结束($|00\rangle$,$|01\rangle$,$|10\rangle$ 或 $|11\rangle$)。该算法已在我们的胞嘧啶量子计算机上实现[252],结果如图 5.30 所示。这里的

结果略好于先前发表的结果[252]；那些是通过使用如文献[254]中所述的修改后的脉冲序列获得的。

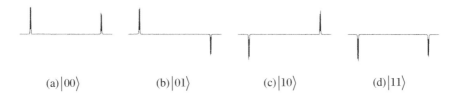

(a)$|00\rangle$ (b)$|01\rangle$ (c)$|10\rangle$ (d)$|11\rangle$

图 5.30　NMR 量子计算机在双量子比特搜索空间上实现格罗弗量子搜索的实验结果显示了四个可能的匹配项中每一个的结果。

虽然 NMR 量子计算机能够执行简单的格罗弗搜索，即其中只有一个要找的项目，但是在更为一般的情况下，当多个项目都能匹配搜索标准时，困难就会出现。在这种情况下，常规的量子计算机将随机返回其中一个匹配项，而 NMR 量子计算机将返回所有匹配的某种系综平均。从该系综结果中推断出任何有用的东西非常困难，甚至是不可能的。然而，通过使用一种密切相关的方法——近似量子计数[254]来克服这个问题则是可能的。

人们已经研究了三量子比特系统，但它们在很大程度上被用来演示有趣的量子现象，如 GHZ 态[255-256]、简单纠错协议[257-258]和隐形传态[259]。然而，它们也被用来实现三量子比特的多伊奇-约萨（Deutsch-Jozsa）算法。[260]文献[261]还给出了 Deutsch-Jozsa 算法在五量子比特系统上的部分演示。

5.4.6　未来展望

根据目前的方法，有几个主要问题可能会限制真正的 NMR 量子计算机的大小。最广泛讨论的问题是随着量子比特数的增加，信号强度的指数级损失。其次是退相干效应。事实上，这些影响可能不太重要，因为其他明显的问题会先开始困扰我们。当然，讨论这些问题以及如何解决它们是有益的。

1. 指数级信号损耗

由于需要从热平衡密度矩阵中蒸馏有效的纯态，随着量子比特数的增加，信号中的指数级损耗开始出现。增加一个额外的量子比特意味着增加一个额外的自旋，使系统中自旋态的数量翻倍,从而使任何自旋态发生翻转的方式数量翻一倍。蒸馏出有效的纯态,相当于只选择这些可能跃迁中的一个,从而导致信号强度的损失。[262]请注意,这个问题并不局限于 NMR,对于任何工作在高温区域($\Delta E \ll kT$)的系综量子计算,都会出现这个问题。

显然,这种信号的指数级衰减是一个潜在的限制,但在实践中,它的重要性被夸大了。NMR 谱可以以相当高的信噪比获得(图 5.25 中谱的信噪比约为 800),因此信号损失只对包含 10 个或更多量子比特的 NMR 计算机来说才是一个严重的问题。可以通过各种简单的方法(如信号平均或增加样本容量)或通过更微妙的途径(如光学泵浦)来提高信噪比。[263]另一种舒尔曼(Schulman)和瓦兹拉尼[264]提出的方式是使用计算方法来纯化一组低保真量子比特。将此方式直接应用于热系综是不现实的,但如果与其他增加初始偏振的方法(如光学泵浦)结合使用,则可能会发挥作用。

2. 退相干

退相干(即通过随机过程将相干叠加转换成非相干混合)是另一个潜在的问题,它是所有实现量子计算机的方法面临的共同问题。任何量子叠加都有一个特征退相干时间,需要确保所有计算都在与退相干时间相比不太长的时间内完成(尽管纠错技术允许延长这个时间尺度)。在 NMR 量子计算机中,这一时间通常与自旋-自旋弛豫时间 T_2 有关,尽管这是一个简化,因为 T_2 是单自旋相干的退相干时间,而多自旋相干的退相干时间可以有很大不同。尽管如此,T_2 确实给出了时间尺度的一个非常近似的概念,对于目前正在研究的 NMR 计算机(基于溶液中的小分子)来说,该时间尺度大约是几秒。

量子计算机的相关参数不是退相干时间本身,而是退相干时间与执行量子门所需时间的比率。对于简单的两比特门,如受控非门,这个时间相当于标量自旋-自旋耦合的逆(约 5~150 ms),表明应该可以实现数十个或数百个门。已知确实存在比 T_2 值大得多的系统,但这样的系统不能用来构建基于当前设计的 NMR 量子计算机,因为它们没有建立量子门所需的自旋-自旋相互作用。

3. 其他问题

比上面讨论的任何一个问题都重要得多的是另外两个问题:选择性寻址自旋问题,以及随着自旋数量增加而产生的门的复杂性增长问题。

选择性寻址不同自旋的问题很容易理解。在常规的量子计算机中,单个量子比特是通过相应物理系统的空间位置来分辨的,但这种方法不能用于 NMR。取而代之的是,量子比特通过其相应自旋的不同 NMR 跃迁频率来分辨。不幸的是,这个频率范围相当窄(通常只有几千赫兹),而且很难对频率相近的自旋进行完全选择性的激发。[265]这是实验频谱中清晰可见的畸变的一个主要来源(图 5.27~5.30)。显然,这个问题在自旋较多的系统中会更加严重,因为更难确保所有自旋都被足够大的频隙隔开。

正因为如此,大多数作者倾向于研究异核自旋系统,如基于氯仿中 ^{1}H—^{13}C 自旋对的 NMR 计算机。这比相应的同核问题简单得多,因为现在两个自旋的跃迁频率相差数百兆赫兹,且自旋选择性激发实质上是微不足道的。这种方法已经导致双自旋和三自旋系统的快速进展,但它不能无限扩展,因为只有少量不同的原子核是合适的,而且无论如何,大多数核磁共振仪不能同时处理超过两到三个不同的原子核。因此,任何涉及多个量子比特的 NMR 量子计算机都将不得不面对选择性寻址自旋的问题。

第二个更微妙的问题是多自旋系统中量子逻辑门的日益复杂。理想情况下,可以采用为双量子比特计算机开发的双量子比特门,并在三或四量子比特计算机中使用它,而不需要进行重大修改。对于 NMR 量子计算机,这可能会很棘手。构成门的基的相互作用,特别是自旋-自旋耦合,是背景 NMR 哈密顿量的一部分,在这个哈密顿量下,自旋系统在没有特定激发的情况下演化。量子逻辑门是通过调制该背景哈密顿量的不同元素的强度而形成的,从而得到具有所需形式的有效哈密顿量。然而,在存在额外量子比特的情况下,这个过程变得更加困难,因为它不仅需要调节门中涉及的自旋之间的相互作用,而且需要调节与额外自旋的任何相互作用,以便有效地移除它们。[266] 在最坏的情况下,一个由 N 个自旋组成的系统在背景哈密顿量中总共有 $N(N+1)/2$ 个单自旋和双自旋相互作用,其中只有 3 个与形成任何待定的双量子比特门有关。虽然这个问题并不像最初看起来那么严重[267-269],但要建造超过几个量子比特的 NMR 量子计算机,消除所有这些不相关的相互作用可能会是最困难的任务。

4. 替代方法

考虑到上面概述的潜在问题,一些研究人员已经开始考虑用完全不同的方法来构建核磁共振系统量子计算机。到目前为止,这些想法都还没有得到演示,它们与"常规的" NMR 量子计算机几乎没有相似之处。

许多这些预想方案中的一个共同特点是使用固态样品而不是流体。这对核磁共振研究有许多重要的结果,既有有用的,也有无用的。单个分子在固态样品中将保持基本不变,因此空间定位技术原则上可以用来选择性激发特定的自旋。射频辐射的长波长排除了直接的方法,但是为核磁共振成像开发的技术[270]确实使自旋之间的空间分辨成为可能。然而,用这种方法很难达到原子分辨率,部分是因为很难构造足够强大的场梯度,但也因为核磁共振的低灵敏度使得直接探测单自旋是不切实际的。[270]计算表明,极限分辨率约为 1 μm,因此有必要使用自旋簇而不是单个原子核。

转而使用固态的第二个结果是 NMR 哈密顿量的实质性变化,因为各向异性相互作用不再平均到它们的各向同性的值。特别地,自旋之间的直接偶极-偶极耦合是最大的自旋-自旋相互作用。这种耦合比标量耦合大得多,允许实现更快的逻辑门,但缺点是每个自旋都会耦合到附近所有其他的自旋。这使得难以以逻辑门所需的选择性方式使用耦合,并且还可能导致快速退相干。

凯恩(Kane)[271]最近提出的一个方案以一种最巧妙的方式回答了这些问题,将固态NMR与传统的硅微芯片技术相结合。该设想在硅基中使用孤立的^{31}P原子,带有静电门,既可以控制单个自旋的激发,也可以调节它们之间的耦合。利用核自旋控制单个电子转移过程,可以实现单自旋探测。虽然这个方案远远超出了当前技术的范围,但很可能在未来10年内就会达到其中许多要求。

5.4.7 纠缠态与混态

最近有人提出,核磁共振可能根本不是一种量子力学技术!在评估这一主张时,应该记住这里使用的"量子力学"具有"可证明的非经典"的技术含义。由于NMR实验是在高温区进行的(与能级分裂相比,kT较大),描述核自旋系统的密度矩阵总是接近最大混态,而这种状态总是可以分解[272]为直积态(即不同核之间不包含纠缠的状态)的混合。由于NMR态无需纠缠即可描述,因此可以使用经典模型来描述它们(尽管这些经典模型可能有些矫揉造作)。然而,虽然经典模型可以用来描述单个NMR态,但还不清楚这样的模型是否可以用来描述NMR实验期间状态的演变。[273]这些结论的意义仍不明确,且存在争议。

5.4.8 未来几年

核磁共振为实现量子计算机提供了目前可用的最强大的技术,而且很可能未来几年都会如此。人们已经建造了几台小型NMR量子计算机,并在其上实现了一些量子算法。

在接下来的几年里,三到五量子比特NMR计算机似乎将变得稀松平常,更大的系统也将被研究。然而,在方法没有重大改变的情况下,似乎不太可能建立具有十个以上量子比特的核磁共振系统。从长远来看,凯恩的固态NMR计算机等方法可能会是非常有前途的。

第 6 章

量子网络与多粒子纠缠

6.1 引言

　　量子纠缠的基本概念已在前面的章节中介绍过。在本章中,我们将讨论量子纠缠的几个高级主题。第 6.2 节将描述一种通过交换光子,在空间上分离的节点之间建立原子间纠缠的方案。以这种方式,可以结合囚禁原子/离子系统的优点(即长存储时间和局域量子态处理)与量子光学的优势(即长距离的灵活、可靠的量子通信),来构建量子网络。

　　第 6.3 节将论述两个以上粒子的纠缠态。这类状态不仅在量子信息领域很重要,而且最初是由格林伯格(Greenberger)、霍恩(Horne)和蔡林格(Zeilinger)(GHZ)引入的,以最结论性的方式解决了爱因斯坦-波多尔斯基-罗森(EPR)局域实在论与量子力学的冲突。我们将展示如何生成三光子 GHZ 纠缠,以及为什么两个以上粒子间的纠缠可以描绘从任何经典的局域实在观点来看都完全无法理解的量子性质。

　　在第6.4节中,我们将展示两个以上粒子之间的纠缠是一个非常精妙的概念。实际上,无法以独特的方式定义两个以上粒子间的纠缠。我们将引入量化纠缠的概念,并将说明诸如纠缠蒸馏和纠缠的相对熵等相关主题。

6.2　量子网络Ⅰ:空间分离的纠缠粒子

布里格尔　范·恩克　西拉克　措勒尔

6.2.1　光子与原子的接口

　　量子网络由空间分离的节点(量子比特在其中存储并被局域操控)与连接这些节点的量子信道组成。网络中的信息交换是通过信道发送量子比特来完成的。例如,这种网络的物理实现可以由代表节点的囚禁原子簇或离子簇组成,由光纤或类似的光子"管道"提供量子信道,如图6.1所示。

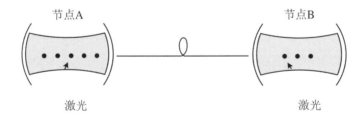

图 6.1　量子网络的元素

高 Q 值腔中的原子用于局域存储和处理量子信息;光子用于传送网络中空间分离的"节点"之间的量子信息。

　　原子和离子特别适合用于存储处于长寿命内态的量子比特,最近提出的用于在囚禁原子或离子之间执行量子门的方案,为原子/离子节点内的局域处理提供了一种有吸引力的方法。[156,274-275]然而,光子显然代表了最佳的量子比特载体,可实现长距离快速、可靠的通信。[276-277]在本节中,我们将描述一种用于实现原子和光子之间接口的方案[278],即网络的节点和信道之间的接口。该方案允许在相距甚远的原子 1 和 2 之间进行（原则上）单位效率的量子传输。能够将局域量子处理与网络节点间的量子传输相结合，为各种新颖的应用提供了可能性，包括从纠缠态密码学[279]和隐形传态[280]到更复杂的活动，如多粒子通信和分布式量子计算[281-282]。

本方案的基本思想是利用高 Q 值光学腔与原子之间的强耦合[276]，形成量子网络的指定节点。通过施加激光束，首先将第一个节点上原子的内态转换为腔模的光学态。接着，产生的光子从腔中泄漏出来，作为波包沿传输线传播，并在第二个节点进入光学腔。最终，第二个腔的光学态转移到原子的内态。可以通过顺序寻址成对的原子（每个节点一个）来实现多量子比特传输，因为状态映射过程能够保留任意位置原子之间的纠缠。该协议的显著特征是，通过控制原子-腔相互作用，可以避免波包从第二个腔中反射出来，从而有效地关闭主要的损耗通道（如未关闭，该通道将导致通信过程中的退相干）。

6.2.2　量子态传输模型

两个节点之间量子传输的简单配置由两个原子——原子 1 和 2 组成，它们分别与各自的腔模强耦合，如图 6.2 所示。

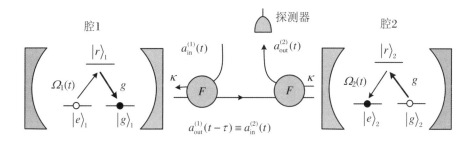

图 6.2　单向量子传输示意图

连接了两个光学腔中的两个原子，中间通过量子化的传输线连接。

描述每个原子与相应腔模相互作用的哈密顿量如下（$\hbar = 1$）：

$$\hat{H}_i = \omega_c \hat{a}_i^\dagger \hat{a}_i + \omega_0 |r\rangle_{ii}\langle r| + g(|r\rangle_{ii}\langle g| \hat{a}_i + \text{h.c.})$$

$$+ \frac{1}{2}\Omega_i(t)\{e^{-i[\omega_L t + \phi_i(t)]} |r\rangle_{ii}\langle e| + \text{h.c.}\} \quad (i = 1,2) \qquad (6.1)$$

这里，$\hat{a}_i$ 和 $\hat{a}_i^\dagger$ 是频率为 ω_c 的腔模 i 的湮灭算符和产生算符。状态 $|g\rangle, |r\rangle, |e\rangle$ 形成了

激发频率为 ω_0 的三能级系统(图6.2),并且量子比特以两个简并基态的叠加形式存储。状态 $|e\rangle$ 和 $|g\rangle$ 通过拉曼跃迁耦合[274-275,283],其中,频率为 ω_L 的激光以含时拉比频率 $\Omega_i(t)$ 和相位 $\phi_i(t)$ 将原子从 $|e\rangle$ 激发到 $|r\rangle$,之后再从 $|r\rangle$ 跃迁到 $|e\rangle$,伴随着光子发射到相应的腔模中,这里,耦合常数为 g。为了抑制拉曼过程中激发态的自发辐射,我们假设激光与原子跃迁大失谐 $|\Delta| \gg \Omega_{1,2}(t), g, |\dot{\phi}_{1,2}|$(其中 $\Delta = \omega_L - \omega_0$)。在这种情况下,可以绝热地消除激发态 $|r\rangle_i$。在处于激光频率下的腔模转动参考系中,两个基态动力学的新哈密顿量变为

$$\hat{H}_i = -\delta \hat{a}_i^{\dagger} \hat{a}_i + \frac{g^2}{\Delta} \hat{a}_i^{\dagger} \hat{a}_i \, |g\rangle_{ii}\langle g| + \delta\omega_i(t) \, |e\rangle_{ii}\langle e|$$
$$- \mathrm{i}g_i(t)[\mathrm{e}^{\mathrm{i}\phi_i(t)} \, |e\rangle_{ii}\langle g| \, a_i - \mathrm{h.c.}] \quad (i = 1,2) \tag{6.2}$$

第一项涉及拉曼失谐 $\delta = \omega_L - \omega_c$。接下来的两项分别是由腔模和激光场引起的基态 $|g\rangle$ 和 $|e\rangle$ 的 AC-斯塔克(AC-Stark)偏移,其中,$\delta\omega_i(t) = \Omega_i(t)^2/(4\Delta)$。最后一项是熟悉的 J-C 相互作用,其有效耦合常数为 $g_i(t) = g\Omega_i(t)/(2\Delta)$。这里,我们暂时忽略了拉曼过程中自发辐射产生的微小影响。与 J-C 模型进行类比,符号 $|e\rangle$ 表示"激发态",符号 $|g\rangle$ 表示"基态"。

我们的目的是选择含时拉比频率和激光相位[①],以实现理想的量子传输:

$$(c_g \, |g\rangle_1 + c_e \, |e\rangle_1) \, |g\rangle_2 \otimes |0\rangle_1 \, |0\rangle_2 \, |\mathrm{vac}\rangle$$
$$\rightarrow |g\rangle_1 (c_g \, |g\rangle_2 + c_e \, |e\rangle_2) \otimes |0\rangle_1 \, |0\rangle_2 \, |\mathrm{vac}\rangle \tag{6.3}$$

其中,$c_{g,e}$ 是复数,通常必须将其替换为网络中其他"旁观者"原子的非归一化态。在式(6.3)中,$|0\rangle_i$ 和 $|\mathrm{vac}\rangle$ 表示腔模和连接腔的自由电磁模的真空态。通过这些模式的光子交换,传输将得以发生。

在当前情况下,用量子轨迹的语言来表述问题较为方便。[284-285]让我们考虑一个虚拟实验,其中第二个腔的输出场由光电探测器连续监测(图6.2)。在持续观测条件下,对于观察到特定计数轨迹,量子系统的演化可以由希尔伯特空间中的纯态波函数 $|\Psi_c(t)\rangle$ 来描述(其中已经消除了腔外的辐射模)。在未探测到计数的时间间隔内,该波函数根据具有非厄米有效哈密顿量的薛定谔方程进行演化:

$$\hat{H}_{\mathrm{eff}}(t) = \hat{H}_1(t) + \hat{H}_2(t) - \mathrm{i}\kappa(\hat{a}_1^{\dagger} \hat{a}_1 + \hat{a}_2^{\dagger} \hat{a}_2 + 2\hat{a}_2^{\dagger} \hat{a}_1) \tag{6.4}$$

这里,κ 是腔损耗率,假定它对于第一个和第二个腔体是相同的。在时间 t_r 的计数探测与

---

① 也可以调制腔传输,但技术上更加困难。

量子跳跃相关联,这是根据 $|\Psi_c(t_r+dt)\rangle \propto \hat{c}|\Psi_c(t_r)\rangle$,其中 $\hat{c}=\hat{a}_1+\hat{a}_2$。在从 t 到 $t+dt$ 的时间间隔内发生跳跃(探测器响应)的概率密度为 $\langle\Psi_c(t)|\hat{c}^\dagger\hat{c}|\Psi_c(t)\rangle dt$。[285-286]

6.2.3 理想传输的激光脉冲

我们希望以满足理想量子传输条件(6.3)的方式,设计两个腔中的激光脉冲。时间演化的必要条件是永远不会发生量子跳跃(探测器响应,见图 6.2),即 $\hat{c}|\Psi_c(t)\rangle=0$ $\forall t$,因此有效哈密顿算符将成为厄米算符。换句话说,该系统将保持在级联量子系统的暗态。物理上,这意味着波包不会从第二个腔反射。我们将系统的状态扩展为

$$|\Psi_c(t)\rangle = |c_g\,|gg\rangle\,|00\rangle + |c_e[\alpha_1(t)e^{-i\phi_1(t)}\,|eg\rangle\,|00\rangle + \alpha_2(t)e^{-i\phi_2(t)}\,|ge\rangle\,|00\rangle$$
$$+ \beta_1(t)\,|gg\rangle\,|10\rangle + \beta_2(t)\,|gg\rangle\,|01\rangle] \tag{6.5}$$

满足下式时,理想的量子传输(6.3)将发生:

$$\alpha_1(-\infty) = \alpha_2(+\infty) = 1, \quad \phi_1(-\infty) = \phi_2(+\infty) = 0 \tag{6.6}$$

式(6.5)中右边的第一项在 H_{eff} 产生的时间演化下不会改变。定义对称系数和反对称系数为 $\beta_{1,2}=(\beta_s\mp\beta_a)/\sqrt{2}$,我们得到以下演化方程:

$$\dot{\alpha}_1(t) = g_1(t)\beta_a(t)/\sqrt{2} \tag{6.7}$$

$$\dot{\alpha}_2(t) = -g_2(t)\beta_a(t)/\sqrt{2} \tag{6.8}$$

$$\dot{\beta}_a(t) = -g_1(t)\alpha_1(t)/\sqrt{2} + g_2(t)\alpha_2(t)/\sqrt{2} \tag{6.9}$$

其中,我们选择了激光频率 $\omega_L+\dot{\phi}_{1,2}(t)$,因此有 $\delta=g^2/\Delta$ 且

$$\dot{\phi}_{1,2}(t) = \delta\omega_i(t) \tag{6.10}$$

以补偿 AC-Stark 偏移;所以式(6.7)~(6.9)与相位解耦。暗态条件意味着 $\beta_s(t)=0$,因此

$$\dot{\beta}_s(t) = g_1(t)\alpha_1(t)/\sqrt{2} + g_2(t)\alpha_2(t)/\sqrt{2} + \kappa\beta_a(t) \equiv 0 \tag{6.11}$$

以及归一化条件

$$|\alpha_1(t)|^2 + |\alpha_2(t)|^2 + |\beta_a(t)|^2 = 1 \tag{6.12}$$

我们注意到系数 $\alpha_{1,2}(t)$ 和 $\beta_s(t)$ 是实数。

现在的数学问题是找出脉冲形状 $\Omega_{1,2}(t) \propto g_{1,2}(t)$ 以满足式(6.6)~(6.9)和式(6.11)的情况。通常这是一个难题,因为在微分方程(6.7)~(6.9)的解上施加条件式(6.6)和(6.11),给出了脉冲形状的函数关系,但其解并不明显。我们将根据以下物理思想构造解族。让我们考虑光子从光学腔泄漏出来并作为波包传播出去。想象一下,我们能够"时间反演"此波包并将其发送回腔中,那么这将恢复原子的原始(未知)叠加态,前提是我们还将反转激光脉冲的时序。然而,如果我们能够以某种方式驱动发射腔中的原子,使输出脉冲在时间上已经对称,则进入接收腔的波包将"模仿"这次时间反演过程,从而在第二个原子中"恢复"第一个原子的状态。因此,我们寻找满足如下对称脉冲条件的解:

$$g_2(t) = g_1(-t) \quad (\forall t) \tag{6.13}$$

这意味着 $\alpha_1(t) = \alpha_2(-t)$ 且 $\beta_a(t) = \beta_a(-t)$。后一种关系导致了光子波包在腔之间传播的对称形状。

假设我们为第一个腔中的后半部分($t \geq 0$)指定了脉冲形状 $\Omega_1(t) \propto g_1(t)$。[①] 我们希望确定前半部分 $\Omega_1(-t) \propto g_1(-t)$($t>0$),以便满足理想传输条件(6.3)。从式(6.6)和(6.11)中,我们得到

$$g_1(-t) = -\frac{\sqrt{2}\kappa\beta_a(t) + g_1(t)\alpha_1(t)}{\alpha_2(t)} \quad (t>0) \tag{6.14}$$

因此,只要我们知道 $t \geq 0$ 的系统演化,就可以完全确定脉冲形状。但是,当我们尝试找出这种演化时会遇到困难,因为对于 $t>0$,它依赖于未知的 $g_2(t) = g_1(-t)$(见式(6.7)~(6.9))。为了解决此问题,我们使用式(6.11)去消除式(6.7),(6.9)中的这种依赖性。对于 $t \geq 0$,上述方法给出

$$\dot{\alpha}_1(t) = g_1(t)\beta_a(t)/\sqrt{2} \tag{6.15}$$

$$\dot{\beta}_a(t) = -\kappa\beta_a(t) - \sqrt{2}g_1(t)\alpha_1(t) \tag{6.16}$$

这些方程必须与初始条件

$$\alpha_1(0) = \left[\frac{2\kappa^2}{g_1(0)^2 + \kappa^2}\right]^{\frac{1}{2}} \tag{6.17}$$

$$\beta_a(0) = [1 - 2\alpha_1(0)^2]^{\frac{1}{2}} \tag{6.18}$$

整合,这些条件直接由 $t=0$ 时的 $\alpha_1(0) = \alpha_2(0)$ 和式(6.11),(6.12)得出。式(6.15)和

---

① $\Omega_1(t)$ 必须满足 $\alpha_1(\infty) = 0$。若 $\Omega_1(\infty) > 0$,则该条件满足,这也保证了当 $t>0$ 时式(6.14)中的分母不会消失。

(6.16)的解,我们可以根据归一化条件(6.12)确定 $\alpha_2(t)$。如此一来,此问题得以解决,因为在 $t \geqslant 0$ 时式(6.14)右边所有的量都是已知的。找到脉冲形状的解析表达式也很简单,例如可以指定 $t > 0$ 时 $\Omega_1(t) = \text{const}$。

6.2.4　非完美操作与纠错

我们之前都是假设传输过程中涉及的所有操作,例如通过激光脉冲从原子到腔场的状态映射是完美的,而且无需特别注意信道中的吸收损耗和退相干。当然,在现实中这样的过程总会有一定的概率发生。光腔-光纤系统与拉曼脉冲就是一个噪声量子信道的例子。一般而言,量子噪声往往会降低传输的保真度,并破坏理想情况下在节点之间建立的量子相关性。如果节点之间的距离很长,那么这种效果将变得尤为明显,这里"很长"是与信道的相干长度和/或吸收长度相比。幸运的是,自从量子纠错[287]和纠缠纯化[288]出现以来,就有一些工具可以对抗量子噪声和退相干的影响。在第8.6节,我们将描述如何在上述量子网络中实现高效的纠错,纠正所有阶次的传输错误。这将允许在短距离内以高保真度进行通信。对于长距离通信,其错误概率随信道长度呈指数增长,为此我们开发了一种量子中继的概念,其作用类似于经典通信中的放大器。

6.3　多粒子纠缠

鲍米斯特　潘建伟　丹尼尔　魏因富尔特　蔡林格

6.3.1　GHZ 态

对于大多数量子通信方案(例如纠错方案和密钥分发网络)和量子计算,多粒子之间的纠缠是必不可少的。然而,讨论和生成两个以上粒子的纠缠态即所谓的格林伯格-霍恩-蔡林格(GHZ)态,其最初动机源于完全不同的目的[289-290],即辩论量子力学是否是一个完备的理论。尽管此处无意详细介绍这一基本哲学讨论,但我们将作简述,以便读者更好地理解存储在多粒子纠缠系统中的量子信息,以及其量子性质为何与爱因斯坦的局域性观念有强烈冲突。我们接下来的叙述基于三光子纠缠的实验实现,而三光子纠缠本身对量子信息领域就很重要。[291]

6.3.2 与局域实在论的矛盾

格林伯格、霍恩和蔡林格证明,在量子理论作出确定的(即非统计的)预测的情况下,对三个纠缠粒子的某些测量结果的量子力学预测,与局域实在论相冲突。[289-294] 这与爱因斯坦-波多尔斯基-罗森(EPR)实验(用两个纠缠粒子测试贝尔不等式)不同,后者与局域实在论的冲突仅在统计预测时出现。[21,23,295-297]

三光子 GHZ 态的量子预测与局域实在论的冲突,是如何比双光子态的更强的呢?[①] 要回答这个问题,我们先考虑状态

$$\frac{1}{\sqrt{2}}(|H\rangle_1 |H\rangle_2 |H\rangle_3 + |V\rangle_1 |V\rangle_2 |V\rangle_3) \tag{6.19}$$

其中,H 和 V 表示水平和垂直偏振。该状态表示三个光子处于 $|H\rangle_1 |H\rangle_2 |H\rangle_3$ 态(三个光子全都水平偏振)和 $|V\rangle_1 |V\rangle_2 |V\rangle_3$ 态(三个光子全都垂直偏振)的量子叠加。这个特定的状态相对于所有光子的交换是对称的,这简化了下面的论点,但是此推理过程适用于任何其他最大化纠缠的三光子态。

现在考虑根据态(6.19)对每个光子的偏振测量所作的一些特定预测,这些光子要么处于相对于原始 H/V 基旋转 $45°$ 的基(用 H'/V' 表示),要么处于用 L/R 表示的(左旋,右旋)圆偏振基。这些新的偏振基可以用原始的偏振基表示:

$$|H'\rangle = \frac{1}{\sqrt{2}}(|H\rangle + |V\rangle), \quad |V'\rangle = \frac{1}{\sqrt{2}}(|H\rangle - |V\rangle) \tag{6.20}$$

$$|R\rangle = \frac{1}{\sqrt{2}}(|H\rangle + \mathrm{i}|V\rangle), \quad |L\rangle = \frac{1}{\sqrt{2}}(|H\rangle - \mathrm{i}|V\rangle) \tag{6.21}$$

让我们用向量 $(1,0)$ 表示 $|H\rangle$,用向量 $(0,1)$ 表示 $|V\rangle$。因此,它们是泡利算符 σ_z 的两个本征态,具有对应的本征值 $+1$ 和 -1。还可以轻松地验证 $|H'\rangle$ 和 $|V'\rangle$ 或 $|R\rangle$ 和 $|L\rangle$ 是泡利算符 σ_x 或 σ_y 的两个本征态,其值分别为 $+1$ 和 -1。我们把以 H'/V' 为基的测量称为 x 测量,以 L/R 为基的测量称为 y 测量。

---

① 对于双光子态,哈代(Lucien Hardy)[298]发现了这样一个情形:局域实在论预测某个特定结果有时会发生,而量子力学预测同样的结果永远不会发生。[299]

在新的基中表示态(6.19),可获得对这些新偏振测量结果的预测。比如,在测量光子 1 和 2 上的圆偏振,并测量光子 3 上的线性偏振 H' 和 V' 的情况下,记为 yyx 测量,这时的状态变为

$$\frac{1}{2}(\mid R\rangle_1 \mid L\rangle_2 \mid H'\rangle_3 + \mid L\rangle_1 \mid R\rangle_2 \mid H'\rangle_3$$
$$+ \mid R\rangle_1 \mid R\rangle_2 \mid V'\rangle_3 + \mid L\rangle_1 \mid L\rangle_2 \mid V'\rangle_3) \tag{6.22}$$

该表达式具有许多重要含义。首先,在任何单光子或双光子联合测量中获得的特定结果是最大随机的。例如,光子 1 表现出 R 或 L 偏振的概率相同,均为 50%。

其次,因为只有那些对于 yyx 测量结果为 -1 乘积的项才出现在表达式中,所以人们意识到,给定两个光子的测量结果,就可以确定地预测对第三个光子进行相应测量的结果是什么。例如,假设发现光子 1 和 2 都表现出右旋(R)圆偏振(即都具有值 $+1$),根据上式中的第三项,光子 3 肯定会是 V' 偏振的(即值为 -1)。

通过循环排列(cyclic permutation),对于任何在两个光子上的圆偏振和在剩余一个光子上的 V'-H' 偏振的测量,都可获得类似的表达式。同样,只有给出 -1 乘积的那些项,才可能是 yxy 或 xyy 测量的结果。因此,给定其他两个光子合适的测量结果,就可以确定地预测三个光子中任何一个的圆偏振和线性 H',V' 偏振的测量结果。

现在让我们从局域实在论的角度分析这些预测的含义。首先请注意,预测与光子的空间间隔无关,与测量的相对时间顺序也无关。因此,让我们考虑要进行的实验,以便在给定参考系中同时进行三个测量,比如为了概念上尽可能简单,可以使用源的参考系。采用爱因斯坦局域性的观念,意味着没有任何信息能够以比光速更快的速度传播。因此,针对任何光子获得的特定测量结果,必须既不依赖于同时执行的其他两个特定测量,也不依赖于这些测量的结果。那么,从局域实在论的角度解释上述完美相关性的唯一方法是,假设每个光子对于所有考虑的测量都携带实在性元素,并且这些实在性元素决定了特定测量的结果。[289-290,294]

现在让我们考虑对全部三个光子进行线性 H',V' 偏振的测量,即 xxx 测量。如果存在实在性元素,这时可能会有什么结果呢？态(6.19)及其排列意味着,任何一个光子得到结果 H'(V'),则其他两个光子都必须带有相反(相同)的圆偏振。假设对于三个特定的光子,人们发现光子 2 和 3 的结果为 V'。因为光子 3 是 V',所以光子 1 和 2 必须携带相同的圆偏振;因为光子 2 是 V',所以光子 1 和 3 必须携带相同的圆偏振。显然,如果这些圆偏振是实在性元素,那么全部三个光子都必须带有相同的圆偏振。因此,如果光子 2 和 3 具有相同的圆偏振,那么光子 1 必须携带线性偏振 V'。如此一来,实在性元素的存在可以得出这样的结论:如果选择测量全部三个粒子的 H',V' 偏振,即执行 xxx 测量,则

一种可能的结果是 $|V_1'\rangle|V_2'\rangle|V_3'\rangle$。通过并行构造我们可以验证,仅有的四个可能的结果是

$$|V_1'\rangle|V_2'\rangle|V_3'\rangle,\quad|H_1'\rangle|H_2'\rangle|V_3'\rangle,\quad|H_1'\rangle|V_2'\rangle|H_3'\rangle,\quad|V_1'\rangle|H_2'\rangle|H_3'\rangle$$

$$(6.23)$$

这些对局域实在论的预测与量子物理学的预测相比如何? 用 H',V' 偏振表示式 (6.19) 中给出的状态,我们得到

$$\frac{1}{2}(|H'\rangle_1|H'\rangle_2|H'\rangle_3+|H'\rangle_1|V'\rangle_2|V'\rangle_3$$
$$+|V'\rangle_1|H'\rangle_2|V'\rangle_3+|V'\rangle_1|V'\rangle_2|H'\rangle_3)\qquad(6.24)$$

将式(6.23)中的项与式(6.24)中的项进行比较,可以观察到只要局域实在论预测对某个光子的测量一定发生特定的结果(在给定其他两个的结果的情况下),则量子物理学必定会预测相反的结果。因此,虽然对于两个光子的贝尔不等式,局域实在论与量子物理学之间的差异发生在理论的统计预测中,但这里的任何统计都只考虑在经典或量子物理学的任何实验中发生的不可避免的测量误差。

6.3.3 三光子 GHZ 纠缠源

目前已经有在两个以上粒子之间产生纠缠的提议,用于光子[300]、原子[301]和离子(参见第 4.3 节)的实验,并且已经制备了单个分子中的三个核自旋,使得它们局域呈现三粒子相关性。[302] 在本小节中,将描述首个关于三个空间分离的光子的偏振纠缠的实验观察结果。[291] 用于实验的方法是对量子隐形传态[76](第 3.7 节)和纠缠交换[86](第 3.10 节)实验技术的进一步发展。

如文献[300]中所提议的一样,这里的主要思想是将两对偏振纠缠的光子转换为三个纠缠的光子和第四个独立的光子。① 图 6.3 是实验装置的示意图。成对的偏振纠缠光子是通过 200 fs 的紫外脉冲穿过 BBO 晶体产生的(请参见第 3.4.4 小节),使我们获得以下偏振纠缠态[26]:

$$\frac{1}{\sqrt{2}}(|H\rangle_a+|V\rangle_b+\mathrm{e}^{\mathrm{i}x}|V\rangle_a|H\rangle_b)\qquad(6.25)$$

---

① 这种为从纠缠粒子对的源获取三粒子纠缠的方法,可以扩展至获取更多粒子的纠缠。[303]

该状态表示臂 a 中的光子被水平偏振而臂 b 中的光子被垂直偏振的可能性 $|H\rangle_a|V\rangle_b$，与相反的可能性 $|V\rangle_a|H\rangle_b$ 的叠加。

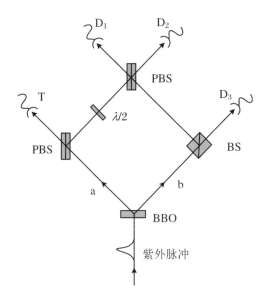

图 6.3　实验装置示意图,用于演示空间分离的光子的 GHZ 纠缠

以触发探测器 T 处记录到一个光子为条件,在 D_1,D_2 和 D_3 处记录的三个光子显示出所需的 GHZ 相关性。

在极少数情况下,通过单个紫外脉冲穿过晶体会产生两个这样的纠缠对,鉴于装置的设计,四个探测器中的每一个都探测到一个光子(四体符合),就相当于通过探测器 D_1,D_2 和 D_3 观察到状态

$$\frac{1}{\sqrt{2}}(\,|H\rangle_1\,|H\rangle_2\,|V\rangle_3 + |V\rangle_1\,|V\rangle_2\,|H\rangle_3) \tag{6.26}$$

这可以通过以下方式理解。当获得四体符合记录时,路径 a 中的一个光子必须由路径 a 中的偏振分束器(PBS)透射,因此在被触发探测器 T 探测时必定具有水平偏振。如此一来,其在路径 b 中的伴随光子必须是垂直偏振的,并且它有 50% 的概率被分束器(BS)透射到探测器 D_3,也有 50% 的概率被分束器反射到最终的偏振分束器,从那它将被反射到 D_2。在前一种情况下,探测器 D_1 和 D_2 处的计数是由第二对导致的。第二对中的一个光子通过路径 a 传播,并且必须是 V 偏振的,以使其在路径 a 中被偏振分束器反射;所以其伴随光子(沿路径 b)必须是 H 偏振的,并且在路径 b 中的分束器处(以 50% 的概率)反射之后,它将由最终的偏振分束器透射并到达探测器 D_1。因此,由 D_2 探测到的光子必须经过 H 偏振,因为它是通过路径 a 到达的,必须穿过最后一个偏振分束器。请注

意,后一个光子最初是 V 偏振的,但在通过半波片(置于 $22.5°$)之后,它处于 $45°$ 偏振,这使其有 50% 的机会作为 H 偏振光子到达探测器 D_2。因此,可以得出这样的结论:如果 D_3 探测到的光子是 T 光子的伴随光子,那么 D_1,D_2,D_3 的符合探测就对应于探测到状态

$$|H\rangle_1 |H\rangle_2 |V\rangle_3 \tag{6.27}$$

通过类似的论据,我们可以证明:如果 D_2 探测到的光子是 T 光子的伴随光子,那么 D_1,D_2,D_3 的符合探测就对应于探测到状态

$$|V\rangle_1 |V\rangle_2 |H\rangle_3 \tag{6.28}$$

通常,对应于四体符合记录的两个可能的态(6.27)和(6.28)将不会形成相干叠加,即不会形成 GHZ 态,因为它们在理论上是可以分辨的。除了在探测器上可能缺少模式重叠,每个光子的精确探测时间还可以揭示存在哪个态。例如,通过注意到 T 和 D_3 或 D_1 和 D_2 几乎同时响应,来识别态(6.27)。为了擦除此信息,必须使光子的相干时间明显长于紫外脉冲的持续时间(约 200 fs)。[304] 这可以通过在窄带宽滤波器(3.6 nm 带宽)后面探测光子来实现,能获得大约 500 fs 的相干时间。因此,分辨态(6.27)和(6.28)的可能性基本消失,并且根据量子力学的基本规则,以触发器 T 为条件,D_1,D_2,D_3 的符合记录所探测到的状态是式(6.26)中给出的量子叠加。严格来说,这种擦除技术是完美的,因此可以生成纯 GHZ 态,只是需要在无限小脉冲持续时间和无限小滤波器带宽的极限下,但是详细的计算[305]显示上述给出的实验参数足以创建清晰可见的纠缠,纯度最高可达 80%,与下面给出的实验数据一致。其中,式(6.26)中的加号来自以下更加正式的推导。考虑两次下转换产生直积态

$$\frac{1}{2}(|H\rangle_a |V\rangle_b - |V\rangle_a |H\rangle_b)(|H\rangle'_a |V\rangle'_b - |V\rangle'_a |H\rangle'_b) \tag{6.29}$$

这里,最初假设在一个下转换中创建的分量 $|H\rangle_{ab}$ 和 $|V\rangle_{ab}$ 与在另一个下转换中创建的分量 $|H\rangle'_{ab}$ 和 $|V\rangle'_{ab}$ 是可以分辨的。通过实验装置前往探测器 T,D_1,D_2 和 D_3,态(6.29)的各个分量的演化由下式给出:

$$|H\rangle_a \to |H\rangle_T, \quad |V\rangle_b \to \frac{1}{\sqrt{2}}(|V\rangle_2 + |V\rangle_3) \tag{6.30}$$

$$|V\rangle_a \to \frac{1}{\sqrt{2}}(|V\rangle_1 + |H\rangle_2), \quad |H\rangle_b \to \frac{1}{\sqrt{2}}(|H\rangle_1 + |H\rangle_3) \tag{6.31}$$

相同的表达式对初始分量也成立。将这些表达式代入到态(6.29)中,并且只看那些每个输出中只发现一个光子的项,我们有

$$-\frac{1}{4\sqrt{2}}\big[\,|\,H\rangle_{\mathrm{T}}(|\,V\rangle'_1|\,V\rangle_2|\,H\rangle'_3+|\,H\rangle'_1|\,H\rangle'_2|\,V\rangle_3)$$

$$+|\,H\rangle'_{\mathrm{T}}(|\,V\rangle_1|\,V\rangle'_2|\,H\rangle_3+|\,H\rangle_1|\,H\rangle_2|\,V\rangle'_3)\big] \tag{6.32}$$

如果现在进行实验,使得来自两个下转换的光子态是不可分辨的,那么最终将得到状态(整体上可能存在一个负号)

$$\frac{1}{\sqrt{2}}|\,H\rangle_{\mathrm{T}}(|\,H\rangle_1|\,H\rangle_2|\,V\rangle_3+|\,V\rangle_1|\,V\rangle_2|\,H\rangle_3) \tag{6.33}$$

注意,由实验装置产生的总光子态,即探测之前的状态,还包含比如两个光子进入同一探测器的项。另外,总状态包含来自单个下转换的分量。四体符合探测用作对所需 GHZ 态(6.33)的投影测量,并过滤掉不需要的项。一个紫外泵浦脉冲产生这种四体符合探测的效率非常低(大约 10^{-10})。幸运的是,我们可以每秒产生 7.6×10^7 个紫外脉冲,每 $150\,\mathrm{s}$ 得到约一个双对的产生和探测,三对和多对的产生可以完全忽略。

6.3.4　GHZ 纠缠的实验证明

为了通过实验证明可以通过上述方法获得 GHZ 纠缠,首先必须验证,在触发器 T 探测到光子的条件下,$H_1H_2V_3$ 和 $V_1V_2H_3$ 分量均存在,而其他的均不存在。通过比较偏振测量的八个可能组合 $H_1H_2H_3$,$H_1H_2V_3$,$\cdots$,$V_1V_2V_3$ 的计数率来完成此操作。观察到期望和非期望状态之间的强度比为 $12:1$。上述两项的存在是证明 GHZ 纠缠的必要条件,但还不是充分条件。理论上,那两种状态可能只是统计上的混合。因此,必须证明这两项是相干叠加的。这是通过沿 $+45°$ 测量光子 1 的线性偏振(将 H 和 V 方向平分)来完成的。这样的测量将光子 1 投影到叠加态

$$|+45°\rangle_1=\frac{1}{\sqrt{2}}(|\,H\rangle_1+|\,V\rangle_1) \tag{6.34}$$

这意味着态(6.33)被投影到

$$\frac{1}{\sqrt{2}}|\,H\rangle_{\mathrm{T}}|+45°\rangle_1(|\,H\rangle_2|\,V\rangle_3+|\,V\rangle_2|\,H\rangle_3) \tag{6.35}$$

因此,光子 2 和 3 最终按照"entangled entanglement"(即"纠缠的纠缠")[306] 的概念被纠缠。以偏振 $45°$ 为基重写光子 2 和 3 的状态,得到

$$\frac{1}{\sqrt{2}}(|+45°\rangle_2|+45°\rangle_3-|-45°\rangle_2|-45°\rangle_3) \tag{6.36}$$

这意味着如果发现光子 2 沿 $-45°$ 偏振,那么光子 3 也会沿相同方向偏振。项 $|+45°\rangle_2|-45°\rangle_3$ 和 $|-45°\rangle_2|+45°\rangle_3$ 的缺失是由相消干涉所致,由此表明 GHZ 态 (6.33)中项的所需相干叠加。因此,该实验包括测量探测器 T,$+45°$ 偏振器后面的探测器 D_1,$-45°$ 偏振器后面的探测器 D_2,和要么在 $+45°$ 偏振器要么在 $-45°$ 偏振器后面的光子 3 之间的四体符合。在实验中,改变的是光子到达最终偏振器(或者更具体地说,探测器 D_1 和 D_2)的时间差。

图 6.4(a)中的数据点是对 D_3 处的光子进行偏振分析而获得的实验结果,其条件是触发器响应,并由两个探测器 D_1 和 D_2 分别探测到在 $45°$ 和 $-45°$ 偏振的两个光子。

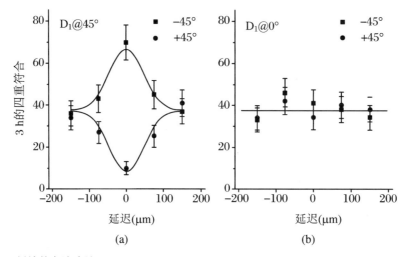

图 6.4　GHZ 纠缠的实验确认

图(a)显示了对 D_3 处的光子进行偏振分析所得到的结果,以触发器和在 D_1 处探测到 $45°$ 偏振的一个光子,以及在 D_2 处探测到 $-45°$ 偏振的一个光子为条件。两条曲线显示了分别在探测器 D_3 前面以 $-45°$ 和 $+45°$ 定向的偏振器的四体符合,它是路径 a 中空间延迟的函数。零延迟时两条曲线之间的差证实了 GHZ 纠缠。相比之下,图(b)显示了如果探测器 D_1 前面的偏振器设置为 $0°$,那么就没有这种强度差,与预测的相同。

两条曲线显示了在探测器 D_3 前面以 $-45°$(方点)和 $+45°$(圆点)定向的偏振器的四体符合,它是路径 a 中空间延迟的函数。从两条曲线得出,对于零延迟,D_3 处的光子偏振沿 $-45°$ 定向,这与对 GHZ 态的量子力学预测保持了一致。对于非零延迟,通过路径 a 向第二个偏振分束器传播的光子与通过路径 b 传播的光子变得可分辨。因此,增加延迟会逐渐破坏三粒子态的量子叠加。

注意,从数据同样可以很好地得出结论,在零延迟下,D_1 和 D_3 处的光子通过 D_2 处的光子投影到 $-45°$ 上,而投影到双粒子纠缠态。这两个结论仅适用于真正的 GHZ 态。

量子信息物理
The Physics of Quantum Information

为了进一步确认态(6.33),以 D_1 在 $0°$ 偏振(即 V 偏振)下探测到光子为条件进行了测量。对 GHZ 态 $(H_1H_2V_3 + V_1V_2H_3)/\sqrt{2}$,这意味着剩余的两个光子应处于状态 V_2H_3,在 $+45°$ 测量基下这两个光子之间不会产生任何相关性。这些测量的实验结果如图 6.4(b)所示。数据清楚地表明不存在双光子相关性,从而证实观察到三个空间分离的光子之间的 GHZ 纠缠。

回忆一下,只有在同时探测到触发光子和三个纠缠光子的情况下,才能观察到 GHZ 纠缠。这意味着四体符合探测在投影到所需的 GHZ 态(6.26)和对该状态执行特定测量方面起着双重作用。

这可能使人怀疑,是否可以使用这种源来验证局域实在论。实际上,对于以前涉及光子不可分辨性的贝尔型实验,人们也提出了同样的疑问。[307-308]尽管这些实验已经成功地生成了某些长距离的量子力学相关性,但在过去人们普遍认为[309-310]它们永远不能算是对局域实在论的真正验证,即使最理想的版本都不行。但是,波佩斯库、哈代和茹科夫斯基[311]证明了这种普遍的看法是错误的,而上述实验确实是对局域实在论的真正验证(除通常的探测漏洞以外)。按照同样的推理,茹科夫斯基[312]已经证明,上述 GHZ 纠缠源使人们能够对局域实在论进行三粒子测试。从本质上讲,GHZ 用于测试局域实在论的论据是基于探测事件的,甚至不需要了解隐含的量子态。确实,仅考虑以上讨论的四体符合就足够了,可以完全忽略其他项的分量。

6.3.5 实验验证:局域实在论对量子力学

如何使用上一节中描述的 GHZ 纠缠源,以实验的方式解决局域实在论与量子力学之间的冲突呢? 如第 6.3.2 小节所述,首先必须以 yyx, yxy 和 xyy 测量进行一组实验。这三个实验中的每一个,原则上都有 2^3 种可能的结果。

图 6.5 给出了实验所获的 3×2^3 种可能结果中每一种的概率。在这里,为了与第 6.3.2 小节中态(6.19)的 GHZ 推论进行比较,我们重新定义了式(6.26)中光子 3 的偏振态,也就是说,符号 $|H\rangle_3$ 和 $|V\rangle_3$ 已互换。

根据图 6.5 中的最大值和最小值,可以得出以下结论:以 $71\% \pm 4\%$ 的精度,即以 $(\langle\max\rangle - \langle\min\rangle)/(\langle\max\rangle + \langle\min\rangle) = 0.71 \pm 0.04$ 的可见度,可以识别预期存在的项和预期不存在的项。尽管有限的可见度主要是由泵浦脉冲的有限长度和频率滤波器的有限带宽导致的(请参见第 6.3.3 小节),但对于比较局域实在论与量子力学的基本测试,将图 6.5 中显示的数据视为从一个黑箱中出来的三粒子系统的测量结果是适当的。因此,在下面演示与局域实在论的冲突时,不会对 GHZ 纠缠源作任何预设。根据图 6.5 中的数据,并采取局域实在的观点,即假设对一个粒子的测量结果与对另一个专门与之分开的粒子所进行的任何测量的结果无关,我们可以预测(遵循第 6.3.2 小节中的论点) *xxx* 测量的可能结果。这些预测如图 6.6(a)所示。

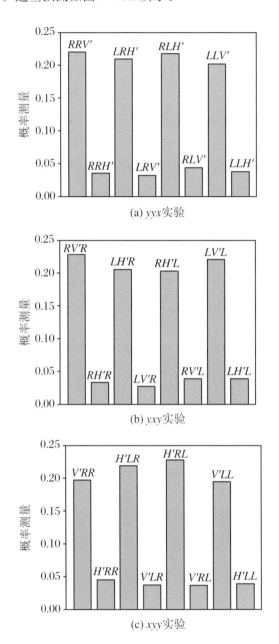

(a) *yyx*实验

(b) *yxy*实验

(c) *xyy*实验

图 6.5　实验确定的所有测量结果的概率:(a) *yyx* 测量;(b) *yxy* 测量;(c) *xyy* 测量

量子信息物理
The Physics of Quantum Information

量子力学的预测如图 6.6(b) 所示。这些预测是基于以下论据得出的:图 6.5 中的数据表明存在纯度约为 71% 的三粒子纠缠系统。最后,图 6.6(c) 显示了 *xxx* 测量的实验结果。

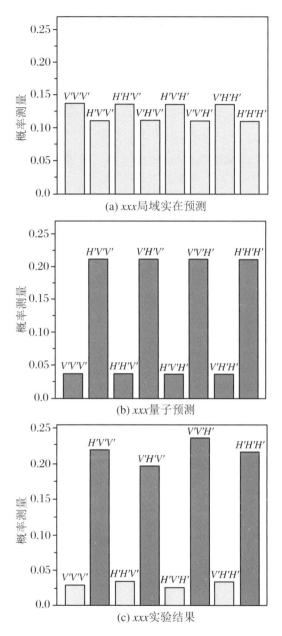

(a) *xxx* 局域实在预测

(b) *xxx* 量子预测

(c) *xxx* 实验结果

图 6.6 (a) 对于 *xxx* 测量的 8 个三粒子相关性概率的局域实在预测(基于图 6.5 中给出的数据);(b) 相应的量子力学预测;(c) 实验结果,它们与局域实在预测强烈冲突,而与实验精度范围内的量子力学预测一致

实验结果与局域实在预测强烈冲突,而与量子力学预测完全一致。实际上,在实验不确定性范围内,实验数据清楚地表明仅发生了由量子力学预测的三体符合(见式(6.24)),而没有出现由局域实在预测的三体符合(见式(6.23))。从这个意义上说,所描述的实验构成了首个不需要不等式的三粒子局域实在论测试。[313]

由于没有真正的实验能够完全满足 GHZ 原始推理所需的完美关联条件,因此局域实在论支持者可能会争辩说,GHZ 预测永远无法在实验室中得到完美检验,因此他/她可能不会被上述分析所说服。针对这个困难,人们已经推导出了 N 粒子 GHZ 态的许多贝尔型不等式。[314-316] 所有工作表明,GHZ 态的量子力学预测违反了这些不等式,其程度随 N 呈指数增长。例如,由墨明(Mermin)给出的三粒子 GHZ 态的最佳贝尔型不等式如下:

$$|\langle xyy \rangle + \langle yxy \rangle + \langle yyx \rangle - \langle xxx \rangle| \leqslant 2 \tag{6.37}$$

其中,例如$\langle xyy \rangle$表示分别对粒子 1,2,3 进行测量时,x,y,y 的特征值乘积的期望值。对于三粒子 GHZ 态,违反这种贝尔型不等式的必要可见度是 50%。[314] 在上述 GHZ 实验中观察到的可见度约为 70%,明显超过了 50% 的限制。将实验结果代入不等式(6.37)的左边,我们有

$$|\langle xxy \rangle + \langle yxy \rangle + \langle yyx \rangle - \langle xxx \rangle| = 2.83 \pm 0.09 \tag{6.38}$$

因此,实验结果违反了不等式(6.37)超过 9 个标准差,从而证明了与局域实在论的冲突。应该指出的是,以上测试并未对局域实在论作出最终的裁决。由于尚未通过高效且类空的分离探测方法进行实验,因此仍然存在一些"漏洞"。

6.4 纠缠量化

韦德拉尔 普莱尼奥 奈特

6.4.1 施密特分解与冯·诺依曼熵

复合量子系统是由多个量子子系统组成的。当这些子系统纠缠在一起时,就不可能

为它们中的任何一个赋予明确的态矢量。复合量子系统的一个简单示例是一对双偏振纠缠光子(请参见第3.4.4小节)。复合系统的数学描述为

$$|\Psi^-\rangle_{12} = \frac{1}{\sqrt{2}}(|H\rangle_1|V\rangle_2 - |V\rangle_1|H\rangle_2) \tag{6.39}$$

所描述的性质是,两个光子的偏振方向沿任何轴正交。从式(6.39)可以立即看出,两个光子都不具有明确的态(偏振)矢量。我们可以确定的是,如果在一个光子上进行了测量,并且发现它是垂直偏振的($|V\rangle$),那么另一个光子肯定是水平偏振的($|H\rangle$)。但是,除非写为特殊形式,否则这种类型的描述不能应用于一般的复合系统。这促使我们引入所谓的施密特分解(Schmidt decomposition)[317],它不仅在数学上很方便,而且还可以让我们更深入地理解两个子系统之间的相关性。

施密特分解表明,两个子系统 A 和 B(一个维度为 N,另一个维度为 $M \leqslant N$)的任何态都可以表示为

$$|\Psi_{AB}\rangle = \sum_{i=1}^{N} c_i|u_i\rangle|v_i\rangle \tag{6.40}$$

其中,$\{|u_i\rangle\}$ 是子系统 A 的基,$\{|v_i\rangle\}$ 是子系统 B 的基。有两个重要的观察结果,对于理解处于共同纯态中的两个子系统之间的相关性至关重要:

(1) 以施密特基表示的两个子系统的约化密度矩阵是对角矩阵,并且具有相同的正谱。通过对子系统 B 所有状态的联合态 $\rho_{AB} = |\Psi_{AB}\rangle\langle\Psi_{AB}|$ 求迹,我们可以得到子系统 A 的约化密度矩阵,故

$$\rho_A = \mathrm{Tr}_B\rho_{AB} := \sum_q \langle v_q|\rho|v_q\rangle = \sum_p |c_p|^2|u_p\rangle\langle u_p| \tag{6.41}$$

类似地,我们可以得到 $\rho_B = \sum_p |c_p|^2|v_p\rangle\langle v_p|$。

(2) 如果子系统是 N 维的,那么它可以与另一个子系统的不超过 N 个正交态纠缠。

我们想指出的是,通常不可能对两个以上的纠缠子系统进行施密特分解。该事实的数学细节在文献[318]中有揭示。为了阐明这一点,我们以三个纠缠子系统为例。这里,我们的意图是写出一个一般态,这样通过观察其中一个子系统的状态,就可以立即且明确地告诉我们另外两个子系统的状态。但这通常是不可能的,因为人们可以对三个子系统之一进行测量,这样其余两个子系统就是纠缠的系统(见第6.3.4小节)。显然,更多子系统的参与使分析变得更加复杂。相同的推理适用于两个或多个子系统的混态(即密度算符不是幂等的状态,$\rho^2 \neq \rho$),对于这些子系统,我们通常无法进行施密特分解。仅这个原因,就导致了以下事实:两个子系统在纯态下的纠缠易于理解和量化,而对于混态或由两个以上子系统组成的状态,问题则复杂难懂得多。

为了量化两个子系统在纯态下的纠缠,我们在量子系统中的一个状态里引入以下"不确定性度量"。

定义 由密度矩阵 ρ 描述的量子系统的冯·诺依曼熵被定义为[319]

$$S_N(\rho) := -\mathrm{Tr}(\rho \ln \rho) \tag{6.42}$$

(只要不存在混淆的可能性,我们就会删除下标 N。)因此,A 和 B 之间的纠缠可以理解如下。在我们测量 A 之前,系统 B 中的不确定性为 $S(\rho_B)$,其中 ρ_B 是系统 B 的约化密度矩阵。在测量之后,没有不确定性,即如果对于 A 我们得到$\{|u_i\rangle\}$,那么我们知道 B 的状态为$\{|v_i\rangle\}$。因此,得到的信息是 $S(\rho_B) = S(\rho_A)$。所以当 A 和 B 的约化密度矩阵最大限度地混合时,A 和 B 纠缠程度最大。专门针对两个量子比特来说,最大纠缠态是例如$(|00\rangle + |11\rangle)/\sqrt{2}$。

对于纯态的这种纠缠度量还有另一种物理解释。即可以证明[117],能够从形式为 $a|00\rangle + b|11\rangle$ 的纯态局域蒸馏的纠缠量,受到该纯态的约化熵的限制。然而,如果我们想通过局域操作创建一个系统的系综,其中每个系统都处于 $a|00\rangle + b|11\rangle$ 态,那么我们最初需要共享的每对系统的平均纠缠量再次由此纯态的约化熵给出。

对于混态,施密特分解不再存在,因此约化熵不再是合适的纠缠度量。继续进行纠缠量化的一种方法是利用纠缠纯化过程。我们首先将一般的纯化过程形式化,然后在此基础上,展示量化纠缠的三种不同方法。

6.4.2 纯化过程

从较少纠缠态的原始系综中局域蒸馏高度纠缠态的子系综,其过程涉及三个不同的组成部分。

1. 局域一般测量(local general measurement,LGM)

这些操作由 A 和 B 分别执行,并由满足完备性关系的两组算符集合 $\sum_i A_i^\dagger A_i = I$ 与 $\sum_j B_j^\dagger B_j = I$ 描述。二者的共同作用由 $\sum_{ij} A \otimes B_j = \sum_i A_i \otimes \sum_j B_j$ 来描述,这又是一个完备的一般测量,而且显然是局域的。系统上的任何局域一般测量都可以通过使其与一个附加系统相互作用,然后测量该附加系统来实现。情况如图 6.7 所示。

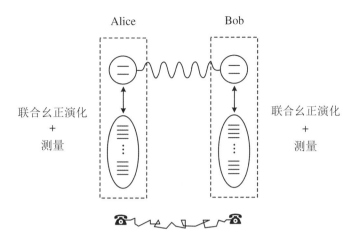

图 6.7　局域一般测量

量子态纯化方法能够进行局域一般测量,如图中虚线框所示。一个多能级系统与我们的量子比特相互作用,随后对该多能级系统进行测量。这是最一般的测量形式。还允许使用经典通信,此处以电话图标表示。

2.　经典通信(classical communication,CC)

这意味着 A 和 B 的行为可以相互关联。它可以通过对整个空间 $A+B$ 的完备测量来描述,而不必分解成单个算符的直积之和(如在 LGM 中那样)。如果 ρ_{AB} 描述了 A 和 B 之间共享的初态,那么涉及"LGM + CC"的转换将类似于如下形式:

$$\rho_{AB} \rightarrow \sum_i A_i \otimes B_i \rho_{AB} A_i^{\dagger} \otimes B_i^{\dagger} \tag{6.43}$$

也就是说,A 和 B 的作用是"相关的"。

3.　后选择(post-selection,PS)

根据上述两个步骤,在最终系综上进行后选择(图 6.8)。从数学上讲,这意味着一般测量尚不完备,即我们省略了一些操作。描述新获得的系综(原始系综的子系综)的密度矩阵必须相应地重新归一化。假设我们只保留具有与算符 A_i 和 B_j 相对应的结果的粒子对,则所选子系综的状态为

$$\hat{\rho}_{AB} \rightarrow \frac{A_i \otimes B_j \rho_{AB} A_i^{\dagger} \otimes B_j^{\dagger}}{\text{Tr}(A_i \otimes B_j \rho_{AB} A_i^{\dagger} \otimes B_j^{\dagger})} \tag{6.44}$$

其中,分母提供了必要的归一化。

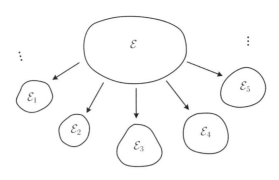

图 6.8　根据局域测量结果进行后选择是量子态纯化过程的关键要素

初始系综 $\mathcal{E}$ 被分解为子系综 $\mathcal{E}_i$。其中一些子系综可能比初始系综每对具有更高的纠缠。

涉及以上三个要素中的一个或它们组合的任何操控称为纯化过程。应当注意,上述三种操作是局域的。这意味着在这些操作下总系综的纠缠不会增加。但是,如果允许经典通信,则即使对于整个系综,也可以增加两个子系统之间的经典相关性。

我们假设以下定义:态 ρ_{AB} 是解纠缠(也称为可分的),当且仅当

$$\rho_{AB} = \sum_i p_i \rho_A^i \otimes \rho_B^i \tag{6.45}$$

其中,对于所有 i,有 $\sum_i p_i = 1$ 且 $p_i \geqslant 0$。否则,上述状态称为纠缠的。请注意,以上展开式中的所有状态都可以是纯态。这是因为每个 ρ^i 都可以以其本征矢量的形式展开。因此在上述的求和中,我们还可以要求对于所有的 i 有 $(\rho_A^i)^2 = \rho_A^i$ 且 $(\rho_B^i)^2 = \rho_B^i$。这个事实将在本节后面使用。

6.4.3　纠缠度量的条件

我们能够证明,可以通过对子系综的最大纠缠态执行 LGM + CC + PS 的方法,来从某些状态中蒸馏出最大纠缠态。[50] 当然,可分态不会通过纯化产生纠缠,而反之却通常不成立。也就是说,如果状态是纠缠的,那么这并不一定意味着它可以被纯化。[320] 关于某个状态到底能够包含多少纠缠,此问题仍然悬而未决。除非我们说明什么物理环境是纠缠量的特征,否则这个问题的定义就不是完全明确的。这立即意味着纠缠的度量是非唯一的,我们很快也将看到这一点。在定义三种不同的纠缠度量之前,我们先陈述每种纠缠度量都必须满足的四个条件。[321-322]

E1. $E(\sigma) = 0$,当且仅当 σ 是可分的。

E2. 局域幺正操作使 $E(\sigma)$ 不变，即 $E(\sigma) = E(U_A \otimes U_B \sigma U_A^\dagger \otimes U_B^\dagger)$。

E3. 采用由 $\sum V_i^\dagger V_i = I$ 给定的 LGM + CC + PS 时，预期的纠缠不能增加，即

$$\sum \mathrm{tr}(\sigma_i) E(\sigma_i / \mathrm{tr}(\sigma_i)) \leqslant E(\sigma) \tag{6.46}$$

其中 $\sigma_i = V_i \sigma V_i^\dagger$。

E4. 对于纯态，纠缠度量必须约化为约化密度算符的熵。

条件 E1 确保有且仅有可分态的纠缠值为 0。条件 E2 确保局域改变基矢对纠缠量没有影响。条件 E3 旨在通过经典通信辅助的局域测量来消除纠缠增加的可能性。需要考虑到我们对最终态有一定了解。也就是说，当我们以 n 个 σ 态开始时，我们确切地知道在执行纯化过程后，哪 $m_i = n \times \mathrm{Tr}(\sigma_i)$ 对会变为 σ_i 态。因此，我们可以分开访问每个可能的子系综中由 σ_i 描述的纠缠。显然，最后的总纠缠不应该超过原始纠缠，如条件 E3 所述。当然，这并不排除一种可能性，即我们可以选择一个子系综，该子系综中的每对纠缠度高于原始的每对纠缠度。引入第四个条件是作为一致性判据，因为对纯态的纠缠度量是唯一的。现在我们介绍三种遵循 E1～E4 的纠缠度量。请注意，我们会希望放宽条件 E4。这将使我们拥有更多可能的纠缠度量，这些度量可以适用于特殊情况。我们将在下一小节给出一个例子。

首先，我们讨论生成纠缠（entanglement of formation，又称 entanglement of creation）。[323] 本内特等人定义 $\hat{\rho}$ 态的生成纠缠为

$$E_c(\rho) := \min \sum_i p_i S(\rho_A^i) \tag{6.47}$$

这里，$S(\rho_A) = -\mathrm{Tr}\rho_A \ln \rho_A$ 是冯·诺依曼熵，且最小值是在状态的所有可能实现中得到的，$\hat{\rho}_{AB} = \sum_j p_j |\psi_j\rangle\langle\psi_j|$，其中 $\hat{\rho}_A^i = \mathrm{Tr}_B(|\psi_i\rangle\langle\psi_i|)$。LGM + CC 的共同作用无法增加生成纠缠，因此可以满足 E1～E4 的全部四个条件。[323] 此度量的物理基表示了为创建给定的纠缠态必须投入的单态数量。还应该补充的一点是，最近已经发现了该度量的一个闭合式。[324]

其次，与该度量相关的是蒸馏纠缠。[323] 它将 σ 态的纠缠量定义为可以使用纯化过程蒸馏的单态的比例。因此，它取决于特定纯化过程的效率，且只有通过引入某种通用纯化过程才能使其更具一般性。与生成纠缠不同，蒸馏纠缠没有解析表达的闭合式。但是，可以提供一些上界，我们稍后再讨论。

最后，我们介绍第三种纠缠度量，它实际上可以衍生出一系列好的纠缠度量。可以看出，该度量与蒸馏纠缠紧密相关，只要为其提供上界即可。[322]

如果 $\mathcal{D}$ 是所有可分态的集合（图 6.9），那么定义 σ 态的纠缠度量为

$$E(\sigma) := \min_{\rho \in \mathcal{D}} D(\sigma \| \rho) \qquad (6.48)$$

D 是两个密度矩阵 ρ 和 σ 之间的任何距离度量(不一定是度规),使得 $E(\sigma)$ 满足上述条件 E1~E4。

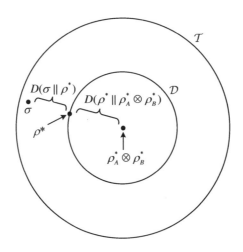

图 6.9　所有密度矩阵的集合 $\mathcal{T}$ 由外圆表示,其子集,一组可分态 $\mathcal{D}$ 由内圆表示

σ 态属于纠缠态,而 ρ^* 是使距离 $D(\sigma \| \rho)$ 最小化的可分态,因此表示 σ 中的量子关联量。通过在 A 和 B 上对 ρ^* 求迹,获得 $\rho_A^* \otimes \rho_B^*$ 态。$D(\rho^* \| \rho_A^* \otimes \rho_B^*)$ 表示 σ 态中关联的经典部分。

现在一个重要的问题是,$D(\sigma \| \rho)$ 的选择必须满足什么条件才能使 E1~E4 对于纠缠度量成立? 其充分必要条件目前仍未知,尽管存在一组充分条件。[321] 在不赘述任何数学细节的情况下(如有需要,请参见文献[322]),我们提出一种满足 E1~E4 的度量,和一种仅满足 E1~E3 的度量。

6.4.4　密度矩阵之间的两种距离度量

首先声明,E1~E4 对于量子相对熵成立,即当 $D(\sigma \| \rho) = S(\sigma \| \rho) := \mathrm{Tr}\{\sigma(\ln \sigma - \ln \rho)\}$ 时成立。[322] 注意,量子相对熵不是真实的度规,因为它不对称且不满足三角不等式。其原因在下一小节中就会明了。现在产生了一个问题:为什么不将纠缠定义为 $E(\sigma) = \min_{\rho \in \mathcal{D}} S(\rho \| \sigma)$ 呢? 由于量子相对熵是不对称的,这就给出了与原始定义不同的结果。但是,此约定的主要问题是对于最大纠缠态,该度量是无限的。尽管这确实有一个有说服力的统计解释(见下一小节),但很难将其与任何物理学上合理的方案联系起来(如纯化过程)。这就是我们将该约定从任何进一步讨论中排除的主要原因。由量子相

对熵产生的纠缠量度在下文中将被称为纠缠相对熵。以下是一个重要的结果(有关证明请参见文献[322])。

定理 对于纯态,纠缠相对熵等于冯·诺伊曼约化熵。

这在物理上是纠缠度量的一个非常令人满意的属性,因为已知对于纯态,冯·诺伊曼约化熵是良好的纠缠度量。

我们还要陈述一个重要的结果,即生成纠缠 E_c 永远不会小于纠缠相对熵 E。稍后我们将展示该性质具有的重要含义,即为生成给定的量子态而必须投入的纠缠量,通常大于可以使用量子态蒸馏方法来恢复的纠缠量。

定理 $E_c(\sigma) \leqslant E(\sigma) = \min_{\rho \in \mathcal{D}} S(\sigma \parallel \rho)$。

我们补充一点,对于贝尔对角态,生成纠缠和纠缠相对熵都可以轻松计算。[321]事实证明,对于这些状态,生成纠缠远大于纠缠相对熵。

对于每个给定的 σ,纠缠相对熵的"闭合式"尚不清楚,必须使用计算机搜索以找到最小的 ρ^*。但是,我们可以使用下一小节描述的方法,非常高效地通过数值计算找出两个自旋 1/2 粒子的纠缠量。

一个满足条件 E1~E3 但不满足 E4 的纠缠度量的示例由(改进的)Bures 度量给出,即发生在 $D(\sigma \parallel \rho) = D_B(\sigma \parallel \rho) := 2 - 2F(\sigma, \rho)$ 时,其中 $F(\sigma, \rho) := [\mathrm{Tr}\{\sqrt{\rho}\sigma\sqrt{\rho}\}^{1/2}]^2$ 是所谓的保真度(或乌尔曼(Uhlmann)跃迁概率)。与量子相对熵的情况一样,我们在这种情况下也可以计算一些简单态的纠缠度量。例如,对于最大纠缠态,我们得到了 $E = 1$。遵循以上证明,可以得到对于一个一般纯态 $\alpha|00\rangle + \beta|11\rangle$[①],纠缠为 $4\alpha^2\beta^2$。通常,和前面的情况一样,必须进行计算机搜索。下面我们将转向描述纠缠相对熵的这种一般计算机计算。

6.4.5 两个自旋 1/2 粒子的数值计算

由于没有关于纠缠相对熵的闭合解析公式,我们不得不求助于数值搜索以找到一般量子态 σ 的纠缠。使用凸分析的某些结果可以高效地执行这种搜索。[325]在下文中,我们将介绍一项基本定义和一个来自凸分析的重要结果。[325]从现在开始,我们重点讨论量子相对熵作为纠缠度量,尽管大多数讨论内容都具有更一般的性质。以下定理对于我们的最小化问题至关重要,因为它表明在分解式(6.45)中的一个可分态时,我们不必在无限

---

① 事实上,这就是施密特分解中能见到的最一般的形式了。[317]

多个参数上进行搜索。

卡拉泰奥多里定理（Carathéodory's theorem）　设 $A \subset \mathbf{R}^N$。于是任意 $x \in \mathrm{co}(A)$ 有形如 $x = \sum_{n=1}^{N+1} p_n a_n$ 的表达式，其中 $\sum_{n=1}^{N+1} p_n = 1$；并且对于 $n = 1, \cdots, N+1$，有 $p_n \geqslant 0$，$a_n \in A$。

卡拉泰奥多里定理的一个直接结果是，$\mathcal{D}$ 中的任何态都可以分解为最多 $[\dim(H_1) \times \dim(H_2)]^2$ 个纯态的乘积之和。所以对于两个自旋 1/2 粒子，式（6.45）中的任何可分态，其展开式中最多包含 16 个项。此外，每个纯态都可以用 2 个实数来描述，因此在这种情况下，最多共需要 $15 + 16 \times 4 = 79$ 个实参数来完全表征一个可分态。

我们注意到，这种高效的计算机搜索为确定两个自旋 1/2 系统的给定态 σ 何时可分（即式（6.45）中给出的形式）提供了一种替代判据。目前已有的判据是由佩雷斯（Peres）和霍罗德基（Horodecki）家族给出的。它规定一个状态是可分的，当且仅当它的偏迹是一个负算符（请参见文献[326]中的第二处和第三处引用）。该判据仅对两个自旋 1/2 系统，或一个自旋 1/2 与一个自旋 1 系统有效。在没有更具一般性的分析判据时，我们的计算方式提供了一种确定此问题的方法。

在本小节的最后，我们提出，可加性（additivity）是纠缠度量所需的一个重要性质，即我们有

$$E(\sigma_{12} \otimes \sigma_{34}) = E(\sigma_{12}) + E(\sigma_{34}) \tag{6.49}$$

其中，系统 1+2 和系统 3+4 彼此独立纠缠。左边式子的明确定义是

$$E(\sigma_{12} \otimes \sigma_{34}) = \min_{p_i, \rho_{13}, \rho_{24}} S\left(\sigma_{12} \otimes \sigma_{34} \;\Big\|\; \sum_i p_i \rho_{13}^i \otimes \rho_{24}^i\right) \tag{6.50}$$

我们为什么要选择这种形式呢？最初人们会假设，$\sigma_{12} \otimes \sigma_{34}$ 应被形如 $\left(\sum_i p_i \rho_1 \otimes \rho_2^i\right) \otimes \left(\sum_j p_j \rho_3 \otimes \rho_4^i\right)$ 的态最小化。但是，Alice 和 Bob 也可以在其子系统上执行任意幺正操作（即局域地）。显然，这导致在 1 与 2 之间及 3 与 4 之间产生纠缠，继而带来式（6.50）中的形式。从上面的证明可以看出，当我们的度量约化为冯·诺依曼熵时，纯态的可加性当然是成立的。对于更一般的情况，我们无法提供任何解析证明，因此上述性质仍然是一个猜想。但是，对于两个自旋 1/2 系统，我们的程序尚未遇到任何反例。因此，我们将假设此性质成立。这个事实和条件 E3 的一个直接推论是，纠缠相对熵是任何纯化过程效率的上限。也就是说，如果我们从处于 σ 态的 n 个光子对开始，并通过纯化过程获得 m 个单态，那么

$$n \times E(\sigma) \geqslant m \ln 2 \tag{6.51}$$

即效率 m/n 始终由 $E(\sigma)$ 限制。由于 $E(\sigma)$ 可以小于生成纠缠，这意味着生成纠缠和蒸

馏纠缠不一定相等。

6.4.6 纠缠度量的统计基础

让我们看看如何根据实验,即从统计学上来解释我们的纠缠度量。[327] 我们首先展示相对熵的概念是如何在经典信息理论中出现的,以作为两种概率分布的可区分性的度量。接着,我们将该思想推广至量子的情况,即去分辨两个量子态(有关纯量子态可分辨性的讨论,请参见比如文献[328])。我们将看到,这自然会引向量子相对熵的概念。然后就可以很容易地扩展这个概念来解释纠缠相对熵。假设我们要检查一枚给定的硬币是否"公平",即它是否生成 $f = (1/2, 1/2)$ 的正反面("head-tail")分布。如果硬币有偏,它将产生其他分布,例如 $uf = (1/3, 2/3)$。因此,我们关于硬币公平性的问题可以归结为,在有限的(对两个概率分布之一执行的)实验次数 n 下,我们该如何区分两个给定的概率分布。对于硬币的情况,我们将其抛掷 n 次,并记录得到 0 和 1 的次数。将一枚公平硬币抛掷 n 次并得到概率分布 $(1/3, 2/3)$,此时这枚公平(fair)硬币被误认为是不公平(unfair)硬币的概率是多少? 对于很大的 n,答案为[327,329](萨诺夫(Sanov)定理)

$$p(\text{fair} \to \text{unfair}) = e^{-nS_{cl}(uf \parallel f)} \tag{6.52}$$

其中,$S_{cl}(uf \parallel f) = 1/3\ln 1/3 + 2/3\ln 2/3 - 1/3\ln 1/2 - 2/3\ln 1/2$ 是两个分布的经典相对熵。则

$$p(\text{fair} \to \text{unfair}) = 3^n 2^{-\frac{5}{3}n} \tag{6.53}$$

当 $n \to \infty$ 时,上式指数趋近于 0。实际上我们已经看到,在进行了约 20 次试验后,误认两种分布的可能性小到近乎消失,小于等于 10^{-10}。

因此在量子理论中,我们规定了一个类似于 Sanov 定理的定律(也可参见文献[327])。

定理(量子 Sanov 定理) 在 n 次测量后,无法分辨两个量子态(即密度矩阵)σ 和 ρ 的概率为

$$p(\rho \to \sigma) = e^{-nS(\sigma \parallel \rho)} \tag{6.54}$$

可以肯定地说,上式给出了在对 ρ 进行 n 次测量后,混淆 ρ 与 σ 的概率下界。[327] 实际上,正如文献[330]中所证明的那样,该界限是被渐近式地达到的,而实现此目标的测量是独立于 σ 态的投影。[331] 现在,对纠缠相对熵的解释立刻变得非常清楚。[327] 将纠缠态 σ 错当成最接近的可分态 ρ 的概率为 $e^{-n \times \min_{\rho \in \mathcal{D}} S(\sigma, \rho)} = e^{-nE(\sigma)}$。$\sigma$ 的纠缠度越大,则需要越

少的测量来分辨它与可分态(或固定 n,将其与某种可分态混淆的概率越小)。这里,我们给出一个例子。已知一个最大纠缠态 $(|00\rangle + |11\rangle)/\sqrt{2}$,最接近它的可分态是 $(|00\rangle\langle00| + |11\rangle\langle11|)/2$。[321] 为了区分这些状态,在 $(|00\rangle + |11\rangle)/\sqrt{2}$ 态上进行投影就足够了。如果我们正在测量的状态是上述混态,那么平均来说,结果的序列将包含相等数量的 0 和 1(成功投影为 1,失败投影为 0)。而如果要将其误认为是上述纯态,那么序列必须包含全部 n 个 1。这个概率是 2^{-n},它也可通过式(6.54)得到。然而,如果我们在纯态自身上进行投影,那么我们就永远不会将其与混态混淆,从式(6.54)来看,概率为 $e^{-\infty} = 0$。

我们注意到,上述处理并不涉及纠缠系统的数量(或者说是维数)。这是一种理想的性质,因为它使我们的纠缠度量具备了普适性。扩展至三个或更多的系统很直观。[322,327] (关于多粒子纠缠纯化,另请参见第 8.5 节。)

第 7 章

退相干与量子纠错

7.1 引言

　　量子态处理实验实现的主要障碍是量子退相干。在第 7.2 节中我们将说明,量子系统状态的退相干可以看作量子系统与其环境之间纠缠的结果。第 7.3 节将演示对于离子阱量子计算机,由自发衰减而引起的退相干看起来具有毁灭性的影响。

　　量子信息领域非常重要的成就之一,就是发现了克服退相干问题的方法,被称为量子纠错方案。在第 7.4 节中我们将给予详细介绍。这些方法利用了单个量子比特的状态可以编码在多个量子比特的纠缠态上这一事实。这些纠缠态的对称性,加上量子噪声可以通过投影测量来数字化的事实,使量子错误的探测和纠正成为可能。纠缠态本身比单量子比特状态更容易受到退相干的影响,因此这种方案在纠正和诱导量子错误之间存在权衡。量子纠错的一般理论和容错问题将在第7.5节中讨论。在第7.6节中，我们将演示利用拉姆齐光谱学(Ramsey spectroscopy)创建频率标准问题中的实际纠错过程。

另一种克服退相干的途径，是从由退相干导致纯度下降的纠缠粒子大集合中，蒸馏出具有更高纠缠纯度的粒子子集。而纠缠纯化则是第8章的主题。

7.2　退相干

埃克特　帕尔马　索米宁

7.2.1　退相干：量子比特与环境间的纠缠

如第4章所述，量子计算机可以看作一种"可编程干涉仪"，其中不同的计算路径被设计成在期望结果上的相长干涉。为了产生这种干涉，计算机的演化必须是相干的，即幺正演化。由退相干导致的任何幺正偏差都会破坏干涉可见度。

当我们的量子比特与其环境耦合时，就会出现退相干现象。为了说明退相干机制的起源，我们假设量子比特-环境耦合诱导了如下形式的联合幺正时间演化：

$$|0\rangle\,|E\rangle \xrightarrow{U(t)} |0\rangle\,|E_0(t)\rangle, \quad |1\rangle\,|E\rangle \xrightarrow{U(t)} |1\rangle\,|E_1(t)\rangle \tag{7.1}$$

其中，$|E\rangle$是环境的某个固定初态，$U(t)$是联合幺正时间演化算符。在式(7.1)中，环境充当了一个测量仪器，用于获取有关量子比特的状态信息。[332]当量子比特的初态是$|0\rangle$和$|1\rangle$的线性叠加时，$U(t)$将引入量子比特与环境之间的纠缠：

$$(a_0\,|0\rangle + a_1\,|1\rangle)\otimes|E\rangle \xrightarrow{U(t)} a_0\,|0\rangle\,|E_0(t)\rangle + a_1\,|1\rangle\,|E_1(t)\rangle \tag{7.2}$$

退相干正是由这种纠缠造成的，因为一旦我们对环境的自由度求迹，就会出现非幺正性。态(7.2)所对应的量子比特的约化密度矩阵由下式给出：

$$\rho_q(t) = \mathrm{Tr}_E \varrho_{q+E} = \begin{bmatrix} |a_0|^2 & a_0 a_1^* \langle E_1 \mid E_0 \rangle \\ a_1 a_0^* \langle E_0 \mid E_1 \rangle & |a_0|^2 \end{bmatrix} \tag{7.3}$$

在大多数情况下，$|E_0(t)\rangle$，$|E_1(t)\rangle$随时间变得越来越正交(也就是说，越来越多的量子比特的状态信息泄漏到环境中)，我们可以很容易地写出

$$\langle E_0(t) \mid E_1(t) \rangle = \mathrm{e}^{-\varGamma(t)} \tag{7.4}$$

其中,$\varGamma(t)$ 是时间的函数,其具体形式取决于量子比特和环境之间耦合的细节[333]。它的值取决于量子比特的类型以及它们和环境间的相互作用,其范围从顺磁原子核自旋的 10^4 s 到半导体中电子-空穴激发的 10^{-12} s 不等。[334] 因此,由式(7.2)描述的特定类型的纠缠会导致密度矩阵的非对角元消失,即所谓的"相干性",而对角元,称为"布居",则不受影响。这种效应被称为退相位(dephasing)。稍后我们将描述其他类型量子比特-环境纠缠的效应。从复杂度的角度来看,了解特征退相干时间如何随量子计算机规模的增大而变化是很重要的。为此,让我们介绍一个量子比特-环境耦合的模型,该模型生成了式(7.1)中描述的时间演化。我们将环境建模为谐振子的"热库"[333,335],并假设单个量子比特与其环境之间的相互作用哈密顿量具有以下形式:

$$H = \frac{1}{2}\sigma_z \omega_0 + \sum_k b_k^\dagger b_k \omega_k + \sum_k \sigma_z (g_k b_k^\dagger + g_k^* b_k) \tag{7.5}$$

其中 $\omega_k, b_k^\dagger, b_k$ 分别表示谐振子热库中 k 模的频率、产生和湮灭玻色子算符;σ_z 是泡利赝自旋算符。式(7.5)中右边的第一项和第二项分别描述量子比特和环境的自由演化,第三项描述两者间的相互作用。复合系统(量子比特 + 环境)的状态由密度算符 $\varrho(t)$ 描述,其在时间 $t=0$ 时为

$$\varrho(0) = |\psi\rangle\langle\psi| \otimes \prod_{k,k'} |0_k\rangle\langle 0_{k'}| = \rho(0) \otimes |\mathrm{vac}\rangle\langle\mathrm{vac}| \tag{7.6}$$

其中,$|\psi\rangle$ 是量子比特的初态;$|\mathrm{vac}\rangle = \prod_k |0_k\rangle$ 是所有热库模式的真空态。因为 $[\sigma_z, H] = 0$,所以量子比特密度矩阵的布居 $\rho(t) = \mathrm{Tr}_R \varrho(t)$ 不受环境的影响,在我们的模型中仅仅是像预期的那样削弱了量子相干性。这个模型是完全可解的,并且允许对量子比特和环境之间的纠缠机制进行清晰地分析,正如我们所说,这被认为是大多数退相干过程的核心。

很容易看出,在相互作用绘景中的时间演化算符 $U(t)$ 是场的条件位移算符[333],位移的符号取决于量子比特的逻辑值。因此,$U(t)$ 将诱导出类似式(7.2)中所描述的动力学,为

$$|E_0\rangle = \prod_k |-\phi_k\rangle, \quad |E_1\rangle = \prod_k |\phi_k\rangle \tag{7.7}$$

其中,$|\phi_k\rangle$ 态是振幅为 $\phi_k = g_k(1 - \mathrm{e}^{\omega_k t})/\omega_k$ 的相干态。关于算符 $\varGamma(t)$ 的详细计算以及对有限温度情况的分析扩展可以在文献[333,335]中找到。

7.2.2 集体相互作用和扩展性

我们现在有了分析 n 量子比特寄存器退相干的所有材料。[333] 在这种情况下,哈密顿量可以写为

$$H = \frac{1}{2}\sum_i \sigma_{z,i}\omega_0 + \sum_k b_k^\dagger b_k \omega_k + \sum_{i,k}\sigma_z(g_{i,k}b_k^\dagger + g_{i,k}^* b_k) \tag{7.8}$$

其中,耦合常数 $g_{i,k}$ 取决于第 i 个量子比特的位置。由哈密顿量诱导的纠缠形式如下:

$$\Big(\sum_{i_1\cdots i_n} c_{i_1\cdots i_n} \mid i_1\cdots i_n\rangle\Big)\otimes\mid \mathrm{vac}\rangle \overset{U(t)}{\longmapsto} \sum_{i_1\cdots i_n} c_{i_1\cdots i_n} \mid i_1\cdots i_n\rangle \mid E_{i_1,i_2\cdots i_n}\rangle \tag{7.9}$$

其中,i_n 表示第 n 个量子比特的逻辑值。谐振子热库由相干长度 λ_c 特征化,在这个长度范围内的涨落是相互关联的。在两种物理关联的极限情况下,状态 $\mid E_{i_1\cdots i_n}\rangle$ 的形式可以清晰地得到,具体取决于我们寄存器的物理大小与 λ_c 之比。

1. 相干波长 λ_c 很短

在这种情况下,每个量子比特都有自己独立的环境并且会单独地退相干。我们有

$$\mid E_{i_1,i_2\cdots i_n}\rangle = \mid E_{i_1}\rangle \mid E_{i_2}\rangle\cdots \mid E_{i_n}\rangle \tag{7.10}$$

其中,$\mid E_{i_n}\rangle$ 与式 (7.7) 中相同,这时密度算符矩阵元将衰减为

$$\rho_{i_1\cdots i_n,j_1\cdots j_n}(t) = \rho_{i_1\cdots i_n,j_1\cdots j_n}(0)\langle E_{i_1}\mid E_{j_1}\rangle\langle E_{i_2}\mid E_{j_2}\rangle\cdots\langle E_{i_n}\mid E_{j_n}\rangle \tag{7.11}$$

最快的衰减发生在

$$\rho_{11\cdots1,00\cdots0}(t) = \rho_{11\cdots1,00\cdots0}(0)\langle E_1\mid E_0\rangle^n = \rho_{11\cdots1,00\cdots0}(0)\mathrm{e}^{-n\Gamma(t)} \tag{7.12}$$

2. 相干波长 λ_c 很长

当 λ_c 足够长时,我们可以假设所有量子比特都集体与相同的环境相互作用,即假设所有量子比特都满足 $g_{i,k} = g_k$。这样,$U(t)$ 将成为振幅的条件位移算符,具体取决于我们寄存器中所有量子比特的逻辑值。更明确地讲,有

$$\mid E_{i_1\cdot i_n}\rangle = \prod_k \mid -\langle(-1)^{i_1} + (-1)^{i_2} + \cdots + (-1)^{i_n}\}\phi_k\rangle \tag{7.13}$$

最快的衰减发生在

$$\rho_{11\cdots1,00\cdots0}(t) = \rho_{11\cdots1,00\cdots0}(0)\langle E_{11\cdots1} \mid E_{00\cdots0}\rangle = \rho_{11\cdots1,00\cdots0}(0)e^{-n^2\Gamma(t)} \qquad (7.14)$$

指数中出现 n^2 是因为 $|E_{00\cdots0}\rangle$, $|E_{11\cdots1}\rangle$ 是振幅 $n\phi_k$ 在相干态上的张量积。

上述讨论说明了 n 量子比特寄存器的相干性如何以 $\exp[-\mathrm{poly}(n)\gamma(t)]$ 衰减变化,其中与环境的独立相互作用为 $\mathrm{poly}(n)\sim n$,集体相互作用为 $\mathrm{poly}(n)\sim n^2$。

7.2.3 从环境解耦的子空间

如果集体相互作用导致更快的衰减速率,那么应该注意的是,它也会导致出现与环境解耦的子空间。由式(7.13)可以清楚地看出,具有相同数量 0 和 1 的状态不会与环境纠缠在一起,因此不容易发生退相干。换句话说,相互作用不会改变场模式的振幅。这意味着使用该解耦子空间实现冗余编码的一种简单形式具备可能性。假设我们可以在实验室中制造一个 $2L$ 量子比特的量子寄存器,它由彼此足够接近的量子比特对组成,从而使每一对量子比特都能有效地与同一个储备池相互作用。不同的量子对可以与不同的储备池相互作用,即使所有的量子比特与同一储备池相互作用,我们将要阐明的结果也不会被改变。我们可以对逻辑态进行如下编码:

$$|\widetilde{0}\rangle = |0,1\rangle, \quad |\widetilde{1}\rangle = |1,0\rangle \qquad (7.15)$$

这样做的目的是,如果我们使用一对量子比特来对一个比特进行编码,则可以有效地将寄存器与环境解耦。

这种编码仍然存在几个问题:首先,我们要确保这些状态对于其他退相干通道也是稳健的(robust),我们将在下一节讨论这个问题;其次,如何制备这样的状态(与环境解耦的状态通常也与外部探测解耦),以及如何读取它们(这将意味着集体测量);最后,目前还不清楚如何在这样的子系统中执行受限的量子计算。量子比特-量子比特可控的相互作用可能会成为实现门操作的有用工具。[336-337]

7.2.4 关于耦合的其他发现

本节的剩余部分将讨论,一旦考虑了更实际的量子比特-环境相互作用的机制,我们前文所获得的结果中哪些仍然能保留下来。我们将简要分析一个能用于描述广泛的物理现象的模型,如在量子光学中,电磁场和二能级原子之间的光子交换[338]。在这个模型

中，n 个相同量子比特组成的系统与谐振子的储备池耦合后的哈密顿量为

$$H = \frac{1}{2} \sum_i \sigma_{z,i} \omega_0 + \sum_k b_k^\dagger b_k \omega_k + \sum_{i,k} (g_{i,k} \sigma_{-,i} b_k^\dagger + g_{i,k}^* \sigma_{+,i} b_k) \tag{7.16}$$

其中，$\sigma_{+,i}$ 和 $\sigma_{-,i}$ 是第 i 个量子比特的升降算符。

由式(7.16)描述的动力学系统无法精确求解。然而，在波恩-马尔可夫近似(Born-Markov approximation)下，可以用主方程(master equation)来描述量子比特约化密度算符的时间演化。[338-339]如果量子比特的间距小于谐振模式的波长，则合理地假设 $g_{i,k} \sim g_0$，所需的主方程为

$$\frac{\mathrm{d}\rho}{\mathrm{d}t} = \mathrm{i}\omega_0 \rho - \frac{\gamma}{2} (S_+ S_- \rho + \rho S_+ S_- - 2 S_- \rho S_+) \tag{7.17}$$

其中，我们引入了集体算符 $S_z = \sum_i \sigma_{z,i}$，$S_\pm = \sum_{\pm i} \sigma_\pm$ 和衰减常数 $\gamma \propto |g_0|^2 \delta(\omega_k - \omega_0)$。

式(7.17)中描述的动力学系统显然是非幺正的。尽管这不如上一节分析的精确可解模型那么明显，但这种非幺正性同样源自量子比特与环境之间的纠缠。

在考虑单个量子比特耗散的情况下，t 时刻的约化密度为

$$\rho(t) = \begin{pmatrix} (1 - \rho_{11}) \mathrm{e}^{-\gamma t} & \rho_{10} \mathrm{e}^{-\frac{\gamma}{2}t} \\ \rho_{01} \mathrm{e}^{-\frac{\gamma}{2}t} & \rho_{11} \mathrm{e}^{-\gamma t} \end{pmatrix} \tag{7.18}$$

这清晰地表明，该耦合模型引起了退相干和布居衰减。

为了说明这种新情况下集体相互作用的特性，讨论贝尔纠缠态 $|\Psi_\pm\rangle = \{|01\rangle \pm |10\rangle\}/\sqrt{2}$ 的衰减是有启发意义的。衰减到 $|00\rangle$ 态的概率幅与算符 S_+ 的矩阵元成正比：

$$\langle \Psi_\pm | S_+ | 00 \rangle = \frac{1}{\sqrt{2}} \{ \langle 01 | \sigma_{+2} | 00 \rangle \pm \langle 10 | \sigma_{+1} | 00 \rangle \} \tag{7.19}$$

这清楚地表明了量子态 $|\Psi_+\rangle$ 的概率幅如何通过相长干涉，使得其衰减速率是单个量子比特衰减速率的两倍，而对于量子态 $|\Psi_-\rangle$ 则是相消干涉。对于足够多的 n 个量子比特，集体衰减将使衰减常数从 $n\gamma$ 增加到 $n^2 \gamma$，而单集体态(singlet collective state)将与环境解耦。这就是著名的超辐射与亚辐射现象。[339-340]这再次表明了使用 n 量子比特寄存器的亚辐射子空间的可能性。[341]当然，对于这种情况，我们在上一小节中提到的所有困难仍然存在。

总而言之，我们想指出的是，尽管不同的模型会带来不同的物理衰减机制，并且需要不同的处理技术，但退相干过程的许多定性特征并不取决于特定的耦合模型。特别地，所有退相干过程都将导致量子寄存器的非幺正时间演化。此外，集体相互作用将增强某

量子信息物理
The Physics of Quantum Information

些寄存器子空间的衰减,并抑制其他寄存器子空间的衰减。因此,无论与环境耦合的细节如何,我们对退相干时间随量子计算机规模的变化以及集体编码的讨论仍然是有效的。

7.3　退相干导致的量子计算极限

普莱尼奥　　奈特

上一节介绍了描述一组量子比特退相干和耗散的模型,例如在离子串上的实现(见第5章)。在这些一般性讨论之后,我们现在将估计噪声对量子计算机的影响有多严重。特别是我们希望了解例如用离子阱量子计算机可以执行多少个量子操作,其原理已在第4.3节和第5章中进行了描述。[156]这里我们不会讨论量子计算机的许多其他潜在实现方式,如核磁共振方案[342-343](见第5.4节)等。

在量子计算机中有许多可能会产生噪声的机制。在本节中,我们将仅讨论离子自发辐射的影响[344-347],因为对它的分析非常有启发性。其他机制,例如质心模式下的噪声[348]、激光不稳定性,以及由其较小的空间间隔而引起的不同离子之间的串扰[349]将不会在这里讨论。对于这些影响,请读者参考引用的文献。

现在我们想估计自发辐射对量子计算机的影响。为此,我们选用大数因数分解算法作为基准程序。[350]这种讨论很容易推广到其他算法上去。如第4.2节所示,在一台经典计算机上找出一个大数的因数是个难题,经典计算机无法高效地完成。然而,可以在量子计算机上找到一个高效的算法。在理想条件下,该算法可以使量子计算机找出大数因数的速度相较经典计算机有指数级的提升。现在,假设误差的唯一来源是离子的自发辐射,那么在量子计算机上可以因数分解的最大数是多少呢?为了简化分析,我们在这里不考虑量子纠错的可能性,更多内容请读者参阅文献[346]和本章的下一节。

考虑以下实验装置:一串离子被放置在线性离子阱中,并冷却到运动基态。每个量子比特由离子中的一个亚稳态光学跃迁表示。我们所考虑的离子内部结构如图7.1所示。量子比特由原子能级0和1表示。跃迁是由拉比频率为 Ω_{0i} 的激光驱动的,而能级 i 的自发辐射速率为 $2\Gamma_{ii}$。附加能级2的存在很重要,我们将在后面讨论。当然,表示量子比特更复杂的方法也是存在的,例如塞曼子能级,但这样会使分析变得更加复杂,而结论却是相似的。因此,我们建议读者参考文献[346]。

我们的目标是分解一个 L 比特的数,也就是一个不大于 2^L 的数。从肖尔算法[350]

中,我们知道可以使用 ϵL^3 个基本操作(例如单比特门、CNOT 门和托佛利(Toffoli)门)执行此任务。执行这一任务的网络已被设计[351],结果表明该算法需要 $5L$ 量级的量子比特来分解一个 L 比特的数。

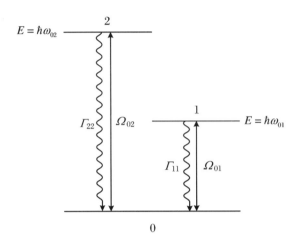

图 7.1 用于量子计算的离子能级示意图

$0\leftrightarrow1$ 跃迁表示量子比特。它由拉比频率为 Ω_{01} 的激光驱动。能级 1 的自发衰减率为 $2\Gamma_{11}$,可以假定它很小。与 $0\leftrightarrow1$ 跃迁共振的激光不可避免地会将能级 0 也耦合到其他非共振能级,如能级 2。那么,该跃迁的拉比频率为 Ω_{02},衰减率 $2\Gamma_{22}$ 通常比 $2\Gamma_{11}$ 大得多。当激光失谐 $\Delta_{02}\gg\Omega_{02}$ 时,在 $0\leftrightarrow2$ 跃迁上的有效拉比频率非常小。

那么执行所有必要的门操作需要多长时间呢?实现一个 Toffoli 门所需要的时间是 CNOT 门的 1.5 倍。[156]因此,计算执行一个 CNOT 门所需的时间就足够了。同样也不考虑单比特门,它们可以实现得更快。原因是,与 CNOT 门不同,单比特门的实现不需要质心模式的激发(见第 5.2.9 小节)。

实现一个 CNOT 门需要

$$\tau_{\mathrm{el}} = 4\pi \frac{\sqrt{5L}}{\eta\Omega_{01}} \tag{7.20}$$

其中,$5L$ 是阱中的离子数;Ω_{01} 是驱动量子比特跃迁的激光的拉比频率;η 是 Lamb-Dicke 参数(实验细节见第 5 章)。因此,执行一个 L 比特数的因数分解所需要的总时间,是所需的 CNOT 门数乘以 τ_{el}。我们有

$$T = \frac{4\pi\sqrt{5L}}{\eta\Omega} \epsilon L^3 \tag{7.21}$$

显然,这个表达式中有一些自由参数。例如,可以考虑我们能尽可能地提高拉比频率,以允许进行非常快速的计算。这将使我们能够避免量子比特高能级的自发辐射。然而,这并不容易。原因在于一个跃迁的拉比频率和它的衰减常数是相互关联的:

$$\frac{\Omega^2}{\Gamma} = \frac{6\pi c^3 \epsilon_0}{\hbar \omega_{01}^3} E^2 \tag{7.22}$$

其中,E 为激光的电场强度;c 为光速;ϵ_0 为自由空间的介电常数;ω_{01} 为跃迁频率。同样,我们可以考虑任意地增加激光的电场强度 E。显然,这个过程有某种上限。如果 E 的强度超过了电子和原子核之间的电场,那么离子就会立即被电离。然而,这一极限相当高,其他影响更为重要。事实上,在高场强的激光下,我们不能继续假设离子只有两个相关的能级。其他能级将对动力学有所贡献,由于其非共振跃迁,它们可能会获得少量的布居。这种情况如图 7.1 所示。除了量子比特能级 0 和 1,还有其他失谐很大的能级。我们通过假设一个附加的能级 2,其耦合到较低的量子比特状态 0,来总结所有现有辅助能级的影响。由于激光与 0↔2 跃迁失谐很大,处于较高能级的布居很小。然而,自发辐射可能在这个能级发生,特别是因为该辅助能级很可能具有非常短的寿命。所施加的激光的电场越强,辅助能级上的布居就越大。因此,我们需要在量子比特高能级与辅助能级的自发辐射之间进行权衡。计算速度越快,从较高的量子比特状态 1 产生的自发辐射越少,而从辅助能级产生的自发辐射越多。

下面我们计算从能级 1 或能级 2 辐射的概率 p_{tot}。目的是最小化这种概率。这种最小化将导致在自发辐射存在的情况下,量子计算机能够分解的数的大小存在一个与强度无关的极限。

在所有的量子计算中,平均有一半的量子比特处于高能级态。因此在整个计算过程中,从高能级发生自发辐射的概率为

$$p_1 = \frac{1}{2} 2\Gamma_{11} 5LT \tag{7.23}$$

然而,辅助能级只在离子与激光相互作用时被占据。因此,从辅助能级产生自发辐射的概率为

$$p_2 = \frac{\Omega_{02}^2}{8\Delta_{02}^2} 2\Gamma_{22} T \tag{7.24}$$

如果我们现在使用式(7.22),则有

$$\frac{\Omega_{01}^2}{\Gamma_{11}} = \frac{\omega_{02}^3}{\omega_{01}^3} \frac{\Omega_{02}^2}{\Gamma_{22}} \tag{7.25}$$

定义

$$x = \sqrt{\frac{\Omega_{01}^2}{\Gamma_{11}}} \tag{7.26}$$

利用式(7.21),可以得到

$$p_{\mathrm{tot}} = p_1 + p_2 \tag{7.27}$$

$$= \frac{4\pi\sqrt{5L}}{\eta}\,\epsilon L^4\,\sqrt{\Gamma_{11}}\left(\frac{1}{x} + \frac{1}{L}\,\frac{\omega_{01}^3}{\omega_{02}^3}\,\frac{\Gamma_{22}^2}{4\Delta_{02}^2\,\Gamma_{01}}x\right) \tag{7.28}$$

我们可以最小化上述关于 x 的表达式,得到最小值

$$p_{\min} = \frac{4\pi\sqrt{5}\,\epsilon L^4}{\eta}\sqrt{\frac{\omega_{01}^3}{\omega_{02}^3}}\sqrt{\frac{\Gamma_{22}^2}{\Delta_{02}^2}} \tag{7.29}$$

为了保证量子计算过程中较大概率不发生自发辐射,我们要求 $p_{\min} \ll 1$。因此,我们可以将式(7.29)转换为 L 的上界:

$$L_{\max}^8 \approx \frac{\eta^2\,\Delta_{02}^2}{80\,\Gamma_{22}^2\pi^2\,\epsilon^2}\left(\frac{\omega_{02}}{\omega_{01}}\right)^3 \tag{7.30}$$

读者可能会好奇式(7.30)中 L^8 的幂是从哪里来的。其原因是如图 7.2 所示的正反馈回路。

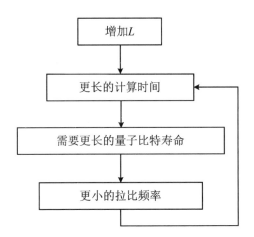

图 7.2 式(7.30)中对 L 的强依赖性是由于存在一个正反馈

如果我们尝试增加 L,计算时间就会变得更长。这需要更长的量子比特寿命,从而降低了在量子比特跃迁上可达到的拉比频率。这又转而使得计算时间更长。

我们需要把一些数值代入方程,来看看这是不是一个严格的限制。我们将使用实际离子,即离子阱实验中离子的数值。

在表7.1(摘自文献[346])中,我们可以看到一些真实原子的结果。它们对可因数分解的数带来的限制确实很小。这表明,即使是自发辐射的噪声也严重限制了量子计算。这就是为什么该领域的科学家们致力于研发能够纠正由噪声(如自发辐射)产生的错误的方法。这些方法将在下一节中介绍,它们确实可以改善我们在本章中得出的限制。

表7.1　在几种可能实现量子计算机的系统上可以分解的数 N 的位数 L 的上限

离子	Ca$^+$	Hg$^+$	Ba$^+$
能级 0	$4s^2S_{1/2}$	$5d^{10}6s^{22}S_{1/2}$	$6s^2S_{1/2}$
能级 1	$3d^2D_{5/2}$	$5d^96s^{22}D_{5/2}$	$5d^2D_{5/2}$
能级 2	$4s^2P_{3/2}$	$5d^{10}6p^{22}P_{1/2}$	$6s^2P_{3/2}$
ω_{01}/s^{-1}	2.61×10^{15}	6.7×10^{15}	1.07×10^{15}
ω_{02}/s^{-1}	4.76×10^{15}	11.4×10^{15}	4.14×10^{15}
Γ_{22}/s^{-1}	67.5×10^6	5.26×10^8	58.8×10^6
$L(\eta=0.01)$	2.2	1.6	4.5

注:一个量子比特被存储在亚稳态光学跃迁中。原子能级为图7.1中简写的0,1,2。将原子数据代入式(7.30),并将结果在表的最后一行给出。

7.4　纠错与容错计算

马基亚韦略　帕尔马

7.4.1　对称化程序

针对量子计算中的量子噪声,首个提出的方案基于一种对称化程序。[352]我们在这里简述其基本思想。假设有一个量子系统,你将其制备在某个初态$|\Psi_i\rangle$,并且你想实现一个规定的幺正演化$|\Psi(t)\rangle$或者只是将$|\Psi_i\rangle$保持一段时间。现在,假设你可以制备 R 份 $|\Psi_i\rangle$拷贝,然后你可以将复合系统的状态投影到对称子空间上,即子空间中包含所有不随任何子系统置换而变化的状态。那么可以认为,频繁地在对称子空间上投影,将减少由环境引起的错误。该概念背后的直觉是基于以下观察结果:R 份独立拷贝的规定的无

213

错存储或演化始于对称子空间,应该保持在该子空间。所以,由于任何状态的无错分量始终位于对称子空间中,在投影成功后,它将保持不变,且部分错误将被消除。然而需要注意的是,投影后的状态通常不是无错误的,因为对称子空间不仅只包含简单乘积形式 $|\psi\rangle|\psi\rangle\cdots|\psi\rangle$。可事实证明,错误概率将被抑制为 $1/R$。[353]

这里我们用最简单的两个量子比特的例子来说明这个效果。在这种情况下,对称子空间的投影是通过引入对称化算符进行的:

$$S = \frac{1}{2}(P_{12} + P_{21}) \tag{7.31}$$

其中,P_{12} 表示单位算符;P_{21} 表示交换两个量子比特状态的置换算符。两个量子比特纯态 $|\Psi\rangle$ 的对称投影就是 $S|\Psi\rangle$,其随后被重新归一化。由此得出两个量子比特混态的诱导映射(包括重新归一化)为

$$\rho_1 \otimes \rho_2 \rightarrow \frac{S(\rho_1 \otimes \rho_2)S^{\dagger}}{\mathrm{Tr}\, S(\rho_1 \otimes \rho_2)S^{\dagger}} \tag{7.32}$$

其中一个量子比特的状态可以通过对另一个量子比特部分求迹得到。

让我们假设两份拷贝最初是以纯态 $\rho_0 = |\Psi\rangle\langle\Psi|$ 制备的,并且它们与独立的环境相互作用。在一小段时间间隔 δt 之后,两份 $\rho^{(2)}$ 拷贝的状态将会经历演化

$$\rho^{(2)}(0) = \rho_0 \otimes \rho_0 \rightarrow \rho^{(2)}(\delta t) = \rho_1 \otimes \rho_2 \tag{7.33}$$

其中,对于一些无迹厄米 ϱ_i,$\rho_i = \rho_0 + \varrho_i$。我们将只保留微扰 ϱ_i 的一阶项,所以 δt 时刻的整体态为

$$\rho^{(2)} = \rho_0 \otimes \rho_0 + \varrho_1 \otimes \rho_0 + \rho_0 \otimes \varrho_2 + O(\varrho_1 \varrho_2) \tag{7.34}$$

我们可以通过求状态平方的平均迹,计算对称化之前两份拷贝的平均纯度:

$$\frac{1}{2}\sum_{i=1}^{2} \mathrm{Tr}((\rho_0 + \varrho_i)^2) = 1 + 2\mathrm{Tr}(\rho_0\,\tilde{\varrho}) \tag{7.35}$$

其中,$\tilde{\varrho} = \frac{1}{2}(\varrho_1 + \varrho_2)$。注意 $\mathrm{Tr}(\rho_0\tilde{\varrho})$ 是负的,因此上面表达式的值不会超过 1。对称化之后,每个量子比特都处于态

$$\rho_s = [1 - \mathrm{Tr}(\rho_0\tilde{\varrho})]\rho_0 + \frac{1}{2}\tilde{\varrho} + \frac{1}{2}(\rho_0\tilde{\varrho} + \tilde{\varrho}\rho_0) \tag{7.36}$$

且纯度为

$$\mathrm{Tr}(\rho_s^2) = 1 + \mathrm{Tr}(\rho_0\,\tilde{\varrho}) \tag{7.37}$$

因为 $\mathrm{Tr}(\rho_s^2)$ 比式(7.35)更接近 1,所以得到的对称化系统 ρ_s 会有更高的纯度。

现在让我们看看通过应用对称化过程,保真度是如何变化的。对称化之前的平均保真度为

$$F_{\mathrm{bs}} = \frac{1}{2} \sum_i \langle \Psi \mid \rho_0 + \varrho_i \mid \Psi \rangle = 1 + \langle \Psi \mid \widetilde{\varrho} \mid \Psi \rangle \tag{7.38}$$

当成功进行对称化以后,其形式为

$$F_{\mathrm{as}} = \langle \Psi \mid \rho_{\mathrm{s}} \mid \Psi \rangle = 1 + \frac{1}{2} \langle \Psi \mid \widetilde{\varrho} \mid \Psi \rangle \tag{7.39}$$

因此,对称化之后的状态更接近初态 ρ_0。

对于 R 份拷贝的一般情况,对称化之后每个量子比特的纯度为[353]

$$\mathrm{Tr}(\rho_{\mathrm{s}}^2) = 1 + 2\frac{1}{R}\mathrm{Tr}(\rho_0 \widetilde{\varrho}) \tag{7.40}$$

其中,现在 $\widetilde{\varrho} = \dfrac{1}{R} \sum_{i=1}^{R} \varrho_i$,且保真度形式为

$$\langle \Psi \mid \rho_{\mathrm{s}} \mid \Psi \rangle = 1 + \frac{1}{R}\mathrm{Tr}(\rho_0 \widetilde{\varrho}) \tag{7.41}$$

必须将式(7.40)和式(7.41)与对称化前的对应公式,即式(7.35)和式(7.38)进行比较。我们可以看到,当 R 趋于无穷时,ρ_{s} 趋近于无微扰态 ρ_0。因此,通过选择足够大的 R 和足够高的对称投影率,原则上计算结束时的残余错误可以被控制在任意小的容错范围内。

7.4.2　经典纠错

一种不同类别的纠错技术源于对现有经典纠错码在量子领域进行扩展。[354]实际上,在噪声引起错误的情况下如何可靠地传输和处理信息的问题也存在于经典信息理论中。因此在我们开始分析量子纠错码之前,有必要简要回顾一下在经典场景中如何实现纠错。接下来的编码是 c 个二进制序列 $w_1 \cdots w_c$ 的集合,称为码字,长度为 n。在传输或存储过程中由于外部噪声的作用,一些比特会发生随机翻转。比特翻转是唯一可能的经典错误。如果该信道是二进制对称无记忆信道(图 7.3),则可能的接收序列 $v_1 \cdots v_{2^n}$ 是所有 2^n 个长度为 n 的二进制序列的集合。给定接收序列 v_0,接收方的任务是识别发送方发送的最可能的码字 w_i,即识别最接近 v_0 的 w_i。在这种情况下,两个二进制序列之间的距离 $d(w, v)$,即汉明距离(Hamming distance),是通过这两个字符串在多少位上不

同来度量的。对于二进制对称无记忆信道,具有最小汉明距离 $d(\boldsymbol{w}_i, \boldsymbol{v}_0)$ 的 $\boldsymbol{w}_i$ 也是最有可能的码字。

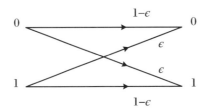

图 7.3　在二进制对称信道中,每个比特传输的错误概率为 ϵ

显然,码字之间的距离越大,它们在存在错误时就越容易分辨,因此编码对噪声的抗扰能力就越强。如果 $d(\boldsymbol{w}_i, \boldsymbol{w}_j) \geqslant 2\eta + 1 (i \neq j)$,那么就可以纠正多达 η 个错误。

汉明界提供了一个能够纠正 η 个错误的编码中码字数 c 的上界。每个码字 $\boldsymbol{w}_i$,是一个半径为 η 的球的中心,其中包含所有满足 $d(\boldsymbol{w}_i, \boldsymbol{v}) \leqslant \eta$ 的二进制序列 $\boldsymbol{v}$,也就是说最多在 η 个位置上与 $\boldsymbol{w}_i$ 不同。图 7.4 说明了 $\eta = 4$ 时的情况。如果编码能够纠正这些错误,那么这些球必须是不相交的。显然,每个球中序列数乘以球的数量必须小于长度为 n 的所有序列的总数。由于每个球都包含一个码字 $\boldsymbol{w}$ 以及所有与它在 $1, 2, \cdots, \eta$ 位置不同的序列,因此一定有

$$c \left\{ 1 + n + \binom{n}{2} + \cdots + \binom{n}{\eta} \right\} = c \sum_{i=0}^{\eta} \binom{n}{i} \leqslant 2^n \qquad (7.42)$$

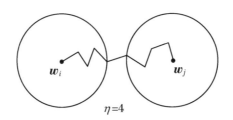

图 7.4　在以每个码字为中心、半径为 η 且满足 $d(\boldsymbol{w}_i, \boldsymbol{w}_j) \geqslant 2\eta + 1$ 不相交球的编码中,包含所有错误数量不超过 η 的序列

由于历史原因,一类被证明非常有效的编码被称为奇偶校验码(parity check code)。[354] 在这些编码中,码字 $\boldsymbol{w}$ 会以满足一组线性方程的方式被选择。接收方会检查接收到的序列 $\boldsymbol{v}$ 是否满足这组线性关系。如果 $\boldsymbol{v}$ 未通过检查,那么接收方将纠正可能导致 $\boldsymbol{v}$ 的最小错误。下面让我们更详细地看看这种编码是如何工作的。码字必须满足的

这组线性方程由奇偶校验矩阵 M 表征。选择码字 w 以满足

$$M \cdot w = 0 \qquad (7.43)$$

例如,码字

$$w_1 = 0000, \quad w_2 = 0101, \quad w_3 = 1110, \quad w_4 = 1011 \qquad (7.44)$$

满足式(7.43),其中

$$M = \begin{bmatrix} 1 & 0 & 1 & 0 \\ 0 & 1 & 1 & 1 \end{bmatrix} \qquad (7.45)$$

这里,所有的运算都是模 2 运算。如果 M 的秩是 m,那么可以任意指定我们码字中的 $k = n - m$ 位,而其余的 m 位是由关系式(7.43)确定的校验位。因此,线性无关码字的数量为 $c = 2^{n-m} = 2^k$,汉明界(7.42)可改写为

$$2^k \sum_{i=0}^{\eta} \binom{n}{i} \leqslant 2^n \rightarrow 2^{n-k} = 2^m \geqslant \sum_{i=0}^{\eta} \binom{n}{i} \qquad (7.46)$$

它是校验位数的下界。假设序列 w 被发送,序列 v 被接收。序列 $z = w - v$ 被称为错误模式(error pattern),是一个二进制序列,在发生错误的位置处为 1,在其他位置为 0。若 $z \neq 0$,则 v 没有通过奇偶校验:$M \cdot v = M \cdot (w + z) = M \cdot z = s$。向量 s 被称为错误校验子(error syndrome),是 z 为 1 的位置处奇偶校验矩阵的列之和。例如,如果发送 $w = 1110$,接收到 $v = 1000$,则 $z = 0110$,且根据式(7.45)给出的 M,有 $s = 10$。

一旦探测到错误校验子 s,接收方的任务就是识别可能产生 s 的错误模式 z,并纠正最小的错误,即 1 的个数最少的错误。需要注意的是,如果我们的编码可以纠正单个错误,那么校验子就是发生错误的那一列。如果 M 的列不同,那么接收方就可以很容易地识别出错误的位置并进行纠正。

7.4.3　量子纠错码的一般情况

如果我们尝试将上面介绍的纠错技术扩展到量子情境,就会面临以下两个问题:

(1) 由于外部噪声的存在,每个量子比特不仅会发生逻辑值翻转,而且还会退相干。通常,它会与环境纠缠在一起,如第 7.2 节所述。

(2) 在计算结束之前,不允许我们读取量子比特的状态,否则会导致退相干。因此,我们必须在不获取量子比特状态信息的情况下,获取有关错误位置和性质的信息。

我们将证明，解决问题（2）的方法是使用 n 个量子比特的纠缠态 $|\boldsymbol{w}\rangle$ 作为"码矢"（codevector）。因此，我们希望保护的信息通过纠缠分布在所有 n 个量子比特上。仅读取（或退相干）少量量子比特不会导致量子信息的不可逆损失。以合适的方式选择码矢，从而错误会将 $|\boldsymbol{w}\rangle$ 移动到相互正交的子空间中。因此，校验子的测量只会显示 $|\boldsymbol{w}\rangle$ 移动到了哪个子空间。在接下来的讨论中，我们将假设每个量子比特都有可能发生错误，错误的概率为 ϵ，并且不同量子比特上的错误是独立的。在这些假设下，两个量子比特上的错误概率为 $O(\epsilon^2)$。对于足够小的 ϵ，我们可以合理地假设仅发生了一个错误。计算成功的概率为 $1-\epsilon$。如果我们可以实现纠正单个错误的量子纠错过程，那么成功的概率将会增加到 $1-O(\epsilon^2)$。一般来说，能够纠正至多 t 个错误的编码可以将计算成功的概率增加到 $1-O(\epsilon^{t+1})$。

7.4.4　三量子比特纠错码

为了更好地了解量子纠错码并阐明上述思想，我们首先来分析能够纠正单比特相位错误的三比特编码[355]。假设一个码字中的每个量子比特可以独立地与形如式（7.1）中的环境进行纠缠。我们将证明，如果我们可以纠正相位错误，则可以消除其对相位纠缠的影响，错误算符 σ_z 的作用可定义为

$$|0\rangle \rightarrow |0\rangle, \quad |1\rangle \rightarrow -|1\rangle \tag{7.47}$$

为了达到这个目的，让我们选择以下三量子比特的纠缠态作为码字：

$$
\begin{aligned}
|\boldsymbol{w}_0\rangle &= |000\rangle + |011\rangle + |101\rangle + |110\rangle \\
|\boldsymbol{w}_1\rangle &= |111\rangle + |100\rangle + |010\rangle + |001\rangle
\end{aligned}
\tag{7.48}
$$

如果只有一个量子比特与环境纠缠，$|\boldsymbol{w}_0\rangle$ 与 $|\boldsymbol{w}_1\rangle$ 的任意线性叠加将变为

$$
\begin{aligned}
(a_0 |\boldsymbol{w}_0\rangle + a_1 |\boldsymbol{w}_1\rangle) |E\rangle \rightarrow &(a_0 |\boldsymbol{w}_0\rangle_0 + a_1 |\boldsymbol{w}_1\rangle_0) |E_0\rangle \\
&+ (a_0 |\boldsymbol{w}_0\rangle_1 + a_1 |\boldsymbol{w}_1\rangle_1) |E_1\rangle \\
&+ (a_0 |\boldsymbol{w}_0\rangle_2 + a_1 |\boldsymbol{w}_1\rangle_2) |E_2\rangle \\
&+ (a_0 |\boldsymbol{w}_0\rangle_3 + a_1 |\boldsymbol{w}_1\rangle_3) |E_3\rangle
\end{aligned}
\tag{7.49}
$$

其中，错误态 $|\boldsymbol{w}_j\rangle_k$ 是码字 j（$j=0,1$），它的第 k 位量子比特上存在相位错误（$k=0$ 标示无错误）。例如 $|\boldsymbol{w}_0\rangle_2 = |000\rangle - |011\rangle + |101\rangle - |110\rangle$。$|E_k\rangle$ 是对应的环境态。需要注意的是，错误态是相互正交的：

$$_k\langle \boldsymbol{w}_j | \boldsymbol{w}_l\rangle_i = \delta_{jl}\delta_{ki} \tag{7.50}$$

其中,错误态是正交的编码称为非简并编码。因此,纠错过程如下:

(1) 将编码空间投影到由 $|\boldsymbol{w}_0\rangle_i |\boldsymbol{w}_1\rangle_i$ 张成的错误子空间。

(2) 根据测量结果,对适当的量子比特作用 σ_z 来纠正它的相位错误。更明确地说,如果上述投影测量的结果是 i,则对第 i 个量子比特作用 σ_z(当 $i=0$ 时则不对状态作改动)。

注意,在过程的最后,编码矢量和环境是不纠缠的,而振幅 a_0, a_1 没有改动。

7.4.5　量子汉明界

我们现在可以将注意力转向能够纠正最一般类型的量子比特-环境纠缠的编码,其形式为

$$
\begin{aligned}
|0\rangle |E\rangle &\to |0\rangle |E_{00}\rangle + |1\rangle |E_{01}\rangle \\
|1\rangle |E\rangle &\to |0\rangle |E_{10}\rangle + |1\rangle |E_{11}\rangle
\end{aligned}
\tag{7.51}
$$

对于量子比特状态的线性叠加,这可以方便地写成

$$
\begin{aligned}
(a_0 |0\rangle + a_1 |1\rangle) |E\rangle \to &\, (a_0 |0\rangle + a_1 |1\rangle) |E_0\rangle \\
&+ [\sigma_x (a_0 |1\rangle + a_1 |0\rangle)] |E_x\rangle \\
&+ [\sigma_z (a_0 |0\rangle - a_1 |1\rangle)] |E_z\rangle \\
&+ [\sigma_y (a_0 |1\rangle - a_1 |0\rangle)] |E_y\rangle
\end{aligned}
\tag{7.52}
$$

其中,σ_x 是比特翻转的错误算符;σ_z 是前文定义的相位翻转的错误算符;而 $\sigma_y = -\mathrm{i}\sigma_z\sigma_x$ 是这两种错误共同的算符。从式(7.52)中可以看出,一般的量子比特-环境相互作用可以表示为作用在量子比特上的单位算符和泡利算符 $\sigma_x, \sigma_y, \sigma_z$ 的叠加。这意味着,量子比特态演变为一个无错分量和三个有错分量(具有 $\sigma_x, \sigma_y, \sigma_z$ 型错误)的叠加。

现在,我们可以轻松地把关于"非简并码"[355]汉明界的论证转化为量子语言(一般性量子编码的限制条件较少,见文献[323])。如果具有 2^q 个码矢的编码可以纠正多达 η 个错误,那么码矢 $|\boldsymbol{w}\rangle$ 以及通过对 $|\boldsymbol{w}\rangle$ 施加多达 η 个错误算符获得的所有状态必须构成一组正交态。与纠缠的相互作用将使每个码矢演化为

$$
\begin{aligned}
|\boldsymbol{w}\rangle |E\rangle \to &\, |\boldsymbol{w}\rangle |E_0\rangle + \sum_{i,k_i} |\boldsymbol{w}_i^{k_i}\rangle |E_i^{k_i}\rangle + \sum_{ij,k_ik_j} |\boldsymbol{w}_{ij}^{k_ik_j}\rangle |E_{ij}^{k_ik_j}\rangle \\
&+ \sum_{ijl,k_ik_jk_l} |\boldsymbol{w}_{ijl}^{k_ik_jk_l}\rangle |E_{ijl}^{k_ik_jk_l}\rangle + \cdots
\end{aligned}
\tag{7.53}
$$

其中,下标 $i, j, \cdots$ 标记码矢的量子比特;$k_i, k_j, \cdots = x, y, z$ 标记相应量子比特上的错误。如果编码最多纠正 η 个错误,那么每 2^q 个码矢生成的所有带有最多 η 个错误的状

态都必须正交。正交态的数量必须小于 n 个量子比特的希尔伯特空间维数,我们有

$$2^q \sum_{i=0}^{\eta} 3^i \begin{pmatrix} n \\ i \end{pmatrix} \leqslant 2^n \rightarrow 2^{n-q} \geqslant \sum_{i=0}^{\eta} 3^i \begin{pmatrix} n \\ i \end{pmatrix} \tag{7.54}$$

它对能够纠正至多 η 个错误的量子纠错码的校验量子比特数 $n-q$ 设了一个下界。式(7.54)中的因数 3^i 源自这样一个事实:在量子情况下,每个量子比特可能出现三个独立的错误,这与经典情况不同,在经典情况下,唯一可能出现的错误是比特翻转。

7.4.6 七量子比特纠错码

我们现在介绍一种可以纠正单比特上任意一般错误的量子编码。尽管如量子汉明界所预测的那样,存在可以实现这一目的的五比特编码[323,356],正如量子汉明界所预测的那样,但出于教学原因,我们将描述斯特恩(Steane)提出的七量子比特码[357-358]。首先,让我们引入以下奇偶校验矩阵:

$$\mathbf{M} = \begin{pmatrix} 0 & 0 & 0 & 1 & 1 & 1 & 1 \\ 0 & 1 & 1 & 0 & 0 & 1 & 1 \\ 1 & 0 & 1 & 0 & 1 & 0 & 1 \end{pmatrix} \tag{7.55}$$

矩阵 $\mathbf{M}$ 的所有列都是不同的,如果只发生一个比特翻转,通过测量校验子将显示出错误量子比特的位置。我们将使用满足奇偶校验 $\mathbf{M}u = 0$ 的(经典)序列 u 和相应的七个量子比特状态 $|u\rangle$ 作为码矢的起始成分,使量子比特的逻辑值对应于序列 u。然后将码矢 $|w_0\rangle$,$|w_1\rangle$ 分别定义为具有偶数和奇数个 1 的 $|u\rangle$ 态的纠缠叠加:

$$|w_0\rangle = \sum_{\text{even}} |u\rangle_e, \quad |w_1\rangle = \sum_{\text{odd}} |u\rangle_0 \tag{7.56}$$

最后,对校验子进行测量。为此,添加三个辅助比特,每个比特对应一个校验子,即对应 $\mathbf{M}$ 的每一行(参见图 7.5)。当矩阵元 $\mathbf{M}_{i,j} = 1$ 时,引入一个 CNOT 门,其目标比特是辅助量子比特 i,控制比特是码矢的量子比特 j。

如果初始码矢为 $|v\rangle$,辅助量子比特的初始向量为 $|0\rangle$,那么辅助量子比特(即ancilla)的最终向量将会是 $|s\rangle = |Mv\rangle$,与校验子的值对应:

$$|v\rangle \otimes |0\rangle_{\text{anc}} \rightarrow |v\rangle \otimes |Mv\rangle_{\text{anc}} \tag{7.57}$$

如果只发生一个错误,那么对辅助比特的测量将把码矢投影到正确的状态或是有一个比特翻转的状态。此外,通过辅助比特的逻辑值可以得到错误比特的位置,然后可以作用算符 σ_x 对其进行纠正。

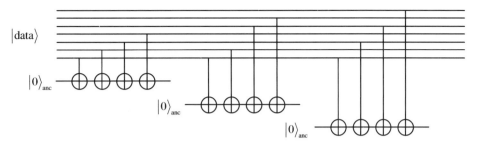

图 7.5　七量子比特编码中比特翻转校验子的测量

我们注意到 $|0\rangle,|1\rangle$ 基中的相位翻转可以变成 Hadamard 旋转基中的比特翻转,因此可以轻松地扩展上述技术来纠正相位翻转。因此,问题简化为在旋转基中纠正比特翻转。如果我们逐位进行 Hadamard 旋转,那么每个量子比特将转换为

$$| 0\rangle \rightarrow | \widetilde{0}\rangle \frac{1}{\sqrt{2}} \equiv | 0\rangle + | 1\rangle, \quad | 1\rangle \rightarrow | \widetilde{1}\rangle \frac{1}{\sqrt{2}} \equiv | 0\rangle + | 1\rangle \quad (7.58)$$

而码矢变为

$$| \boldsymbol{w}_0\rangle \rightarrow | \widetilde{\boldsymbol{w}}_0\rangle \equiv \frac{1}{\sqrt{2}}(| \boldsymbol{w}_0\rangle + | \boldsymbol{w}_1\rangle), \quad | \boldsymbol{w}_1\rangle \rightarrow | \widetilde{\boldsymbol{w}}_1\rangle \equiv \frac{1}{\sqrt{2}}(| \boldsymbol{w}_0\rangle + | \boldsymbol{w}_1\rangle) \quad (7.59)$$

请注意,$| \widetilde{\boldsymbol{w}}_0\rangle$ 与 $| \widetilde{\boldsymbol{w}}_1\rangle$ 满足奇偶校验。因此,纠正相位错误的过程如下:对码矢进行逐位 Hadamard 旋转,在旋转后的基上纠正比特翻转,然后旋转回到原始基 $|0\rangle,|1\rangle$(参见图 7.6)。相位错误将自动纠正。这表明,七量子比特编码可以纠正单个量子比特中的任何相位和/或振幅错误,如图 7.7 所示。

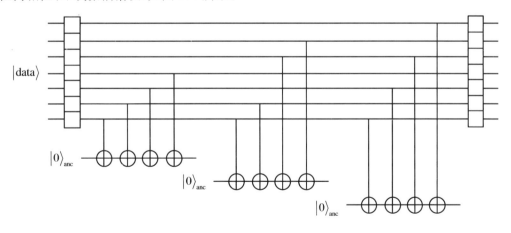

图 7.6　七量子比特编码中相位翻转校验子的测量

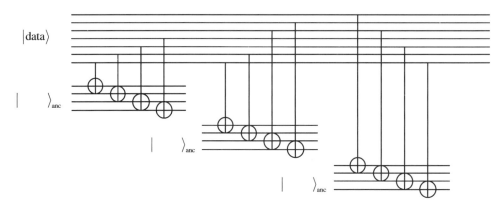

图 7.7   七量子比特编码中的校验子容错测量

7.4.7   容错计算

到目前为止,计算步骤是假定无错的。但在实际中,门操作本身也容易出错。此外,编码、解码和纠错也是计算操作。那么如何使用有错误的线路来实现可靠的计算呢? 我们将在本节的剩余部分介绍容错量子计算的基本思想[359]。下面举例说明错误的门操作如何侵蚀量子数据,导致超出我们量子纠错码的恢复能力。考虑在辅助量子比特的帮助下测量校验子。辅助量子比特是几个 CNOT 门的目标比特。由于在量子 CNOT 门中,目标量子比特中的相位错误会反作用于控制量子比特,因此辅助量子比特中的任何相位错误都可以传播到不止一个数据(data)量子比特中。但是请注意,我们的编码只能纠正一个错误。因此,如果辅助量子比特侵蚀了两个数据量子比特,那么损坏将无法恢复。

为了限制侵蚀的传播,一种方法是将不同的辅助比特作为不同数据比特的目标。然后,通过对辅助比特的集体测量来推断校验子位。然而,必须确保这样的过程只提供有关错误而不是数据比特状态的信息。肖尔已找到解决此问题的方法。在他的方案中,辅助量子比特制备为偶数个 1 的线性叠加态:

$$|\text{Shor}\rangle = \sum_{\text{even}} |\boldsymbol{x}\rangle \tag{7.60}$$

例如,辅助比特(每个校验子位有四个)被制备成如下状态:

$$|\text{Shor}\rangle = \frac{1}{\sqrt{8}}(|0000\rangle + |0011\rangle + |0101\rangle + |1001\rangle + |0110\rangle$$

$$+ |1010\rangle + |1100\rangle + |1111\rangle) \tag{7.61}$$

每个辅助比特将成为不同数据比特的目标。最终,通过测量辅助比特状态中的奇偶性来推断校验子比特的值。该过程确保辅助比特的测量只提供有关错误的信息。此外,它还保证辅助比特中的错误不会在数据中传播。

但是,我们的目标不仅是存储数据,还要对它们执行计算。最简单的方法是解码数据,执行所需的计算,然后再次编码。但是在解码时,数据容易受到外部噪声的影响。因此,为了保护我们的量子比特,我们希望直接在码矢上执行计算。此外,我们还希望以容错的方式执行此计算,以避免错误的传播。只要我们可以将码矢上的门操作构造为单个编码量子比特上的逐位操作,上述构想就会自动实现。我们已经在式(7.58)中证明了,对于 Hadamard 旋转这是可能的。对于 CNOT 门,也可以在控制和目标码矢的编码比特上成对地实现。但是,仅有这两个门并不构成一个逻辑操作通用集。然而,它们可以与 Toffoli 门的容错版本一起,以形成这样一个通用集。

7.5 量子纠错与容错的一般理论

斯特恩

在上一节中,我们提供了量子纠错(quantum error correction,QEC)方法的知识和示例。本节我们将对更一般理论的几个简单方面进行总结。

量子纠错基于三个核心思想:噪声的数字化、错误算符与校验子的操控,以及量子纠错码(quantum error correcting code,QECC)的构建。量子纠错的成功程度取决于噪声的物理特性,在讨论完三个核心思想之后,我们将再回到这个问题。

7.5.1 噪声的数字化

噪声的数字化基于以下观察:一组量子比特与另一系统(例如环境)之间的任何相互作用,都可以用式(7.52)的推广形式

$$| \phi \rangle | \psi \rangle_e \rightarrow \sum_i (E_i | \phi \rangle) | \psi_i \rangle_e \tag{7.62}$$

来描述。其中,每个"错误算符"E_i 是作用在量子比特上的泡利算符的张量积;$| \phi \rangle$ 是量子比特的初态;而 $| \psi \rangle_e$ 是环境状态,不一定是正交的或归一化的。因此,我们用作用于量

子比特的泡利算符 σ_x, σ_y, σ_z 来表示一般的噪声和/或退相干。这可以被写为 $X \equiv \sigma_x$, $Z \equiv \sigma_z$, $Y \equiv -\mathrm{i}\sigma_y = XZ$。

为了写出作用于 n 个量子比特上的泡利矩阵的张量积,我们引入了符号 $X_u Z_v$,其中,u 和 v 是 n 位二进制向量。u 和 v 的非零坐标表示 X 和 Z 算符在乘积中出现的位置。例如:

$$X \otimes I \otimes Z \otimes Y \otimes X \equiv X_{10011} Z_{00110} \tag{7.63}$$

纠错是将 $E_i | \phi \rangle$ 变回 $| \phi \rangle$ 的过程。X 错误的纠正是将 $X_u Z_v | \phi \rangle$ 变为 $Z_v | \phi \rangle$;Z 错误的纠正是将 $X_u Z_v | \phi \rangle$ 变为 $X_v | \phi \rangle$。将所有这些组合在一起,我们发现,如果纠正最一般的可能噪声(式(7.62)),仅需纠正 X 和 Z 错误即可。

7.5.2 错误算符、稳定子与校验子提取

现在,我们将利用戈特斯曼(Gottesman)[360] 和考尔德班克(Calderbank)等人[361-362] 提出的具有深刻见解的方法,基于斯特恩[357-358]、考尔德班克和肖尔[363-364] 的首次发现,研究错误算符和校验子的数学运算。

考虑集合 $\{I, X, Y, Z\}$,它由单位算符加上三个泡利算符组成。每个泡利算符的平方都等于单位算符 I:$X^2 = Y^2 = Z^2 = I$,且有本征值 ± 1。集合中的两个元素间只存在对易($XI = IX$)或者反对易($XZ = -ZX$)。泡利算符的张量积,即错误算符(error operater),其平方也是单位算符 1,可以是对易的,也可以是反对易的。注意,术语"错误算符"在这里只是"泡利算符的乘积"的简写,这样的算符有时扮演错误的角色,有时则充当校验子的作用,参见第 7.4.2 小节的经典编码理论。

如果量子系统中有 n 个量子比特,那么错误算符的长度为 n。错误算符的权重是指不等于单位算符 I 的项数。例如,$X_{10011} Z_{00110}$ 长度为 5,权重为 4。

设 $\mathcal{H} = \{M\}$ 是对易错误算符的集合。由于算符都是对易的,它们有共同本征态。设 $\mathcal{C} = \{|u\rangle\}$ 是本征值为 $+1$ 的共同本征态的正交归一集合:

$$M | u \rangle = | u \rangle \quad (\forall | u \rangle \in \mathcal{C}, \forall M \in \mathcal{H}) \tag{7.64}$$

其中,集合 $\mathcal{C}$ 是量子纠错码;$\mathcal{H}$ 是其稳定子(stabiliser)。正交归一态 $|u\rangle$ 称作码矢或者量子码字(quantum codeword)。接下来,我们仅讨论 $\mathcal{H}$ 为一个群时的情况。其大小为 2^{n-k},并且由 $\mathcal{H}$ 中 $n-k$ 个线性无关的元素构成。在这种情况下,$\mathcal{C}$ 具有 2^k 个元素,所以它编码了 k 个量子比特,因为这些元素在整个系统 2^n 维的希尔伯特空间中张成了一

个 2^k 维的子空间。该子空间中的一般状态称为编码态或逻辑态,可以表示为码矢的叠加:

$$| \phi \rangle_L = \sum_{|u\rangle \in \mathcal{C}} a_u | u \rangle \tag{7.65}$$

当然,给定的量子纠错码无法纠正所有可能的错误。每个编码都允许纠正一个特定的可纠正错误集 $\mathcal{S} = \{E\}$。编码构造任务包括寻找其可纠正集合中包含给定物理情境中最有可能发生的错误的编码。我们将在下一小节讨论这个重要的话题。而现在,让我们先展示可纠正集合与稳定子的关联,并演示到底如何实现纠错。

首先,稳定子中的错误算符都是可纠错的,$E \in \mathcal{S} \forall E \in \mathcal{H}$,因为这些算符实际上对一般逻辑态(7.65)没有影响。如果这些错误算符本身是所考虑系统的噪声中的唯一项,那么量子纠错码是无噪声子空间,也称为系统的无退相干子空间。

还有大量其他错误,它们确实会更改编码态,但仍然可以通过提取错误校验子并根据获得的校验子对系统进行操作的过程来进行纠正。我们将证明 $\mathcal{S}$ 可以是任何错误集 $\{E_i\}$,其中两个元素的乘积 $E_1 E_2$ 要么在 $\mathcal{H}$ 中,要么与 $\mathcal{H}$ 的元素反对易。要明白这一点,首先考虑第二种情况:

$$E_1 E_2 M = -M E_1 E_2 \quad \text{对于一些 } M \in \mathcal{H} \tag{7.66}$$

我们说复合错误算符 $E_1 E_2$ 是可探测的。这只有当满足下式二者之一时才成立:

$$\begin{aligned} \{M E_1 = -E_1 M, \quad M E_2 = E_2 M\} \\ \{M E_1 = E_1 M, \quad M E_2 = -E_2 M\} \end{aligned} \tag{7.67}$$

为了提取校验子,我们测量稳定子中的所有可观测值。要做到这一点,测量 $\mathcal{H}$ 中的任意 $n - k$ 个线性无关的 M 的集合就足够了。注意,这种测量对编码子空间中的状态没有影响,因为这种状态已经是所有这些可观测量的本征态了。测量将噪声态投影到每个 M 的本征态上,其本征值为 ± 1。$n - k$ 个本征值的字符串是校验子。式(7.67)保证了 E_1 和 E_2 具有不同的校验子,从而可以彼此区分。这是因为当在受损的状态 $E|\phi\rangle_L$ 上测量可观测量 M 时,式(7.67)意味着 $E = E_1$ 时将获得与 $E = E_2$ 时不同的本征值。因此,可以通过校验子推断出错误,并通过将推断出的错误重新作用于系统来纠正错误(利用了错误算符平方为 1 的事实)。

让我们看看将整个过程作用于一般的噪声编码态时是怎么样的。噪声态为

$$\sum_i (E_i | \phi \rangle_L) | \psi_i \rangle_e \tag{7.68}$$

提取校验子的过程可以通过将一个 $n - k$ 量子比特的辅助量子比特 a 附加到系统上来实

现,通过一系列的 CNOT 门和 Hadamard 旋转将本征值存储其中。可以通过考虑存储在辅助比特中的奇偶校验信息(参见图 7.5)或通过以下标准的本征值测量方法来构建确切的网络。为了提取出算符 M 的本征值 $\lambda = \pm 1$,需要将辅助比特制备在 $(|0\rangle + |1\rangle)/\sqrt{2}$。将辅助比特作为控制比特,系统作为目标比特,执行受控 M 操作,然后再用 Hadamard 变换旋转辅助比特。辅助比特的末态为 $[(1+\lambda)|0\rangle + (1-\lambda)|1\rangle]/2$。对张成 $\mathcal{H}$ 的 $n-k$ 个算符 M 执行此过程,其效果是将系统和环境与辅助比特耦合,形式如下:

$$|0\rangle_a \sum_i (E_i \mid \phi\rangle_L) \mid \psi_i\rangle_e \rightarrow \sum_i \mid s_i\rangle_a (E_i \mid \phi\rangle_L) \mid \psi_i\rangle_e \qquad (7.69)$$

其中,s_i 是 $n-k$ 比特二进制字符串,若 E_i 都具有不同的校验子,则字符串都不相同。投影测量将使辅助比特从求和随机塌缩到其中的一项:$|s_i\rangle_a (E_i|\phi\rangle_L)|\psi_i\rangle_e$,并将得到测量结果 s_i。由于这种校验子只有一个 E_i,我们可以推断相应的操作算符 E_i,并应用它来纠错。

上述过程可以理解为首先通过投影测量迫使一般噪声态在一组离散的错误中进行"选择",然后通过测量结果告诉我们"选择"的特定离散错误,从而反转它。另外,纠错也可以通过由受控门的幺正演化来完成,其中辅助比特作为控制比特,系统作为目标比特,这可以有效地将噪声(包括与环境的纠缠)从系统转移到辅助比特。

我们在式(7.66)前面还提到了另一种可能性,即

$$E_1 E_2 \in \mathcal{H} \qquad (7.70)$$

在这种情况下,E_1 和 E_2 将具有相同的校验子,因此在校验子的提取过程中无法分辨。然而,这并不重要!我们可以简单地将这两个错误的相同校验子理解为应采用纠错操作 E_1。如果发生的确实就是 E_1,那么显然没问题;而如果发生了 E_2,那么末态是 $E_1 E_2|\phi\rangle_L$,这也是正确的!这种情况在经典编码理论中是没有类比的。利用这种优势的量子编码被称为简并码,且不受量子汉明界(式(7.54))的限制。

基于稳定子的讨论是有用的,因为它将注意力集中在算符而不是状态上。然而,量子码字仍然是非常有趣的状态,有很多的对称性和有趣的纠缠形式。可以很容易地证明,量子纠错码中的码字能够对集合 $\mathcal{S}$ 进行纠错,当且仅当[323,365]

$$\langle u \mid E_1 E_2 \mid v \rangle = 0 \qquad (7.71)$$

$$\langle u \mid E_1 E_2 \mid u \rangle = \langle v \mid E_1 E_2 \mid v \rangle \qquad (7.72)$$

对于所有 $E_1, E_2 \in \mathcal{S}$ 且 $|u\rangle, |v\rangle \in \mathcal{C}, |u\rangle \neq |v\rangle$ 都成立。在 $E_1 E_2$ 总是与稳定子中某个元素反对易的情况下,我们有 $\langle u|E_1 E_2|u\rangle = \langle u|E_1 E_2 M|u\rangle = -\langle u|ME_1 E_2|u\rangle = -\langle u|E_1 E_2|u\rangle$,因此 $\langle u|E_1 E_2|u\rangle = 0$。这是一个非简并码,所有的码矢和它们的错误

形式是相互正交的，并且必须满足量子汉明界。

7.5.3 编码构造

量子纠错的强大之处在于已经讨论的物理和数学基础，再加上实际上可以构建有用的量子纠错码。编码构造本身是一个微妙而有趣的领域，我们在这里仅仅作一个简单的介绍。

首先回顾一下，我们需要稳定子的所有元素相互对易。很容易看出，$X_u Z_v = (-1)^{u \cdot v} Z_v X_u$，其中 $u \cdot v$ 是二进制奇偶校验操作，或在有限域 GF(2) 上计算的二进制向量之间的内积。由此，$M = X_u Z_v$ 与 $M' = X_{u'} Z_{v'}$ 对易，当且仅当

$$u \cdot v' + v \cdot u' = 0 \tag{7.73}$$

稳定子通过列举 $n - k$ 个线性无关的错误算符来完全确定。通过以两个 $(n-k) \times n$ 二进制矩阵 H_x, H_z 的形式给出表示 X 和 Z 部分的二进制字符串 u 和 v，可以方便地编写这些错误算符。然后，由 $(n-k) \times 2n$ 二进制矩阵

$$H = (H_x \mid H_z) \tag{7.74}$$

就可以唯一地指定整个稳定子，而所有算符都对易的要求（即 $\mathcal{H}$ 是一个阿贝尔群）则表示为

$$H_x H_z^{\mathrm{T}} + H_z H_x^{\mathrm{T}} = 0 \tag{7.75}$$

其中，上标 T 表示矩阵的转置。

矩阵 H 是一个对经典纠错码中奇偶校验矩阵的类比。生成矩阵的类比则是矩阵 $G = (G_x \mid G_z)$，它满足

$$H_x G_z^{\mathrm{T}} + H_z G_x^{\mathrm{T}} = 0 \tag{7.76}$$

换句话说，H 和 G 相对于由式(7.73)定义的内积是对偶的。G 有 $n + k$ 行。通过交换 X 和 Z 部分，并提取由此得到的 $(n+k) \times 2n$ 二进制矩阵的通常二进制对偶，就可以直接从 G 得出 H。

注意，式(7.75)和(7.76)表明 G 包含 H。设 $\mathcal{G}$ 是 G 生成的错误算符的集合，那么 $\mathcal{G}$ 也包含 $\mathcal{H}$。

根据定义(7.76)，$\mathcal{G}$ 的所有元素都与 $\mathcal{H}$ 的所有元素对易，并且由于（通过计数）不存

在更多与 $\mathcal{H}$ 的所有元素对易的错误算符,因此我们推论出,所有不在 $\mathcal{G}$ 中的错误算符与 $\mathcal{H}$ 中的至少一个元素反对易。这使我们得出一个有力的观察:如果 $\mathcal{G}$ 的所有元素(除单位矩阵)的权重都至少为 d,那么所有权重小于 d 的错误算符(除单位矩阵)与 $\mathcal{H}$ 中的一个元素反对易,所以可以被探测到。因此,这样的编码可以纠正权重小于 $d/2$ 的所有错误算符。

如果 $\mathcal{G}$ 中唯一权重小于 d 的元素也是 $\mathcal{H}$ 中的元素,该怎么办呢?其实这时候,该编码仍可以使用性质(7.70)(简并码)纠正权重小于 $d/2$ 的所有错误算符。其中,权重 d 称为编码的最小距离。

因此,编码构造的问题就简化为寻找满足式(7.75),且其由式(7.76)定义的对偶 G 具有较大权重的二进制矩阵 H 的问题。现在,我们通过组合精心选择的经典二进制纠错码,来给出这样的编码:

$$H = \begin{bmatrix} H_2 & 0 \\ 0 & H_1 \end{bmatrix}, \quad G = \begin{bmatrix} G_1 & 0 \\ 0 & G_2 \end{bmatrix} \tag{7.77}$$

这里,$H_i (i=1,2)$ 是由 G_i 生成的经典编码 C_i 的校验矩阵,因此 $H_i G_i^{\mathrm{T}} = 0$,且满足式(7.76)。为了满足对易关系(7.75),我们强制令 $H_1 H_2^{\mathrm{T}} = 0$,即 $C_2^{\perp} \subset C_1$。通过构造,如果经典编码的大小为 k_1, k_2,则量子编码的大小为 $k = k_1 + k_2 - n$。量子码字为

$$|u\rangle_L = \sum_{x \in C_2^{\perp}} |x + u \cdot D\rangle \tag{7.78}$$

其中,u 是 k 比特二进制字,x 是 n 比特二进制字,D 是一个陪集首 $k \times n$ 矩阵。这些是 CSS(Calderbank–Shor–Steane)码。它们的重要性首先体现在其高效性,其次在于它们在容错计算中很有用(请参见下文)。

"高效性"是指存在给定 d/n 的编码,其码率 k/n 在 $k, n, d \to \infty$ 时仍保持在有限的下界以上,CSS 码有 $d = \min(d_1, d_2)$。如果我们选择构造中的两个经典编码是相同的,即 $C_1 = C_2 = C$,那么我们就是在考虑包含其对偶的经典编码。可以证明存在此类编码码率的有限下界。[364]这非常重要:它意味着量子纠错可以成为抑制噪声的强大方法(请参阅下一节)。

通过扩展 CSS 码和其他方法,可以构建比 CSS 码更高效的量子纠错码。作为演示,我们在本小节最后给出 $[[n,k,d]] = [[5,1,3]]$ 完美编码的稳定子和生成子。它编码一个量子比特($k=1$),并纠正权重为 1 的所有错误(因为 $d/2 = 1.5$)。

$$H = \begin{pmatrix} 11000 & 00101 \\ 01100 & 10010 \\ 00110 & 01001 \\ 00011 & 10100 \end{pmatrix}, \quad G = \begin{pmatrix} H_x & H_z \\ 11111 & 00000 \\ 00000 & 11111 \end{pmatrix} \tag{7.79}$$

7.5.4 噪声的物理原理

噪声和退相干本身就是一个很大的话题。这里我们将简单介绍一些基本思想,以阐明量子纠错可以做什么,不可以做什么。所谓噪声,是指系统的密度矩阵中任何未知或不想要的变化。

关于噪声数字化的描述(式(7.62)),等价于认为量子比特系统与其环境之间的任何相互作用都具有以下形式:

$$H_I = \sum_i E_i \otimes H_i^c \tag{7.80}$$

其中,算符 H_i^c 作用于环境。在这种耦合形式下,系统的密度矩阵(在对环境求迹之后)从 ρ_0 演化为 $\sum_i a_i E_i \rho_0 E_i$,量子纠错将该求和中所有这些具有可纠正 E_i 的项返回到 ρ_0。因此,与无噪声态 ρ_0 相比,纠错后状态的保真度由与不可纠正错误相关的所有系数 a_i 的求和确定。

有关此问题的详尽数学分析,请参阅文献[365-366]。基本思想如下。噪声通常是一个在所有时刻持续影响所有量子比特的连续过程。但是,在讨论量子纠错时,我们总是可以采用通过投影测量来提取校验子的模型。例如,"发生错误 E_i 的概率",仅是"校验子提取通过错误算符 E_i 将状态投影到不同于无噪声态的另一个状态的概率"的简写。我们想计算这样的概率。

为此,将式(7.80)分成具有不同权重的错误算符的项之和是很有用的:

$$H_I = \sum_{wt(E)=1} E \otimes H_E^c + \sum_{wt(E)=2} E \otimes H_E^c + \sum_{wt(E)=3} E \otimes H_E^c + \cdots \tag{7.81}$$

第一个求和有 $3n$ 项,第二个求和有 $3^2 n!/[2!(n-2)!]$ 项,以此类推。系统-环境耦合的强度由出现在 H_E^c 算符中的耦合常数表示。如果只有权重为 1 的项存在,我们说环境独立地作用在量子比特上:它不会直接产生跨越两个或多个量子比特的相关错误。在这种情况下,所有权重的错误仍将出现在噪声系统的密度矩阵中,但是与权重为 w 的错误相对应的项大小为 $O(\epsilon^{2w})$,其中,ϵ 是给出系统-环境耦合强度的参数。

由于量子纠错会恢复密度矩阵中所有错误权重小于或等于 $d/2$ 的项,因此在无关联的噪声模型中,纠错后状态的保真度可以估计为 1 减去(噪声产生权重为 $t+1$ 的错误的)概率 $P(t+1)$。当所有的单量子比特错误振幅能够相干叠加(即量子比特共享同一个环境)时,此概率近似为

$$P(t+1) \approx \left[3^{t+1} \binom{n}{t+1} \epsilon^{t+1} \right]^2 \qquad (7.82)$$

当错误非相干叠加(即要么是独立的环境,要么是具有随机变化相位耦合的共同环境)时,则近似为

$$P(t+1) \approx 3^{t+1} \binom{n}{t+1} \epsilon^{2(t+1)} \qquad (7.83)$$

式(7.82)和式(7.83)的意义在于,它们表明了当 t 较大且 $\epsilon^2 < t/(3n)$ 时,量子纠错的效果非常好。由于存在好的编码,t 实际上可以趋于无穷大,而 t/n 和 k/n 保持固定。因此,只要每个量子比特的噪声低于约 $t/(3n)$ 的阈值,就可能实现对状态近乎完美的恢复。比率 t/n 通过量子汉明界或其类似物来约束码率。

这种无关联的噪声在许多物理情况下是一个合理的近似,但是我们需要谨慎考虑这种近似的程度,因为我们关心的是非常小的项,ϵ^d 量级。如果我们放宽完全无关联噪声的近似值,则式(7.82)和式(7.83)在错误权重为 t 的式(7.81)中耦合常数本身的阶次为 $\epsilon^t/t!$ 的情况下,才保持近似不变。

在另一种情况下,量子纠错同样非常成功,那就是当一组相关错误(也称为突发错误)主导系统-环境耦合时,但我们可以构建一个量子纠错码,其稳定子包括所有这些相关错误。有时将其称为"避错"(error avoiding)而不是"纠错",因为通过使用这样的编码,我们甚至不需要纠正逻辑态:它已经与环境解耦。从上述讨论中我们可以总结出如下的一般经验:我们对环境越了解,且系统-环境耦合的结构越多,我们就越能发现好的纠错码。

7.5.5　容错量子计算

上面关于量子纠错的讨论,与在噪声量子信道上进行高保真通信有关,但尚不清楚它和量子计算的关系有多密切。这是因为到目前为止,我们都假设校验子提取中涉及的量子操作本身是无噪声的。因此,我们使用运算能力来对抗噪声,但并不知道需要什么

精度的操作才能有所增益。

　　容错计算（fault-tolerant computation）考虑到在每个基本操作和每个自由演化周期本身都带有噪声的情况下可靠地处理信息。解决此问题的一种方法是重复使用量子纠错，但是要仔细构建校验子的提取过程，以便它纠正的噪声多于引入的噪声。许多关键的新思路是由肖尔[367]提出的，但同时普雷斯基尔（Preskill）也作出了有益的讨论，请参考文献[368-370]。这里我们将采用肖尔的一般方法，但加入了斯特恩的重大改进[371-372]。请注意，这个领域比量子纠错更不成熟，许多途径仍然未被探索。在这里，我们将集中讨论一种正确提取校验子的方法。

　　完整的容错校验子提取网络如图 7.8 所示。为简便起见，我们只考虑最简单的单个错误纠错码的情况；之后，这些想法可以推广到纠正许多错误的编码。计算机中的基本双态实体称为物理量子比特。网络中的每条水平线代表的都不是单个物理量子比特，而是 n 个这样的量子比特组成的块（block）。Hadamard 和 CNOT 之类的算符作用于一个或多个相关的块，即 n 个操作，每个对应一个量子比特或一对量子比特。

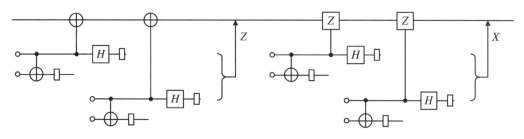

图 7.8　容错校验子提取网络

　　该方法依赖于对重复（repetition）的仔细使用，依赖于 X 和 Z 错误以不同方式传播这一事实，也依赖于 CSS 码的有用性质。定义错误位置（error location）为物理量子比特上的任何单或双量子比特门（包括制备和测量操作），或者在一个时间步长中任意单个物理量子比特的自由演化。假定噪声是无关联且随机的，因此故障以约 γ 的概率独立发生。整个网络的目的是实现计算机块的单个错误纠正，以使单个位置的任何故障都不会导致计算机块中生成权重大于或等于 2 的错误。其思想是，虽然校验子提取必然使计算机中的单量子比特错误更可能发生，但这些错误正是可以纠正的错误。重要的是不要以 $O(\gamma)$ 概率生成不可纠正的错误。

　　我们首先引入两个辅助块，将每个制备为逻辑零态 $|0\rangle_L$。每次制备都不是容错的，即制备的状态可能以概率 $O(\gamma)$ 发生任何权重的任何错误。在两个辅助比特之间逐位进行 CNOT 操作，并在计算基上测量其中一个的所有位。这里，我们尝试验证是否制备了

正确的状态,这对于 CSS 码,可以通过逐块物理 CNOT 充当的逻辑 CNOT 的事实来做到。因此,测量结果应是经典编码 $C_2^\perp$ 中的元素(见式(7.78))。如果不是,则重新制备两个辅助块并重复此过程,直到成功为止。在此阶段,尚未测量的辅助块具有权重大于或等于 2 的 X 错误的概率为 $O(\gamma^2)$,因为只有在至少两个位置发生故障时,它才可能发生。请注意,辅助比特可能仍然具有任何权重的 Z 错误。

接着,通过逐块物理 CNOT 将已验证的辅助比特耦合到计算机。我们再次使用这样的事实,即它充当逻辑 CNOT,因此应该没有任何效果! 实际上,确实发生了某些事情: X 错误从辅助比特传播到计算机,而 Z 错误从计算机传播到辅助比特。这是一种巧妙而容错的方式,可将 Z 错误校验子收集到辅助比特中。我们通过 Hadamard 变换辅助比特(将 Z 错误转换为比特翻转)并在计算基上测量辅助比特的所有位来读取它。在这里,我们使用了一类 CSS 代码的性质,即逐块物理 H 充当逻辑 H,因此将保持辅助块状态在编码子空间中,除非 Z 错误变成了 X 错误。

仍然没有单个错误位置可以在计算机中产生权重为 2 的错误,但是现在我们处于危险之中,因为在很多位置,单个故障都会导致错误的校验子。如果要基于错误的校验子对计算机进行"纠正",则实际上会引入更多的错误。因此,需要重复到目前为止所描述的整个过程。我们最终会得到两个校验子。如果它们保持一致,那么唯一可能出错的方式就是故障发生在两个不同的位置,即一个 $O(\gamma^2)$ 过程,所以我们继续相信它们。如果它们不一致,就必须提取第三个校验子,我们就根据少数服从多数原则采取行动。

现在,我们已经完成了计算机中 Z 错误的纠正(同时生成了其他 Z 错误,这些错误将在下一轮纠错中被发现)。网络的第二半部分操作类似,但是去收集并纠正计算机中的 X 错误。

请注意,整个过程依赖于 X 和 Z 错误传播方式的不同。我们可以容错地针对 X 错误验证辅助比特,但这样做就意味着我们接受在辅助比特中存在高权重 Z 错误的风险。这是可以接受的,因为这些 Z 错误保持不变;它们不会传播到计算机,只会使校验子错误。随后,我们通过再次生成校验子来检查它们的存在。还请注意我们对 CSS 码有用性质的严重依赖,例如它们在逐块门操作下的行为。

在一系列重复的错误恢复中,每一轮恢复不仅会纠正在该轮中计算机产生的错误,还会纠正由前一轮引起的错误(只要它们是可纠正的)。该过程自己产生的错误则不会被纠正。因此,在 R 轮之后累积的噪声水平从 $O(R\gamma)$ 被抑制为 $O(R\gamma^2 + \gamma)$,这对于较大的 R 和足够小的 γ 是有利的。

为了完成容错计算的任务,而不仅仅是记忆储存,我们需要通过所需的量子算法来演化计算机的状态。我们已经看到如何对由 CSS 代码编码的状态执行逻辑 Hadamard 和 CNOT 操作,比如在量子比特上进行逐块操作。这种操作是容错的,因为一个块上每个物理门仅连接到一个物理量子比特。为了获得完备的操作算符集合,我们利用了所有门的连续集的元素可以通过使用离散集的元素进行高效近似这一方法。为了使集合完备,只需具有一个容错的 Toffoli 门,或紧密相关的门集合中的一个即可,其中之一是受控 $\pi/2$ 旋转。肖尔[367] 为 Toffoli 提出了一个(有点晦涩难懂的)网络,可以理解为与隐形传态有关的构造。隐形传态可以认为是容错交换操作的一种形式,它对于在量子计算机中容错地移动信息很有用。[372-373] 这些和其他方法正在积极研究中。

截至撰写本文时,基于重复量子纠错的容错计算似乎是实现大型量子算法最有前途的方式,尽管该方法在计算机规模和噪声水平方面对物理硬件的要求仍然是苛刻的。

7.6 频率标准

韦尔加　马基亚韦略　普莱尼奥　埃克特

在本节中,我们将分析在存在退相干的情况下基于囚禁离子的频率测量精度。考虑 n 个二能级系统的不同制备以及不同的测量过程。我们会特别展示,在无关联离子上进行标准的拉姆齐光谱学和在最大纠缠态上进行最优测量,可以得到相同的分辨率。我们建议使用对称化过程来减少退相干的不良影响,并证明这些过程甚至允许超过通过优化初始离子状态的制备和优化测量方案实现的最优精度。

频率标准的目标是将参考振子稳定在给定的原子频率上。根据标准拉姆齐干涉法,在原子阱中实现光频标的过程如图 7.9 所示。

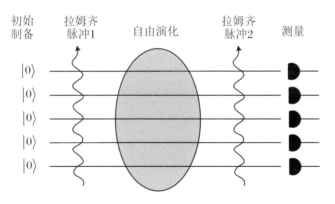

图 7.9　无关联粒子的拉姆齐型光谱学图示

离子阱最初装载了 n 个制备在同一内态 $|0\rangle$ 的离子(我们记 $|0\rangle$ 和 $|1\rangle$ 为每个离子的基态和激发态)。频率为 ω 的拉姆齐脉冲施加到所有离子上。精心选择脉冲形状和持续时间,以驱动自然频率 ω_0 的原子跃迁 $|0\rangle \leftrightarrow |1\rangle$,并为每个离子制备两个内态 $|0\rangle$ 和 $|1\rangle$ 的相等权重叠加。

$$|0\rangle \to \frac{|0\rangle + |1\rangle}{\sqrt{2}}, \quad |1\rangle \to \frac{-|0\rangle + |1\rangle}{\sqrt{2}} \tag{7.84}$$

接下来,系统在时间 t 内自由演化。在以振子频率 ω 旋转的参考系中,自由演化受哈密顿量控制:

$$H = -\hbar\Delta |1\rangle\langle 1| \tag{7.85}$$

式中,$\Delta = \omega - \omega_0$ 表示经典驱动场与原子跃迁的失谐。如此一来,原子态的演化可以表示为

$$|0\rangle \to |0\rangle, \quad |1\rangle \to e^{i\Delta t} |1\rangle \tag{7.86}$$

且原子跃迁与参考振子之间的频差导致了相对相位的积累。如果我们现在施加第二个拉姆齐脉冲,那么将发现一个离子处于 $|1\rangle$ 态的概率为

$$P = \frac{1 + \cos(\Delta t)}{2} \tag{7.87}$$

当这个基本方案不断重复并产生实验的总持续时间 T 时,所得到的被测布居在上态的干涉曲线使我们能够推导出振子的失谐,进而对参考振子的频率进行调整。这时,出现了一个问题:测量原子频率时能达到的最佳精度是多少?更准确地说,给定 T 和一个固定的离子数目 n,频率标准的分辨率的最终极限是什么?

与一个有限样本相关的统计涨落会以 P 的估计值得出一个不确定度 ΔP,由下式给出:

$$\Delta P = \sqrt{P(1-P)/N} \tag{7.88}$$

其中,$N = nT/t$ 表示实验数据的实际数量(我们假设 N 很大)。因此,以 ω_0 的估计值得出的不确定度为

$$|\delta\omega_0| = \frac{\sqrt{P(1-P)/N}}{|\mathrm{d}P/\mathrm{d}\omega|} = \frac{1}{\sqrt{nTt}} \tag{7.89}$$

这个值通常被称为散粒噪声极限(shot noise limit)。[374] 我们应该强调,这一极限来自量子力学内在的统计特性,它与技术噪声的其他可能来源有所不同。后者最终可以被降低,但散粒噪声对 n 个独立粒子的精密光谱可达到的分辨率构成了根本限制。

最近提出了一种可能克服这一极限的理论。[375-376] 基本的想法是将初始离子制备在一个纠缠态。为了了解这种方法的优势,让我们考虑这样一种情况,即将两个离子制备在最大纠缠态

$$| \Psi \rangle = (| 00 \rangle + | 11 \rangle) / \sqrt{2} \tag{7.90}$$

例如,图 7.10 所示网络的初始部分可以生成这种状态。第一个离子上的拉姆齐脉冲之后是一个受控非门。经过一段时间 t 的自由演化后,复合系统的状态在相互作用绘景中以驱动频率 ω 旋转,可以表示为

$$| \Psi \rangle = (| 00 \rangle + e^{2i\Delta t} | 11 \rangle) / \sqrt{2} \tag{7.91}$$

网络的第二部分使得在自由演化之后将离子解纠缠。第一个离子处于 $|1\rangle$ 态的布居现在将以频率 2Δ 振荡:

$$P_2 = \frac{1 + \cos(2\Delta t)}{2} \tag{7.92}$$

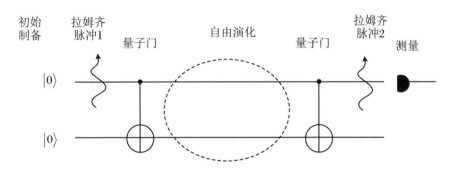

图 7.10　两个最大纠缠粒子的光谱学
粒子通过受控非门被纠缠和解纠缠。

利用一系列受控非门将第一个离子与其余每个离子相连,可以轻松将该方案推广到 n 离子情况。这样,n 个离子的纠缠态就以

$$| \Psi \rangle = (| 00 \cdots 0 \rangle + | 11 \cdots 1 \rangle) / \sqrt{2} \tag{7.93}$$

的形式生成了。在自由演化周期和第二组受控非门之后,对第一个离子的最终测量给出信号

$$P_n = \frac{1 + \cos(n\Delta t)}{2} \tag{7.94}$$

这个方案的优势在于,与使用无关联离子的情况相比,信号的振荡频率被放大了 n 倍,相应的频率不确定度为

$$|\delta\omega_0| = \frac{1}{n\sqrt{Tt}} \tag{7.95}$$

注意,通过使用相同数量的离子 n 和相同的实验总持续时间 T,这个结果在散粒噪声极限(式(7.89))的基础上改善为原先的 $1/\sqrt{n}$,并且这曾被认为是可能的最佳精度。[377]

现在让我们在现实的实验场景中检验相同的情况,在这种场景中不可避免地会出现退相干效应。在离子阱中,主要的退相干类型是退相位,它会导致量子态相对相位随机变化而又同时保持原子能级的布居不变。导致退相位效应的重要机制是碰撞、杂散场和激光不稳定性。我们通过以下主方程对单个离子 ρ 在退相干下约化密度算符的时间演化进行建模[378]:

$$\frac{\mathrm{d}\rho}{\mathrm{d}t} = -\mathrm{i}\Delta(\rho\,|\,1\rangle\langle1\,|\,-\,|\,1\rangle\langle1\,|\,\rho) + \gamma(\sigma_z\rho\sigma_z - \rho) \tag{7.96}$$

式(7.96)处于以频率 ω 旋转的参考系中。我们将泡利自旋算符记为 $\sigma_z = |0\rangle\langle0| - |1\rangle\langle1|$。这里引入衰减率 $\gamma = 1/\tau_{\mathrm{dec}}$,其中 τ_{dec} 是退相干时间。对于独立粒子的情况,这将使信号(7.87)展宽:

$$P = \frac{1 + \cos(\Delta t)\mathrm{e}^{-\gamma t}}{2} \tag{7.97}$$

因此,相应的原子频率不确定度不再与失谐无关。现在有

$$|\delta\omega_0| = \sqrt{\frac{1 - \cos^2(\Delta t)\mathrm{e}^{-2\gamma t}}{nTt\mathrm{e}^{-2\gamma t}\sin^2(\Delta t)}} \tag{7.98}$$

为了获得最佳的精度,有必要将该表达式作为每次测量持续时间 t 的函数进行优化。获得最小值

$$\Delta t = k\pi/2 \quad (k \text{ 为奇数}), \quad t = \tau_{\mathrm{dec}}/2 \tag{7.99}$$

且已知 $T > \tau_{\mathrm{dec}}/2$。因此频率的最小不确定度为

$$|\delta\omega_0|_{\mathrm{opt}} = \sqrt{\frac{2\gamma\mathrm{e}}{nT}} = \sqrt{\frac{2\mathrm{e}}{n\tau_{\mathrm{dec}}T}} \tag{7.100}$$

为了制备最大纠缠,存在退相位时的信号(7.94)修改为

$$P_n = \frac{1 + \cos(n\Delta t)\,\mathrm{e}^{-n\gamma t}}{2} \tag{7.101}$$

而当

$$\Delta t = k\pi/(2n) \quad (k \text{ 为奇数}), \quad t = \tau_{\mathrm{dec}}/(2n) \tag{7.102}$$

时,原子频率估计值的不确定度为最小值。有趣的是,我们恢复了与标准拉姆齐光谱学(式(7.100))完全相同的最小不确定度。这种效果如图 7.11 所示。对于具有 n 个无关联粒子的标准拉姆齐光谱学和具有 n 个粒子的最大纠缠态,我们将频率不确定度 $|\delta\omega_0|$ 的模量绘制为单次实验持续时间 t 的函数。

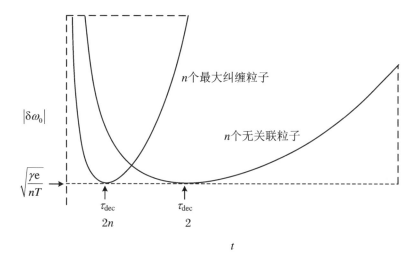

图 7.11　频率不确定度 $|\delta\omega_0|$ 作为对最大纠缠粒子和无关联粒子单次发射持续时间 t 的函数
注意,对于这两种配置,最小不确定度是完全相同的。

　　在存在退相干的情况下,两种制备方法均达到了相同的精度。考虑到存在退相干时最大纠缠态要脆弱得多,可以直观地理解此结果:退相干时间减少为 $1/n$,因此每个单次测量的持续时间 t 也必须减少相同的量。只要实验的总持续时间超过典型的退相干时间,上述结论就成立。因此,最大纠缠态仅对短时间稳定的实验系统有利。针对需要长周期的实验而言,最近的研究表明[379],使用具有高度对称性的部分纠缠制备可获得最佳分辨率。该过程包括对 n 个离子初态制备的优化,以及自由演化后的末态测量。然而,从实际的角度来看,预期的改善是有限的。当 $n = 7$ 时,相对于极限(7.100),精度最佳百分比的改进是 10%。对于 n 趋近无穷大时,相应的渐近极限仍在研究中。

　　发挥量子纠缠提高频率标准分辨率能力的一种非常特别的手段是纠错。如前面各节所示,纠错可以有效减少量子系统中的退相干和耗散。然而,当已有的相位型纠错协议应用于这个特殊问题时,困难就出现了。纠错的使用不仅纠正了由环境噪声引起的相位错误,还干扰了失谐振子中原子态相对相位的变化,而这是我们想要估计的量。这降低了频率标准的灵敏度。然而,正如后文将会展示的那样,稳定系统使其免受退相干的影响,并克服无关联粒子的光谱学所能达到的最佳分辨率,是有可能的。

关键是要意识到,在自由演化区域中,当不考虑退相干时,初始制备的 n 个粒子的状态(其在 n 个离子的任何置换下均不变)始终位于 n 离子复合系统的希尔伯特空间的对称子空间(所谓对称子空间,是指在 n 个离子的任意置换下不变的所有可能状态的子空间)。将全局态投影到对称子空间[380]将部分消除受环境相位错误影响的事件。图 7.12 显示了当 $n=2$ 时使用此技术可以实现的百分比精度改进。在这种情况下,考虑了具有初始无关联离子的标准拉姆齐方案,并在自由演化区域采用了重复对称化步骤。在每个对称化步骤后,只有当对称化成功时,离子才会被保留,否则它们被丢弃并重置为 $|0\rangle$ 态以重新开始方案。虽然这减少了可供统计的实验数据的数量,但从图 7.12 可以看出,这是提高实验整体精度的一种方便的策略。

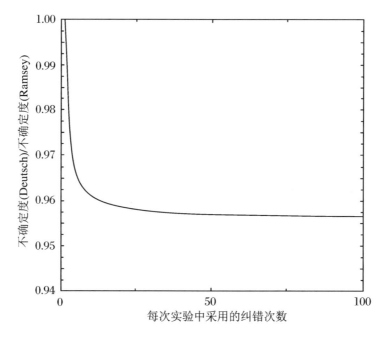

图 7.12　$n=2$ 的标准拉姆齐光谱学在有对称化和无对称化时的不确定度比,作为自由演化区域中执行的对称化步骤数的函数

对一般 n 的对称化程序和离子态的一般初始制备所能达到精度的极限仍在研究中。

需要注意的是,对称化方法是一种错误检测方法,而不是错误纠正方法。对称化方法只是移除错误状态，而不是纠正它们。尽管剩下的集合包含的错误较少，但由于在对称子空间中剩下的系统数量较少，实验的统计性变差。总体上改善效果很小。在频率标准中应用真正的量子纠错码目前还在研究中。在这个研究方向上的进展，或许能够极大地提高频率的标准度。即使证明量子纠错和纠缠不能显著提高频率标准的精度，这一研究方向也是非常有意义的。

在本节中，我们介绍了纠缠和量子纠错在频率标准中的应用。这样做的动机是，它是一种只需少量量子资源的对量子信息理论思想的应用。量子信息理论未来研究的方向肯定是开发其他只需要少量资源的应用场景。相关的应用可能在不久的将来就可以在实验上实现。

第 8 章

纠缠纯化

8.1 引言

第 7 章介绍了量子纠错理论。本章将描述一种克服退相干的替代方法,尤其适用于量子(态)通信。其核心思想是从大量可能因退相干而降低纠缠度的(成对的)纠缠粒子集合中,蒸馏出具有更高纠缠度的粒子子集。第 8.2 节将描述纠缠纯化的一般原理。具体的例子有:局域滤波(第 8.3 节),适用于增加纯态的纠缠;量子保密放大(第 8.4 节),旨在提高量子密码学在噪声量子信道下的安全性。在第 8.5 节中,我们会将纠缠纯化推广到多粒子纠缠的情况。第 8.6 节将展示如何在空间相距遥远的原子之间生成最大纠缠 EPR 对,每个原子都在高 Q 值光学腔内,并通过噪声信道(如标准光纤)发送光子。由于传输过程中光子的吸收概率随距离呈指数增长,因此成功传输所需的重复次数也会增加。第8.7节将介绍基于量子中继的方法,该方法将所需操作数量随传输距离的增加从指数级降低到多项式级别。

8.2　纠缠纯化原理

布里格尔

　　量子通信的一个核心问题是在信道存在噪声的情况下,如何忠实地将量子信息从一方 A(Alice)传输到另一方 B(Bob)。量子态通过噪声量子信道传输的保真度通常随其长度呈指数下降,因此忠实传输将被限制在非常短的距离内。这个问题原则上可以通过量子隐形传态的方法来解决,它要求 A 和 B 共享一定数量的处于最大纠缠态的粒子对(EPR 对)。那么接下来的问题是,如果 A 和 B 只能通过噪声信道进行通信,那么他们如何创建这种纠缠态呢? 由于纠缠不能单独由局域操作产生,A 和 B 将不得不在某个时刻通过信道发送量子比特,以建立非局域量子关联。当这些量子比特与信道相互作用时,它们会发生退相干,并且由此产生的 EPR 对不会被最大程度地纠缠,而是由具有一定纠缠保真度的某种混态来描述。纠缠纯化(entanglement purification)的思想是从这种低保真度 EPR 对的大型系综中,提取具有足够高保真度的较小子系综,然后可以将其用于忠实的隐形传态[49,74](第 3 章)或用于量子密码学[46-47](第 2 章)。

　　从量子通信的角度来看,纠缠纯化和量子纠错之间有着天然的联系。量子纠错理论主要是为了在退相干和不完美装置的影响下使量子计算成为可能,但它也同样可以用于纠正传输错误。① 然而,纠缠纯化是用于量子通信目的的更专精且更强大的工具。通过利用双方之间的经典通信,它可以实现量子纠错技术无法实现的高效双向协议。此外,该方法对于不完美的装置具有很强的稳健性(robustness),这使得它对更高级的应用(如量子中继)非常有吸引力。[381]关于纠缠纯化和量子纠错之间的联系,文献[323]中给出了定量分析。

　　应强调的是,纯化(和量化)纠缠是一项基础性的研究问题,不论我们今天所考虑的具体通信应用如何。未来我们可能会了解到更多关于(多)粒子纠缠的方面,而不仅仅是我们目前所知道的计算和通信任务。无论如何,在我们的实验室中拥有纠缠态是很有益的,因此我们需要知道如何高效地生成和纯化它们。

---

① 事实上,经典纠错最初正是设计用来满足此目的(纠正传输错误)的。[32]

那么,什么是纠缠纯化呢?

为了阐明主要思想,我们首先考虑沿某个方向(例如 z)部分偏振的自旋 1/2 粒子系综。为简单起见,可以假设我们处理的分别是 $|\uparrow\rangle \equiv |$ 上旋 $\rangle$ 态与 $|\downarrow\rangle \equiv |$ 下旋 $\rangle$ 态粒子的非相干混合,由密度矩阵

$$\rho = f |\uparrow\rangle\langle\uparrow| + (1-f)|\downarrow\rangle\langle\downarrow| \tag{8.1}$$

表示,尽管这个限制对于下面的论证不是必需的。通过测量粒子沿 z 轴的自旋,例如通过如图 8.1 所示的施特恩-革拉赫(Stern-Gerlach, SG)装置发送它们,我们可以轻松地选择 $|\uparrow\rangle$ 态粒子的子系综,通过只选择那些沿着上路径离开装置的粒子(平均情况下占所有粒子的一部分 f),我们显然可以创建一个纯态 $\rho' = |\uparrow\rangle\langle\uparrow|$ 粒子的子系综。可以说我们通过"蒸馏"具有所需偏振的粒子,从而"纯化"了整个系综,尽管此时这个术语听起来相当勉强。

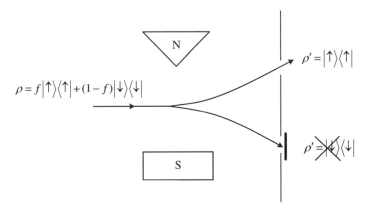

图 8.1 使用 Stern-Gerlach 磁体选择自旋偏振原子

由两个磁体(S 和 N)产生 z 方向不均匀磁场,用于空间分离具有不同自旋的粒子。为简洁起见,我们称这种装置为"Stern-Gerlach 装置"。

出于在后文中会逐渐明了的原因,想象一个稍微复杂一点的情况,其中,粒子在通过 SG 装置后被某种未知机制破坏(例如吸收)了! 我们假设,如果粒子通过图 8.1 中的上孔,装置就会发出一次响应,其他情况则无事发生,且吸收所有粒子。如何用这样一个有缺陷的装置来纯化我们的系综呢? 一种可能性是不通过 SG 装置发送粒子本体,而是发送它们的拷贝。尽管不可能复制一般的量子态(量子不可克隆定理,第 2.2.2 小节[88]),但可以使用辅助粒子 C 和测量门(或 CNOT 门)复制选定的基态。测量门已经在 1.6 节中描述过:如果粒子 C 的初态是 $|\uparrow\rangle_{\text{C}}$,则它的作用是将粒子 A 的基态 $|\uparrow\rangle_{\text{A}}$ 和 $|\downarrow\rangle_{\text{A}}$ 复

制到粒子 C 上[①②]，即

$$|\uparrow\rangle_A|\uparrow\rangle_C \to |\uparrow\rangle_A|\uparrow\rangle_C$$
$$|\downarrow\rangle_A|\uparrow\rangle_C \to |\downarrow\rangle_A|\downarrow\rangle_C$$

(8.2)

作用于系综(8.1)，测量门创建了两个（经典地）关联的系综，形式为[③]

$$\rho_{AC} = f|\uparrow\rangle_A\langle\uparrow| \otimes |\uparrow\rangle_C\langle\uparrow| + (1-f)|\downarrow\rangle_A\langle\downarrow| \otimes |\downarrow\rangle_C\langle\downarrow| \qquad (8.3)$$

如果我们现在测量一个辅助粒子的自旋值，我们仍然会破坏那个粒子，但是一次响应会表明对应的留在后面的粒子 A 处于纯态 $\rho'_A = |\uparrow\rangle_A\langle\uparrow|$，如图 8.2(a) 所示。通过测量每个粒子的拷贝，我们只需检查哪些粒子处于正确的状态，就可以选择出一个纯化的子系综。

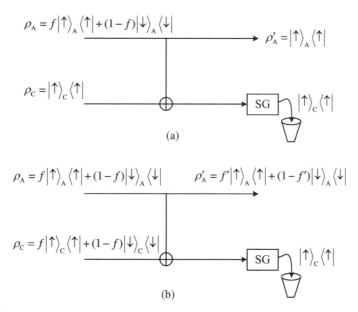

图 8.2 自旋偏振原子的选择

使用虚构的 SG 装置，它在测量原子状态时吸收原子。非纯系综的原子态（上线）被复制（符号 ⊕）到辅助原子 C（下线）上，在其上进行破坏性测量。（a）中使用的辅助原子在 $|\uparrow\rangle_C$ 态下偏振；在（b）中，它们取自非纯系综本身。

---

① 这意味着任何叠加 $\alpha|\uparrow\rangle_A + \beta|\downarrow\rangle_A$ 都将根据下式被该测量门转换：

$$(\alpha|\uparrow\rangle_A + \beta|\downarrow\rangle_A)|\uparrow\rangle_C \to \alpha|\uparrow\uparrow\rangle_{AC} + \beta|\downarrow\downarrow\rangle_{AC}$$
$$\neq (\alpha|\uparrow\rangle_A + \beta|\downarrow\rangle_A)(\alpha|\uparrow\rangle_C + \beta|\downarrow\rangle_C)$$

因此，不可克隆定理[88]并未被违反。

② 更一般地，在粒子 A 处于 $|\downarrow\rangle_A$ 态的条件下，粒子 C 的自旋发生翻转。也就是说，式(8.2) 与 $|\uparrow\rangle_A|\downarrow\rangle_C \to |\uparrow\rangle_A|\downarrow\rangle_C$ 和 $|\downarrow\rangle_A|\downarrow\rangle_C \to |\downarrow\rangle_A|\uparrow\rangle_C$ 共同构成了对完整 CNOT 门的描述。

③ 这在辅助粒子 C 初始处于 $|\uparrow\rangle_C$ 态时成立。

显然,有一个隐藏的问题:假设我们有可用的处于纯态$|\uparrow\rangle_C$的辅助粒子,那么整个纯化的概念似乎就变得毫无意义了,因为我们可以从一开始就使用这些辅助粒子,而不是我们的非纯系综。

那么,如果没有完美偏振的自旋供我们复制,该怎么办呢?很重要的一点是,为了这个目的,我们不妨使用取自非纯系综本身的粒子。只要$f>1/2$,就更有可能存在某些随机选择的(用于复制的)粒子处于正确的内态$|\uparrow\rangle_C$,因此可用于检查系综中其他粒子的未知态。定量地来看,想象一下,我们将想要纯化的初始系综分为两个相同大小的子系综ρ_A和ρ_C(我们使用两个不同的下标 A 和 C 来区分它们在测量门中的角色)。两个子系综将用相同的密度矩阵(8.6)来描述,另见图 8.2(b)。现在,对于 A 系综中的每一个原子,我们都从 C 系综中挑选一个原子,并在测量门的帮助下将 A 的状态复制到 C 上。在对所有粒子完成此过程后,我们获得以下系综:

$$\rho_{AC} = (f^2 |\uparrow\rangle_A\langle\uparrow| + (1-f)^2 |\downarrow\rangle_A\langle\downarrow|) \otimes |\uparrow\rangle_C\langle\uparrow|$$
$$+ f(1-f)(|\uparrow\rangle_A\langle\uparrow|) + |\downarrow\rangle_A\langle\downarrow|) \otimes |\downarrow\rangle_C\langle\downarrow| \qquad (8.4)$$

现在,我们测量粒子 C 的状态,并将 A 系综中所有拷贝处于$|\uparrow\rangle_C$(响应)的粒子收集到一个新的系综中,这个新的系综由密度算符

$$\rho'_A = f'|\uparrow\rangle_A\langle\uparrow| + (1-f')|\downarrow\rangle_A\langle\downarrow| \qquad (8.5)$$

描述,其中$f' = f^2/[f^2 + (1-f)^2]$。简单的函数$f'(f)$与图 8.4 中绘制的相同,在图中,我们将讨论混合纠缠态的纯化。因此,对于$f>1/2$,我们获得了一个纯化系综,其中,处于$|\uparrow\rangle_A$态的粒子拥有更大的比例$f'>f$。如果我们按照图 8.4 中的阶梯所示迭代这个过程,只要初始系综足够大,我们就能够蒸馏出状态任意接近纯态$|\uparrow\rangle_A$的粒子。[①]

我们现在已经准备好去讨论混合纠缠态的纯化问题了。想象一下,Alice 和 Bob 想要纯化一个双粒子纠缠态ρ_{AB}的系综,其中,他们的粒子 A 和 B 被保存在不同的位置。考虑以下简单示例:

$$\rho_{AB} = f|\Phi^+\rangle_{AB}\langle\Phi^+| + (1-f)|\Psi^+\rangle_{AB}\langle\Psi^+| \qquad (8.6)$$

其中,贝尔态为

$$|\Phi^+\rangle_{AB} = \{|\uparrow\uparrow\rangle_{AB} + |\downarrow\downarrow\rangle_{AB}\}/\sqrt{2}$$

和

$$|\Psi^+\rangle_{AB} = \{|\uparrow\downarrow\rangle_{AB} + |\downarrow\uparrow\rangle_{AB}\}/\sqrt{2}$$

---

① 严格地讲,要用这种方法来蒸馏纯态,初始系综必须得无限大。

且 $1/2 < f < 1$。除非 $f = 1/2$，否则态(8.6)是不可分的。我们可以将态(8.6)视为两个系综的经典混合，即大小分别为 f 和 $(1 - f)$ 的 $|\Phi^+\rangle_{AB}$ 和 $|\Psi^+\rangle_{AB}$（纯）贝尔态系综。[①] 显然，通过相应 SG 装置的每一侧发送这两个粒子，Alice 和 Bob 就可以分辨这两个子系综：对于 $|\Phi^+\rangle_{AB}$ 态中的粒子对，两个粒子会沿相同的路径离开装置（"上上"或"下下"），而对于 $|\Psi^+\rangle_{AB}$ 态的粒子对，它们会沿不同的路径离开装置（"上下"或"下上"），假设 Alice 和 Bob 都将其 SG 装置对准 z 方向。可是，这种测量会破坏任何先前存在的纠缠，粒子将以直积态离开装置。因此问题是：既然 Alice 和 Bob 通过局域测量破坏了纠缠，那么他们又如何能选择 $|\Phi^+\rangle_{AB}$ 描述的子系综呢？

为了解决这个问题，可以利用我们前文讨论的单粒子纯化时的见解。Alice 和 Bob 可否应用测量门的技巧，去通过 SG 装置发送 A 和 B 的"拷贝"，而不是粒子本身呢？事实上，如果用于复制的粒子的初态本身是纠缠的，那么他们就能够实现这一点。要明白这一点，请考虑 Alice 和 Bob 共享两对的情况，一对 AB 来自系综(8.6)，第二对 A′B′ 处于纯态 $|\Phi^+\rangle_{A'B'}$。现在，他们通过在两侧（即分别在粒子 A 和 A′、B 和 B′ 之间）应用测量门(8.2)，将 AB 对的状态复制到 A′B′ 对上。此操作的结果可以总结如下：

$$
\begin{aligned}
|\Phi^+\rangle_{AB} |\Phi^+\rangle_{A'B'} &\rightarrow |\Phi^+\rangle_{AB} |\Phi^+\rangle_{A'B'} \\
|\Psi^+\rangle_{AB} |\Phi^+\rangle_{A'B'} &\rightarrow |\Psi^+\rangle_{AB} |\Psi^+\rangle_{A'B'}
\end{aligned}
\tag{8.7}
$$

这种双边（CNOT）操作显然起到了两粒子测量门的作用，这里 $|\Phi^+\rangle$ 和 $|\Psi^+\rangle$ 态扮演了式(8.2)中类似于 $|\uparrow\rangle$ 和 $|\downarrow\rangle$ 的角色。这意味着，如果 Alice 和 Bob 共享了一些 $|\Phi^+\rangle_{A'B'}$ 态的纠缠对，那么他们可以使用它们来检查系综(8.6)中随机选择的粒子对的状态，从而选择所需的子系综。问题是，他们当然没有处在 $|\Phi^+\rangle_{A'B'}$ 态的辅助对（否则就不需要纯化了）。但是，想一想之前关于单粒子态的讨论，Alice 和 Bob 一样可以使用来自混态系综的粒子对，只要它们中的大多数处于正确的初态 $|\Phi^+\rangle$（即 $f > 1/2$）。因此，该协议与单粒子纯化协议（图8.3）非常相似：

(1) Alice 和 Bob 随机挑选两个系综(8.6)的纠缠对，并使用其中一对来测量另一对的状态；

(2) 他们在每一侧的相应粒子之间应用 CNOT 门；

(3) 他们测量辅助对的状态，例如使用两个 SG 装置，如图8.3所示（从而破坏其纠缠）。

通过只保留测量结果给出相同自旋值的纠缠对（"上上"或"下下"），他们可以选择一个新系综，由如下密度算符描述：

[①] 式(8.6)中的 $f = \langle \Phi^+ | \rho_{AB} | \Phi^+ \rangle_{AB}$ 部分也可称作混态 ρ_{AB} 关于贝尔态 $|\Phi^+\rangle_{AB}$ 的"纠缠保真度"（或直接称为"保真度"）。

$$\rho'_{AB} = f' \mid \Phi^+ \rangle_{AB} \langle \Phi^+ \mid + (1 - f') \mid \Psi^+ \rangle_{AB} \langle \Psi^+ \mid \tag{8.8}$$

其中,具有较大比例 $f' = f^2/[f^2 + (1-f)^2] > f$(对于 $f > 1/2$)的粒子对处于状态 $\mid \Phi^+ \rangle_{AB}$,如图 8.4 所示。请注意,为了比较测量结果,从而决定保留或丢弃哪些粒子对, Alice 和 Bob 必须通信并交换经典信息,这是任何纯化协议必不可少的组成部分。如图 8.4 中的阶梯所示,通过循环该过程,Alice 和 Bob 可以蒸馏出一个纠缠保真度 f 无限接近单位值的纠缠对的系综。

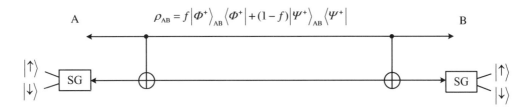

图 8.3 通过局域幺正操作、测量和经典通信来执行的混合纠缠态系综的纯化

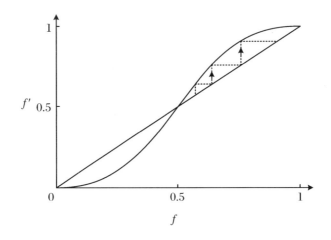

图 8.4 混合纠缠态的纯化

对于 $f > 1/2$,纠缠对(8.6)的保真度增长到式(8.8)中的 f'。通过迭代(阶梯),我们可以从初始低保真度纠缠对的大系综中蒸馏出高保真度纠缠对。请注意,对于这种简单的方法(所谓的递归),每一步都有超过全部 50% 的纠缠对被消耗。

看来通过式(8.6),我们已经讨论了一个相当特殊的混合双粒子态的情况,但该方法也适用于一般的状态 ρ_{AB},只要其包含足够大比例 $f = \langle \Phi_{me} \mid \rho_{AB} \mid \Phi_{me} \rangle > 1/2$ 的粒子在最

大纠缠态$|\Phi_{\mathrm{me}}\rangle$。[①] 本内特等人为一般混合纠缠态提供了首个纠缠纯化协议。[49]它允许我们从一个保真度$f>1/2$的纠缠态大系综中,蒸馏出一个保真度f无限接近单位值的纠缠对的较小系综。然后,这些纠缠对可用于通过噪声量子信道进行的忠实隐形传态。多伊奇等人提供了被称为"量子保密放大"的第二个协议。[47]除了细节上的差异(如生成单态的效率),这两种协议都使用测量门作为核心组成部分,在不破坏其纠缠的情况下对非局域纠缠态进行测量。设计量子保密放大的主要动机在于将它应用在基于纠缠的量子密码学[46],通过建立一个过程,原则上允许 Alice 和 Bob 从选定纠缠对的子集中解纠缠潜在的窃听者,该子集随后可用于量子密钥分发。这种量子保密放大方法将在第 8.4节中讨论。

应当强调,我们上面描述的为了阐明纠缠纯化思想的方法,并不是纯化纠缠态的唯一途径。有更复杂的方法(例如使用多粒子测量),这些方法利用经典信息理论(如随机散列(random hashing)[49,323])的思想来提高协议的效率。另一种有趣而简单的方法特别适合增加纯态的纠缠,它就是局域滤波[117,382],这将在第 8.3 节中更详细地描述。自几年前首次提出有关纠缠纯化的理论以来,该领域已经取得了一系列进展,但在本书的基础介绍中我们无法对其进行详细的讨论。它们包括"束缚纠缠"(bound entanglement)的重要概念[383]、关于最佳纯化协议的讨论[322-323,384-385],以及不完美局域操作下纯化协议的效率和稳健性[381,386-387]。第 8.5 节将讨论多粒子纠缠态纠缠纯化的概念。

8.3 局域滤波

胡特纳　吉辛

对于纠缠纯化,人们考虑过包含无限数量纠缠对的量子系统,全部处于相同的状态(可能是混态)ρ_{in}。任务是仅通过局域操作和经典通信,从中提取一部分最大纠缠纯态。让我们首先考虑双量子系统的一个纯态纠缠 $\rho_{\mathrm{in}}=|\psi_{\mathrm{in}}\rangle\langle\psi_{\mathrm{in}}|$ 的情况。我们将证明,它总是可以通过局域滤波(local filtering)至双量子比特单态$(|01\rangle-|10\rangle)/\sqrt{2}$来被"纯化"。这里引入了局域滤波的概念,它是纠缠纯化的一个特别简单的例子,并且表明对于一般

---

① 这里的意思是指任何等同于四个贝尔态之一(因此也是全部)的状态,取决于 Alice 和 Bob 各自粒子的局域幺正变换。通常,在一个使用一般混态 ρ_{AB} 的协议的某个阶段,ρ_{AB} 的主要分量$|\Phi_{\mathrm{mc}}\rangle$会在应用双边 CNOT 操作之前转换为贝尔态$|\Phi^{+}\rangle$。

的纠缠纯化来说,考虑纯化至单态就足够了。[382]

使用施密特分解,ψ_{in} 总是可以写成

$$\psi_{\text{in}} = \sum_{j=1}^{N} c_j \alpha_j \otimes \beta_j \tag{8.9}$$

其中,$\{\alpha_j\}$ 和 $\{\beta_j\}$ 是 2 个纠缠量子系统的希尔伯特空间的正交基。由于 ψ_{in} 态被假定为纠缠,因此至少有 2 个非零的 c_j,所以我们可以假设 $c_1 \neq 0$ 且 $c_2 \neq 0$。为了纯化 ψ_{in},持有 α_j 态的 Alice 和持有 β_j 态的 Bob,首先分别做 $P_{\alpha_1} + P_{\alpha_2}$ 和 $P_{\beta_1} + P_{\beta_2}$ 的投影测量。通过经典通信,Alice 和 Bob 只保留测量输出为正的纠缠对。它们处于如下状态:

$$\psi_1 = c_1 \alpha_1 \otimes \beta_1 + c_2 \alpha_2 \otimes \beta_2 \tag{8.10}$$

因此就像量子比特一样,每个子系统只涉及两个正交态。我们假设 $|c_1|^2 \geqslant |c_2|^2$,那么 Alice 和 Bob 应用 2 个局域滤波 F_A 和 F_B,它们使 α_1 与 β_1 衰减,而同时让 α_2 与 β_2 不受影响地通过。这些滤波器由以下正算子表示:

$$F_A = \sqrt{\left|\frac{c_2}{c_1}\right|} P_{\alpha_1} + P_{\alpha_2}, \quad F_B = \sqrt{\left|\frac{c_2}{c_1}\right|} P_{\beta_1} + P_{\beta_2} \tag{8.11}$$

使用经典信道,Alice 和 Bob 只选择 2 个滤波器都通过的系统对。(实际上,只要 Alice 或 Bob 中一人测量她(他)的算符并作用一个滤波器就足够了。)请注意,此类滤波器确实存在。例如,具有偏振相关损耗(polarisation-dependent loss,PDL)的光学元件就很常见。有关量子光学的实验示例,请参阅文献[388]。经过滤波的系统,其量子态在两个直积态上具有相等的权重:

$$\psi_2 = F_A \otimes F_B \psi_1 = \left|\frac{c_2}{c_1}\right| c_1 \alpha_1 \otimes \beta_1 + c_2 \alpha_2 \otimes \beta_2 \tag{8.12}$$

最后,Alice 和 Bob 只需要固定 $\alpha_1 \otimes \beta_1$ 和 $\alpha_2 \otimes \beta_2$ 之间的相对相位,就可以获得所需的单态(直至一个无关联的全局态):

$$\psi_{\text{filtered}} = \alpha_1 \otimes \beta_1 - \alpha_2 \otimes \beta_2 \tag{8.13}$$

从完整的角度来说,纠缠纯化的问题更加复杂(对于 2 个以上的纠缠系统,我们甚至至今尚未知其通解)。然而,上面介绍的相对简单的滤波器也可以用来纯化一些混态,我们将在下面展示。受上述结果的启发,让我们考虑以下两个量子比特状态的混合:

$$\rho_{\text{in}}(\lambda, c) = \lambda P_{\psi_c} + \frac{1-\lambda}{2}(P_{\psi_{11}} + P_{\psi_{00}}) \tag{8.14}$$

其中,λ 和 c 是 0 和 1 之间的两个实数,且

$$\psi_c = c \,|\, 10\rangle - \sqrt{1-c^2}\,|\, 01\rangle, \quad \psi_{11} = |\, 11\rangle, \quad \psi_{00} = |\, 00\rangle \tag{8.15}$$

在展示如何纯化 $\rho(\lambda,c)$ 态之前,我们想证明该态永远不会违反 Bell-CHSH 不等式[12]。为此,我们使用霍罗德茨基家族一个有力的结果[389],该结果作用于 $\rho(\lambda,c)$ 态,得出结论:对于

$$\frac{1}{2-2c\sqrt{1-c^2}} < \lambda \leqslant \frac{1}{1+c^2(1-c^2)} \tag{8.16}$$

任何对 Bell-CHSH 不等式的违反都不会发生。尽管 $\rho(\lambda,c)$ 看上去显然是局域的,接下来我们将证明 $\rho(\lambda,c)$ 可以被纯化为单态,因此 $\rho(\lambda,c)$ 实际上是非局域的。

纯化 $\rho(\lambda,c)$ 的过程实际上与上面举的示例非常相似:Alice 和 Bob 应用滤波器 (8.11),其中,$c_1 = c$ 且 $c_2 = \sqrt{1-c^2}$。滤波后的状态为

$$\begin{aligned}\rho_{\text{filtered}}(\lambda,c) &= FA \otimes FB\,\rho_{\text{in}}(\lambda,c)\,FA \otimes FB \\ &= \frac{1}{N}\left[2\lambda c\sqrt{1-c^2}\,P_{\text{singlet}} + \frac{1-\lambda}{2}(P_{\psi_{11}} + P_{\psi_{00}})\right]\end{aligned} \tag{8.17}$$

其中,归一化因子 $N = 2\lambda c\sqrt{1-c^2} + (1-\lambda)$。

再次使用霍罗德茨基定理[389],可以看到该态违反了 Bell-CHSH 不等式,当且仅当

$$\lambda > \frac{1}{1+2c\sqrt{1-c^2}(\sqrt{2}-1)} \tag{8.18}$$

由条件(8.16)和(8.18)定义的 λ 的上、下界是兼容的,只要 $c\sqrt{1-c^2} \leqslant \sqrt{2}-1$。因此,存在 λ 和 c 的值,使得 $\rho(\lambda,c)$ 态在没有违反 Bell-CHSH 不等式的意义上是"局域的",同时又使得由局域环境滤波的相应 $\rho_{\text{filtered}}(\lambda,c)$ 态违反了部分 Bell-CHSH 不等式。

上文中,我们已经认定,"局域的"$\approx$"没有违反 Bell-CHSH 不等式"。这样一来,结果就显得有些戏剧性!但显然,这种认定可以且应该受到批评。在某些局域相互作用之后明显非局域的状态,并没有资格被认为是局域的。一个悬而未决的问题是:满足式(8.16)和(8.18)的 $\rho(\alpha,\lambda)$ 态是否符合一个能重现所有关联的局域隐变量模型?因为它没有违反任何 Bell-CHSH 不等式,所以此模型的存在是合理的。但是,即便存在这种局域隐变量模型,该状态也应该被称为非局域的,因为如上例所示,仅重现全部关联是不够的。

8.4 量子保密放大

马基亚韦略

纠缠纯化方案的目的是,从较大的非纯纠缠态集合中,蒸馏出纯度更高的纠缠态的子集。首个这类方案是在文献[49]中提出的,且已经证明它使量子态能够通过噪声信道忠实地进行隐形传态。随后在文献[47]中报道了一个更高效的纯化方案,称为"量子保密放大"(quantum privacy amplification,QPA),它专为加密目的而设计。实际上已经证明,它为量子密码学在噪声信道上提供了安全性(基于纠缠的方案[46]已在本书第 2 章呈现)。在本节中,我们来描述 QPA 方案的工作原理。

让我们假设,处于最大纠缠态的量子比特对,通过噪声量子信道生成并分发给两个用户 Alice 和 Bob。由于传输信道的噪声,分发的纠缠对与环境相互作用并与其纠缠,失去纯度并成为混态。Alice 和 Bob 对接收到的纠缠对进行操作,以期提高它们的纯度。我们假设分发了许多纠缠对,且信道以相同的方式作用于它们。我们将用贝尔基来描述纠缠态:

$$| \phi^{\pm} \rangle = \frac{1}{\sqrt{2}}(| 00 \rangle \pm | 11 \rangle) \tag{8.19}$$

$$| \psi^{\pm} \rangle = \frac{1}{\sqrt{2}}(| 01 \rangle \pm | 10 \rangle) \tag{8.20}$$

其中,$\{| 0 \rangle, | 1 \rangle\}$ 表示属于纠缠对的每个粒子的基。我们假设每对最初以 $| \phi^{+} \rangle$ 态生成,并用 $\{a, b, c, d\}$ 表示 Alice 和 Bob 以 $\{| \phi^{+} \rangle, | \psi^{-} \rangle, | \psi^{+} \rangle, | \phi^{-} \rangle\}$ 基接收到的"噪声"对的密度算符 ρ 的对角分量。第一个对角元 $a = \langle \phi^{+} | \hat{\rho} | \phi^{+} \rangle$,我们称之为"保真度",是通过测试验证纠缠对确实处于 $| \phi^{+} \rangle$ 态的概率。QPA 的目的是使保真度变成 1(这意味着其他三个对角元变为 0)。我们注意到,没有必要指定噪声对的整个密度矩阵,因为在 QPA 算法中,非对角元平均(即在过程的每一步对分发纠缠对的系综取平均)对于对角元的演化没有贡献,因此它们对方案的效率研究没有显著意义。

在 QPA 过程中,Alice 和 Bob 将接收到的噪声对分成两两一组,并对每组执行以下操作:Alice 在她的两个量子比特的每一个上执行幺正操作

$$U_{\mathrm{A}} = \frac{1}{\sqrt{2}} \begin{bmatrix} 1 & -\mathrm{i} \\ -\mathrm{i} & 1 \end{bmatrix} \tag{8.21}$$

Bob 则在他的量子比特上执行逆操作

$$U_B = \frac{1}{\sqrt{2}} \begin{bmatrix} 1 & i \\ i & 1 \end{bmatrix}$$ (8.22)

请注意,如果量子比特是自旋 1/2 粒子,且计算基是其自旋的 z 分量本征态,那么两个操作分别对应关于 x 轴的 $\pi/2$ 和 $-\pi/2$ 旋转。

然后,如第 1.6 节所述,Alice 和 Bob 分别执行两次量子受控非操作:

$$\overset{\text{control}}{|x\rangle} \overset{\text{target}}{|y\rangle} \rightarrow \overset{\text{control}}{|x\rangle} \overset{\text{target}}{|x \oplus y\rangle}, \quad (x, y) \in \{0, 1\}$$ (8.23)

其中,一对包含了两个控制量子比特,另一对包含了两个目标量子比特,$\oplus$ 表示模 2 加法(文献[49]中能找到一份有用的表,它描述了这种贝尔基的双边(bilateral)受控非操作)。然后,Alice 和 Bob 在计算基中测量目标量子比特(例如,他们测量目标自旋的 z 分量)。如果结果符合(例如,两个自旋都向上或都向下),那么他们保留控制对用于下一轮,并丢弃目标对。如果结果不符合,则两对都被丢弃。图 8.5 系统性地报告了 QPA 过程的基本操作。

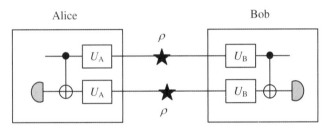

图 8.5 QPA 步骤的示意图

Alice 对她的粒子执行 U_A 操作和受控非操作,Bob 执行 U_B 操作和受控非操作。然后,Alice 和 Bob 测量目标对,如果结果符合,则保留控制对用于下一次迭代。

要了解此过程的效果,我们先假设每一对初始都处于有对角元 $\{a, b, c, d\}$ 的相同状态。在控制量子比特被保留的情况下,其密度算符会具有对角元 $\{A, B, C, D\}$,这些对角元平均仅依赖于对角元 $\{a, b, c, d\}$:

$$A = \frac{a^2 + b^2}{p}$$ (8.24)

$$B = \frac{2cd}{p}$$ (8.25)

$$C = \frac{c^2 + d^2}{p}$$ (8.26)

$$D = \frac{2ab}{p}$$ (8.27)

这里，$p = (a+b)^2 + (c+d)^2$ 是 Alice 和 Bob 在目标对的测量中获得符合结果的概率。式(8.24)~(8.27)描述了 QPA 算法的基本步骤。然后，通过将上述基本步骤再次应用于保留下来的纠缠对来迭代此过程。请注意，如果保真度的平均值变为 1，那么保留下来的纠缠对中的每一个必定独自趋近于纯态 $|\phi^+\rangle\langle\phi^+|$。

顺便提一下，我们注意到，如果两个输入对由不同的密度算符 ρ 和 ρ'（其对角元分别为 $\{a,b,c,d\}$ 和 $\{a',b',c',d'\}$）来描述，那么保留的控制对的对角元平均为

$$A = \frac{aa' + bb'}{p} \tag{8.28}$$

$$B = \frac{c'd + cd'}{p} \tag{8.29}$$

$$C = \frac{cc' + dd'}{p} \tag{8.30}$$

$$D = \frac{ab' + a'b}{p} \tag{8.31}$$

这里，$p = (a+b)(a'+b') + (c+d)(c'+d')$，其推广了式(8.24)~(8.27)。

QPA 映射(8.24)~(8.27)的几个有趣的属性可以很容易地验证。例如，若在任何阶段保真度 a 超过 1/2，则再一次迭代后，它仍然超过 1/2。虽然 a 并不一定是迭代次数的单调递增函数，但我们的目标点($A=1,B=C=D=0$)是映射的固定点，且是 $a>1/2$ 区域中唯一的固定点。很容易解析得出，它是一个局域吸引子，即当 a 趋近于 1 时，$A>a$。

最近又有解析证明，它在 $a>1/2$ 区域中也是一个全局吸引子。[390] 该证明基于演示 $f(a,b) = (2a-1)(1-2b)$ 作为迭代次数的函数是单调的，且渐进趋近于单位值。这意味着，如果我们从平均保真度超过 1/2 的纠缠对（否则就处于任意状态，包含与环境的任意关联）开始，那么连续迭代后保留下来的纠缠对的状态总是收敛到单位保真度纯态 $|\phi^+\rangle$。也可以证明[390]，无论是对于任何初始值 $b>1/2$（纯化为纯态 $|\phi^+\rangle$），还是对于任何初始值 $c>1/2$ 或 $d>1/2$（纯化为纯态 $|\psi^+\rangle$），QPA 过程始终可以成功。相反，当初始密度算符的对角元均未超过 1/2 时，该过程就不起作用。

另请注意，QPA 能够纯化任何处于 ρ 态的纠缠对集合，其相对于至少一个最大纠缠态（即一个贝尔态，或一个通过局域幺正操作从贝尔态获得的状态）的平均保真度大于 1/2。这是因为任何此类状态都可以通过局域幺正操作变换为 $|\phi^+\rangle$。[73] 如果我们用 $\mathcal{B}$ 表示这类纯的、最大纠缠的状态（广义贝尔态），那么 ρ 态可以被 QPA 纯化的条件由下式给出：

$$\max_{\phi \in \mathcal{B}} \langle \phi | \rho | \phi \rangle > \frac{1}{2} \tag{8.32}$$

该过程的速度和收敛行为取决于初始密度算符对角元的值。作为示例，我们在 $a >$ $1/2$ 且 $b = c = d = 0$ 的初始情况下，绘制了保真度作为初始保真度和迭代次数的函数，如图 8.6 所示。

QPA 过程从丢弃粒子的意义上来说相当浪费：每次迭代中，都至少有一半的粒子（用作目标的那些）被丢弃。不过，与文献 [49] 中描述的业内提出的首个纠缠纯化方案相比，此方案的效率仍然相当有优势（对于接近 0.5 的 a，效率大约是 1 000 倍，也就是说，对于一个最终保真度的规定值而言，保留下来的纠缠对数量大了 1 000 倍）。

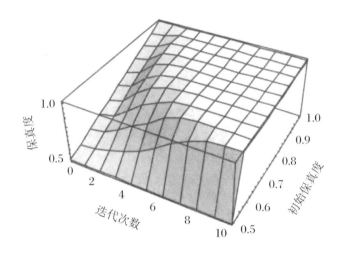

图 8.6 平均保真度作为初始保真度和迭代次数的函数（初态有 $b = c = d$）

8.5 推广纯化至多粒子纠缠

村尾美绪　普莱尼奥　波佩斯库　韦德拉尔　奈特

在本节中，对于 N 粒子纠缠的多种混合对角态，我们将描述文献 [391] 中提出的直接纯化协议。尽管这些过程不像本内特等人[49] 和多伊奇等人[47] 提出的双粒子纯化过程那样具有一般性，但其对于我们去理解多粒子纠缠很关键，并且具有重要的实用价值。对于许多自旋 1/2 粒子，最大纠缠态为

$$\mid \phi^{\pm} \rangle = \frac{1}{\sqrt{2}} (\mid 00 \cdots 0 \rangle \pm \mid 11 \cdots 1 \rangle) \tag{8.33}$$

还有那些局域幺正等价的最大纠缠态。每个粒子的状态都写在$\{\mid 0 \rangle, \mid 1 \rangle\}$基上;对于三个粒子,这些称为 GHZ 态。[290]

通过局域操作和经典通信,纯化过程[47,49,117,382]从混合纠缠态的系综中"蒸馏"出一个最大纠缠纯态的子系综。对于两个粒子,完全反对称的单态$\mid \psi^- \rangle = (\mid 01 \rangle - \mid 10 \rangle)/\sqrt{2}$在任何双边旋转下都是不变的,且它在这些纯化方案中起着重要作用。

然而,对于三个或以上的粒子,没有在三边(多边)旋转下保持不变的最大纠缠态(对于基于局域幺正变换下不变性的纠缠态分类,请参见文献[392])。局域旋转将最大纠缠态映射为一个最大纠缠态的叠加(除非我们有 $n\pi$ 平凡旋转,其中 n 为整数)。这使得将一个任意状态变换为维尔纳(Werner)态变得更加困难,也让寻找广义纯化协议变得更加复杂曲折。

虽然在 $N \geqslant 3$ 的随机双边旋转下(这里 N 为纠缠粒子数)没有最大纠缠态保持不变,但我们会称状态

$$\rho_{\mathrm{W}} = x \mid \phi^+ \rangle \langle \phi^+ \mid + \frac{1-x}{2^N} \mathbf{1} \tag{8.34}$$

为"维尔纳型态"(Werner-type state),因为它与双粒子情况存在相似性。请注意,我们为了方便,这里用了$\mid \phi^+ \rangle$而不是$\mid \psi^- \rangle$。纯化的目的是蒸馏出处于$\mid \phi^+ \rangle$态的子系综。维尔纳型态的保真度

$$f = \langle \phi^+ \mid \rho_{\mathrm{W}} \mid \phi^+ \rangle \tag{8.35}$$

为 $f = x + (1-x)/2^N$。这些维尔纳型态在实践中很重要,因为混合纠缠态在如下情形中很可能出现:有一个由 N 个粒子的初始最大纠缠态(如$\mid \phi^+ \rangle$)组成的系综,然后通过噪声信道将这 N 个粒子传输给 N 个不同的接收方(图 8.7)。

考虑噪声信道的影响,其对每个粒子的作用可以通过随机方向的随机旋转来表示。每个噪声信道都会以 $1-x$ 的概率产生随机旋转(围绕一个随机方向,旋转随机角度),同样,粒子也会有 x 的概率不受影响。通过这样一个信道传输后的状态即为由式(8.34)给出的维尔纳型态。

下面给出一个协议(图 8.8 中的 P1 + P2),该协议可以纯化维尔纳型态,前提是初始混态的保真度高于某个临界值。该方案的优点是,可以直接纯化任何数量粒子的维尔纳型态。

在协议 P1 + P2 中,每一方(Alice、Bob 等)对属于自己的粒子执行先 P1 后 P2 的迭代操作。

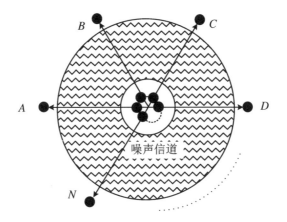

图 8.7 处于最大纠缠态的 N 个粒子通过噪声信道传输到不同接收方(A, B, C, D, …, N)

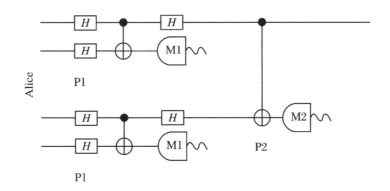

图 8.8 纯化协议 P1 + P2

H 是 Hadamard 转换,M1 和 M2 是局域测量和经典通信。此图展示了属于 Alice 的四个粒子。Bob 和其他人采用完全相同的过程。

1. P1 操作

P1 操作包括一个映射 $|0\rangle \rightarrow (|0\rangle + |1\rangle)/\sqrt{2}, |1\rangle \rightarrow (|0\rangle - |1\rangle)/\sqrt{2}$ 的局域 Hadamard 变换,一个局域 CNOT 操作与一次测量 M1,以及另一个局域 Hadamard 变换。在 M1 中,如果有偶数个目标量子比特被测量到处于 $|1\rangle$ 态,我们就保留控制量子比特;否则,丢弃控制量子比特。例如,为三个粒子进行纯化时,我们只保留 $|000\rangle$,$|011\rangle$,$|101\rangle$,$|110\rangle$。

2. P2 操作

P2 操作包括一个局域 CNOT 操作与一次测量 M2。在 M2 中,如果测量到所有目标比特处于相同状态,我们就保留控制量子比特;否则,丢弃控制量子比特。例如,当纯化三个粒子时,我们只保留 $|000\rangle$ 和 $|111\rangle$。在此操作中,密度矩阵的对角元和非对角元相互独立,以使非对角元不会影响纯化。

然而,该纯化方案并不仅限于维尔纳态。有几种类型的状态可以由协议 P1 或 P2 单独纯化。例如,如果初始混态没有任何配对态(我们称 $|\phi^-\rangle$ 为 $|\phi^+\rangle$ 的"配对态"(pairing state))的权重,且其他状态的权重相等(或者甚至当一些权重为零时),那么 P2 的迭代操作就足以将初始系综纯化至 $|\phi^+\rangle$ 态(更多详细内容请参见文献[391])。

在上述纯化协议中,多粒子纠缠态被直接纯化。这对特征多粒子纠缠的基础研究是必要的。然而,人们可以畅想通过双粒子纯化来纯化多粒子纠缠的方案:其中一个用于(Alice、Bob 和 Claire 的)三粒子的方案就利用了我们知道如何纯化双粒子的事实。所以,该方案将三粒子态转换为双粒子态,然后纯化这些双粒子态,并最终将其转换回三粒子纠缠态。此协议的算法在用语言描述时显得更加复杂,因此我们提供了一幅图(图 8.9),以通过可视化的方式帮助读者了解整个方案。该方案包括以下内容:

(1)首先,将三个粒子态的整个系综,分成两个相等的子系综。

(2)接着,Bob 将其中一个子系综的粒子投影到

$$|\chi^\pm\rangle = (|0\rangle \pm |1\rangle)/\sqrt{2}$$

上,而 Claire 使用另一个子系综执行相同的投影。当 Bob 或 Claire 成功地投影到 $|\chi^-\rangle$ 上时,他们指示 Alice 在她的粒子上执行一个 σ_z 操作;当他们成功地投影到 $|\chi^+\rangle$ 上时,就指示 Alice 什么都不做。这些操作的最终产物是双粒子纠缠态的两个子系综(一对由 Alice 和 Bob 共享,另一对由 Alice 和 Claire 共享)。

(3)然后,Alice 和 Bob,以及 Alice 和 Claire 分别对双粒子纠缠子系综中的每一个,执行文献[47,117]中的双粒子纯化协议。这就产生了粒子对的两个最大纠缠系综,分别由 Alice 和 Bob,以及 Alice 和 Claire 共享。

(4)Alice 现在想从她和 Bob 与 Claire 之间的两个最大纠缠对中获得一个 GHZ 态。为此,她从每个子系综中选择一个纠缠对,再对她的两个粒子执行 CNOT 操作。随后,她将目标粒子投影到 $|0\rangle$ 或 $|1\rangle$ 上。如果 Alice 成功投影到 $|1\rangle$ 上,她就指示 Claire 在她的粒子上执行 σ_x 操作;否则,什么都不做。最后,我们就获得了一个包含最大纠缠 GHZ 态的子系综。[300,303]

量子信息物理
The Physics of Quantum Information

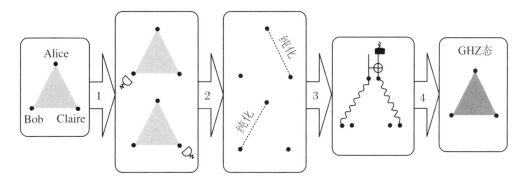

图 8.9　采用双粒子纯化的纯化方案

虚线表示部分纠缠,波浪线表示最大纠缠。第一次测量(用白色探测器符号表示)处于状态$|\chi^{\pm}\rangle = (|0\rangle$ $\pm |1\rangle)/\sqrt{2}$,且第二次测量(用黑色探测器符号表示)处于状态$|0\rangle$或$|1\rangle$。

　　我们现在来分析这个间接方案,并将其与直接纯化方案作比较。任何高效的三粒子直接纯化方案,都应该比这种借助双粒子的间接方法效果更好。我们注意到,在这个方案中,我们仅从两个双粒子最大纠缠态中,获得了一个三粒子最大纠缠态(如图8.10所示,详情见文献[391])。对于N粒子纠缠态的纯化,我们从$N-1$个双粒子最大纠缠态中得到一个最大纠缠态。此外,双量子比特CNOT操作(在实际中很难以高精度实现)的数量比我们的直接方案要多。这些"低效"的方面是双粒子方案在实践中的主要劣势。

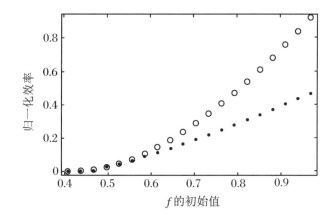

图 8.10　三粒子维尔纳型态纯化的归一化效率相对于保真度 f 的初始值

空心圈是通过纯化协议 P1 + P2 经数值计算获得的,选择的准确度为 10^{-7};实心点是通过双粒子纯化的纯化方案获得的,选择的是相同的准确度。

　　对于双粒子纠缠,如果我们不知道初态,那么初始保真度 $f>1/2$ 对于成功纯化就已经足够了。[47]如果我们有关于状态的额外信息,情况就不同了,此时任何纠缠态都可以被纯化。[50]然而,对于三个以上的粒子,纯化成功的充分条件就不是那么简单的了。我们发现了几种不同的标准,它们取决于混态的类型。

对于形如 $\rho_{\mathrm{w}} = x|\phi^+\rangle\langle\phi^+| + \dfrac{1-x}{2^N}\mathbf{1}$ 且通过协议 P1 + P2 纯化的维尔纳型态,我们获得的结果数值如表 8.1 所示。

表 8.1 保真度极限

N	A	B	C
2	$f \geqslant 0.539\,5$	$f > 1/2 = 0.5$	$f > 1/2$
3	$f \geqslant 0.407\,3$	$f > 5/12 \approx 0.416\,7$	未知
4	$f \geqslant 0.313$	$f > 3/8 = 0.375$	未知
5	$f \geqslant 0.245$	$f > 17/48 \approx 0.354\,2$	未知
6	$f \geqslant 0.20$	$f > 11/32 \approx 0.343\,8$	未知

注:A——采用直接协议 P1 + P2,对于维尔纳型态的 N 个粒子,其供纯化的初态的观测保真度极限;

B——采用双粒子纯化的间接纯化方案,其理论保真度极限;

C——纯化的理论最低充分保真度。

对于采用双粒子纯化的纯化方案,其维尔纳型态 ρ_{w} 的理论保真度极限,是由约化双粒子态的保真度 f_{r} 应满足 $f_{\mathrm{r}} > 1/2$ 这一条件决定的。例如,对于三个粒子,具有初始保真度 $f = x + (1-x)/8$ 的维尔纳态,在经过 Bob 或 Claire 的测量后,将被约化为一个双粒子态,如下所示:

$$\rho_{\mathrm{r}} = x|\phi^+\rangle\langle\phi^+| + \frac{1-x}{4}\mathbf{1} \tag{8.36}$$

约化后的双粒子态的保真度现在是 $f_{\mathrm{r}} = (1+6f)/7$。对于四个粒子,我们有 $f_{\mathrm{r}} = (1+4f)/5$;对于五个粒子,$f_{\mathrm{r}} = (7+24f)/31$;对于六个粒子,$f_{\mathrm{r}} = (5+16f)/21$;以此类推。从表 8.1 可以看出,P1 + P2 协议对于两个粒子不是最优的。所以,或许它对 $N > 2$ 也不是最优的。然而对于三个以上的粒子,我们的观测保真度极限是低于通过双粒子纯化方案得到的保真度极限的。

对于没有 $|\phi^-\rangle\langle\phi^-|$ 权重且除 $|\phi^+\rangle\langle\phi^+|$ 外其余状态权重都相等的状态,通过协议 P2 纯化的保真度极限为 $f > 2^{-(N-1)}$。通过采用双粒子纯化的纯化方案获得的保真度极限,对于三粒子的情况为 $2/5 = 0.4$,四粒子的情况为 $23/65 \approx 0.353\,846$,五粒子的情况为

量子信息物理
The Physics of Quantum Information

125/377≈0.328 912，以此类推。也就是说，不如我们协议的保真度极限。

正如我们所看到的，可纯化初态的保真度极限取决于其他对角态权重的分布。这是一个与双粒子的情况特性不同的条件。[47]对于两个粒子，其他对角元的权重分布与纯化基本无关，因为其他对角元的任何权重分布都可以在不改变纠缠量的情况下通过对两个粒子都进行局域随机旋转，从而变换为一个均匀分布。这表明多粒子混合纠缠态可能有另外的结构，这在双粒子混态中并不存在。

8.6　量子网络Ⅱ：噪声信道通信

布里格尔　迪尔　范·恩克　西拉克　措勒尔

我们将展示如何通过一般的噪声信道（如标准光纤）发送光子，在空间相距遥远的原子（每个原子处于高 Q 值光学腔内）之间生成最大纠缠的 EPR 对。一种在每个腔中几乎不使用辅助原子的纠错方案，可有效消除光子吸收和其他传输错误。对于在比信道的吸收长度或相干长度长得多的距离上通信，我们将描述一种全新的嵌套纯化协议，它成功实现了对经典通信里中继器的模拟。

8.6.1　导语

本节将继续并推广第 6.2 节的讨论。那一部分提出了一种量子网络的实现[278]，即利用原子的长寿命状态作为存储量子比特的物理基础，并利用光子作为将这些量子比特从一个原子转移到另一个原子的途径。为了使量子比特能够受控转移，原子被嵌入高精细度的光学腔中，这些光学腔由光纤连接，如图 6.1 所示。

该腔-光纤复合系统与激光脉冲一起，构成了我们抽象地称为噪声量子信道（noisy quantum channel）的系统，如图 8.11 所示。当光子沿光纤传输时，光子吸收将是一个主要的传输错误。此外，在腔镜表面和腔与光纤之间的耦合段，还会发生非相干散射，从而导致损耗。另一个典型的传输错误，是由设计不完美的（用于拉曼跃迁的）激光脉冲引起的，而局域门错误的一个例子，是在门操作过程中一个原子里的自发辐射。

本节将展示，即便存在因耗散和噪声而出现的错误，高保真度通信也是可以实现的，还将展示如何对抗退相干的影响。首先，我们将简要总结第 6.2 节的论点，这使我们有机会引入一个适应纠错和量子信息理论语言的符号。在第 8.6.3 小节和第 8.6.4 小节中，我们将专注于讨论光子传输过程中发生的传输错误，并展示如何探测和纠正它们。[393-395]在讨论该话题时，我们假设局域门操作和测量可以无错误地执行。在第 8.7 节中，我们将放宽这一假设，并允许所有操作（局域的和传输过程中的）都是不完美的。这反映了一般情况，即我们使用了所有的纠错手段，但不能排除某些错误逃脱了我们的探测，从而未得到纠正，或者我们使用的操作和测量在某种意义上是不精确的。在这个大背景下，我们来研究"长距离"通信和量子中继的应用这两个重要问题。[381,387]

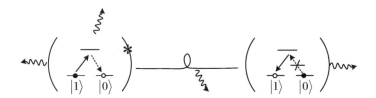

图 8.11　噪声光子信道
典型的传输错误包括光子吸收、非相干散射和不完美拉曼跃迁。

从一个更加正式的角度来看，将量子通信重新表述为在信道上生成远距离量子关联的问题，比表述为直接通过信道传播未知的量子比特更有利。当生成了一个 EPR 对后，是可以将其用于隐形传态[74]，即真实的信息传输，但也可以用于其他目的，如量子密码学中的密钥分发[46]。值得指出的是，这种方法不同于量子计算，即在建立完整的 EPR 之前，并没有处理真正的信息。我们所做的只是逐渐增加非局域量子关联，它们以后可能用于传输目的。事实上，到了以后，连接信道可能都不存在了。

因此本节的主题是，在连接 A 和 B 双方任意长度 l 的噪声量子信道的帮助下，如何在 A 和 B 之间生成 EPR 对。

8.6.2　理想通信

在理想情况下，第 6.2 节中的方案实现了以下传输：

$$[\alpha \mid 0\rangle_A + \beta \mid 1\rangle_A] \mid 0\rangle_B \rightarrow \mid 0\rangle_A [\alpha \mid 0\rangle_B + \beta \mid 1\rangle_B] \tag{8.37}$$

其中，第一个腔里原子 A 中内态 $\mid 0\rangle = \mid e\rangle$ 与 $\mid 1\rangle = \mid g\rangle$ 的未知叠加，被转移到第二个腔里的原子 B 中，参见图 8.12。腔可能是更大网络的一部分，所以我们通常分别将其称为节点 A 和节点 B。选定的原子内态 $\mid 0\rangle$ 和 $\mid 1\rangle$ 用量子信息理论的语言定义了量子比特的"计算基"。

重要的是,要认识到原子 A 可能会与同一腔内或网络上其他节点的其他原子发生纠缠。在这种情况下,式(8.37)中的 α 和 β 就不再是复数,而是表示其他原子的非归一态。因此,式(8.37)不仅可用于转移单个原子态,也可用于转移纠缠。例如,从单粒子态开始,EPR 对可以通过如下两步过程来生成:

$$\left[\alpha\,|\,0\rangle_A + \beta\,|\,1\rangle_A\right]|\,0\rangle_{A_2}|\,0\rangle_B \rightarrow \left[\alpha\,|\,0\rangle_{A_2}|\,0\rangle_A + \beta\,|\,1\rangle_{A_2}|\,1\rangle_A\right]|\,0\rangle_B$$
$$\rightarrow |\,0\rangle_{A_2}\left[\alpha\,|\,0\rangle_A\,|\,0\rangle_B + \beta\,|\,1\rangle_A\,|\,1\rangle_B\right] \quad (8.38)$$

这里,第一个箭头代表第一个腔中两个原子 A 和 A_2 之间的局域 CNOT 操作;第二个箭头将 A_2 的状态转移到 B,从而将原子 A 和 A_2 之间的纠缠转移成为原子 A 和 B 之间的纠缠。在该复合变换结束时,辅助原子 A_2 的状态与最初相同,且提取出了因数。当 $\alpha = \beta$ 时,理想的 EPR 对就生成了。

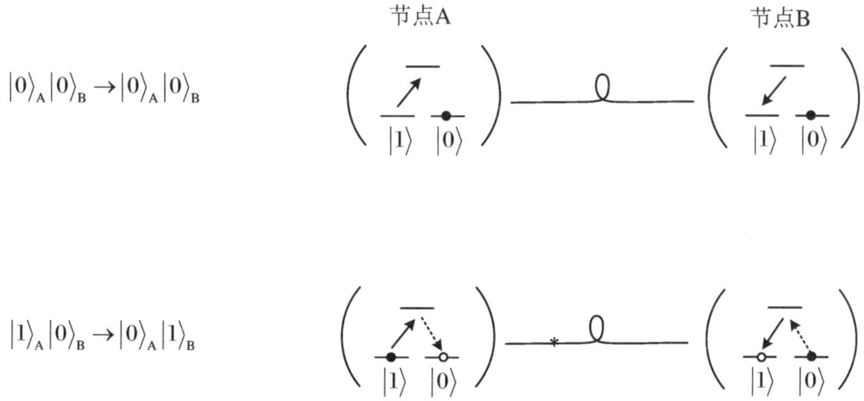

图 8.12 将原子态从节点 A 交换到节点 B

当节点 A 处的原子处于 $|\,1\rangle_A$ 态时,可以使用第 6.2 节中描述的拉曼跃迁序列,通过光子传输将其状态交换到节点 B 的原子。当 A 处原子处于 $|\,0\rangle_A$ 态时,拉曼脉冲则不会改变其状态。随即,根据式(8.38),$|\,0\rangle_A$ 与 $|\,1\rangle_A$ 态的叠加会被转移至节点 B。

8.6.3 传输错误的纠正:光子信道

在实际的模型中,我们必须考虑到这样一种可能性,即原子态从 A 腔转移到 B 腔是不完美的。存在一定的概率,即使 A 被激发,B 中的原子也不会被激发。这是由原子-腔

261

-光纤复合系统与环境的相互作用造成的,环境即便再小,原则上也始终存在。这导致式(8.37)中的原子态与环境产生纠缠,环境也就是指腔壁、光纤和自由空间的辐射场。

接下来,我们假设光子可由信道吸收,但不可由其生成。这是对光学光子的一个很好的近似,其中腔内和光纤中光子的平均热数(mean thermal number)非常小。在这种情况下,对于不完美的传输操作,最一般的表达式为

$$
\begin{aligned}
|0\rangle_A \, |0\rangle_B \, |E\rangle &\rightarrow |0\rangle_A \, |0\rangle_B \, |E_0\rangle \\
|1\rangle_A \, |0\rangle_B \, |E\rangle &\rightarrow |0\rangle_A \, |1\rangle_B \, |E_1\rangle + |0\rangle_A \, |0\rangle_B \, |E_a\rangle
\end{aligned}
\tag{8.39}
$$

其中,$|E\rangle$,$|E_0\rangle$,$\cdots$表示环境的非归一化态。方便起见,我们可以写成$|E_0\rangle = \mathcal{T}_0 \, |E\rangle$,$|E_1\rangle = \mathcal{T}_1 \, |E\rangle$,$|E_a\rangle = \mathcal{T}_a \, |E\rangle$,从而引入将系统与环境纠缠在一起的算符。有了这个符号,式(8.39)可用如下紧凑形式来表示[①]:

$$
\begin{aligned}
|0\rangle_A \, |0\rangle_B &\rightarrow |0\rangle_A \, |0\rangle_B \mathcal{T}_0 \\
|1\rangle_A \, |0\rangle_B &\rightarrow |0\rangle_A \, |1\rangle_B \mathcal{T}_1 + |0\rangle_A \, |0\rangle_B \mathcal{T}_a
\end{aligned}
\tag{8.40}
$$

它定义了光子信道。[394]

光学腔与光纤一起组成了一个复合光学系统,其具有特定的共振结构,该结构定义了系统的准模谱(spectrum of quasi modes)、弛豫常数等。在特殊情况下,当只有光子吸收发挥作用时,式(8.40)中的算符形式很简单。对于光频,环境态可以很好地用真空态来近似,所以我们可以写出$\mathcal{T}_0 = 1$,$\mathcal{T}_1 = \alpha(\tau) \sim \mathrm{e}^{-\kappa\tau}$,$\mathcal{T}_a = \sum_j \beta_j(\tau) b_j^\dagger$。其中$\sum_j |\beta_j(\tau)|^2 \sim 1 - \mathrm{e}^{-2\kappa\tau}$,这里,$\kappa$是总的(原子-)腔-光纤系统的阻尼率,$\tau$是传输时间。算符$b_j^\dagger$,$b_j$是环境的第$j$个谐振子模式的振幅算符。

更一般地,式(8.40)中的算符$\mathcal{T}_{0,1,a}$可以描述自发辐射过程、光子吸收,以及原子的其他内部状态之间的跃迁和再泵浦。因此,所有复杂的物理学都隐藏在这三个算符中。在这种一般的(非稳态)情况下,必须考虑到这些表示环境项的时间依赖性。如此一来,算符$\mathcal{T}_{0,1,a}$依赖于传输开始时的初始时间。所以,在信道(8.40)迭代时,算符的时序就变得非常重要,例如,$\mathcal{T}_1(t_1) \mathcal{T}_0(t_0) \neq \mathcal{T}_0(t_1) \mathcal{T}_1(t_0)$。

当使用式(8.40)来生成如同式(8.38)中的 EPR 对时,我们得到

$$
[\alpha \, |0\rangle_A + \beta \, |1\rangle_A] \, |0\rangle_B \rightarrow [\alpha \, |0\rangle_A \, |0\rangle_B \mathcal{T}_0 + \beta \, |1\rangle_A \, |1\rangle_B \mathcal{T}_1] + \beta \, |1\rangle_A \, |0\rangle_B \mathcal{T}_a
\tag{8.41}
$$

---

① 在这种类型的表达式中,应明白左边和右边都施加了一个给定的环境态。使用该紧凑符号,在研究二重或更复杂的信道应用时,表达式就通俗易懂得多。

对于 $\alpha = \beta$，上述表达式可以写为如下形式[①]：

$$| \Phi_{AB}^{+} \rangle [\mathcal{T}_0 + \mathcal{T}_1] + | \Phi_{AB}^{-} \rangle [\mathcal{T}_0 - \mathcal{T}_1] + (| \Psi_{AB}^{+} \rangle + | \Psi_{AB}^{-} \rangle) \mathcal{T}_a \tag{8.42}$$

其中，我们使用了贝尔基

$$| \Phi_{AB}^{\pm} \rangle = \frac{1}{\sqrt{2}} (| 0 \rangle_A | 0 \rangle_B \pm | 1 \rangle_A | 1 \rangle_B), \quad | \Psi_{AB}^{\pm} \rangle = \frac{1}{\sqrt{2}} (| 0 \rangle_A | 1 \rangle_B \pm | 1 \rangle_A | 0 \rangle_B)$$

得到的纠缠对(8.42)的保真度可以通过其与理想结果 $| \Phi_{AB}^{+} \rangle$ 的重叠来定义。该重叠由如下范数给出：

$$F = \left\| \frac{[\mathcal{T}_0 + \mathcal{T}_1] | E \rangle}{2} \right\|^2 \sim \left| \frac{1 + e^{-\kappa\tau}}{2} \right|^2 \tag{8.43}$$

第二项中 F 的近似值展示了，腔-光纤系统的模式与环境耦合如何降低了 EPR 对可达到的保真度。特别是，F 随着传输时间和对应的光纤长度呈指数级下降。

为了在与光子信道的吸收长度相当或大于吸收长度的距离上生成 EPR 对，我们需要找到一种方法来探测和纠正在光子传输过程中可能发生的光子损耗。粗略地说，我们在寻求消除式(8.42)中的吸收项 $\mathcal{T}_a$，并尽量最小化另一项 $\mathcal{T}_0 - \mathcal{T}_1$。

接下来，我们将概述一种在每个腔中使用一个或两个辅助原子的方法。此概述仅总结必要步骤。有关详细信息，请读者参阅文献[393-395]。

8.6.4 使用有限方式的纯化

本小节的主要思想是，在传输信息之前，使第一个腔中的原子与辅助（备用）原子纠缠在一起。这让人想起冗余编码方案，其根本区别在于，我们这里的方案能够对光吸收概率中所有阶次的错误进行纠正。通过测量接收腔中两个原子的某种联合态，我们可以探测到光子损耗，而同时保持发送的原子态的初始相干性。因此可以根据需要，尽可能多地重复传输，直到探测不到错误为止。

具体来说，这需要三个步骤：

（1）将原子态编码为一个三粒子纠缠态

$$\alpha | 0 \rangle_A + \beta | 1 \rangle_A \rightarrow \alpha [| 0 \rangle_A | 0 \rangle_{A_2} | 0 \rangle_{A_3} + | 1 \rangle_A | 1 \rangle_{A_2} | 1 \rangle_{A_3}]$$
$$+ \beta [| 0 \rangle_A | 0 \rangle_{A_2} | 1 \rangle_{A_3} + | 1 \rangle_A | 1 \rangle_{A_2} | 0 \rangle_{A_3}] \tag{8.44}$$

---

① 在本节中，归一化因子除非有需要，否则始终被省略。

这可以通过分别在 A_3 与 A 之间、A 与 A_2 之间应用两个 CNOT 操作来实现。

（2）通过先在原子 A_2 和 B_2 之间，再在 A_2 和 B 之间应用式(8.40)，并在两次之间于 A 上作用一个局域翻转操作，来传输一个光子两次。此操作的结果是一个多粒子纠缠态[395]，其显式形式不会在这里给出。

（3）测量两个腔中特定备用原子的状态。结合合适的局域幺正变换，我们获得两个结果之一。

此过程的效果总结在如下无吸收（即校正）信道中：

$$[\alpha \mid 0\rangle_A + \beta \mid 1\rangle_A] \mid 0\rangle_B \rightarrow \alpha \mid 0\rangle_A \mid 0\rangle_B \mathcal{S}_0 + \beta \mid 1\rangle_A \mid 1\rangle_B \mathcal{S}_1$$
$$\text{错误} \searrow [\alpha \mid 0\rangle_A + \beta \mid 1\rangle_A] \mid 0\rangle_B \mathcal{S}_a \tag{8.45}$$

由于双重传输过程，式(8.45)中的算符 $\mathcal{S}$ 是算符 $\mathcal{T}$ 的乘积，例如 $\mathcal{S}_0 = \mathcal{T}_0 \mathcal{T}_1$，$\mathcal{S}_1 = \mathcal{T}_1 \mathcal{T}_0$，或按不同顺序出现。需要注意的重要特征是，根据步骤(3)中的测量所得，可能会有两种结果：如果探测到错误，就将状态投影到式(8.45)的第二行，然后重复传输；如果没有探测到错误，就将状态投影到式(8.45)的第一行，从而完成信道。

通过使用式(8.45)而不是式(8.40)，我们有

$$[\mid 0\rangle_A + \mid 1\rangle_A] \mid 0\rangle_B \rightarrow \mid 0\rangle_A \mid 0\rangle_B \mathcal{S}_0 + \mid 1\rangle_A \mid 1\rangle_B \mathcal{S}_1$$
$$= \mid \Phi_{AB}^+\rangle \frac{1}{2}[\mathcal{S}_0 + \mathcal{S}_1] + \mid \Phi_{AB}^-\rangle \frac{1}{2}[\mathcal{S}_0 - \mathcal{S}_1] \tag{8.46}$$

对于在式(8.40)之后考虑的简单例子，其中 $\mathcal{T}_0 = 0$ 且 $\mathcal{T}_1 = e^{-\kappa\tau}$，我们有 $\mathcal{S}_0 = e^{-\kappa\tau}$ 且 $\mathcal{S}_1 = e^{-\kappa\tau}$，因此式(8.46)中的第二项消失了。在这种情况下，使用一次信道(8.45)，一个理想 EPR 对就生成了。这对应平均传输光子数 $e^{2\kappa\tau}$。

更一般地，当环境态不依赖于算符 $\mathcal{T}_0$ 和 $\mathcal{T}_1$ 的时序时，也会得到类似的结果。这种稳态环境(stationary environment)由 $\mathcal{T}_1(t_1)\mathcal{T}_0(t_0)\mid E\rangle = \mathcal{T}_0(t_1)\mathcal{T}_1(t_0)\mid E\rangle$ 定义，即 $\mathcal{S}_0\mid E\rangle = \mathcal{S}_1\mid E\rangle$。对于任何拥有稳态环境的系统，理想 EPR 对都可以通过一次应用式(8.45)来生成。

讨论广义的、非稳态的情况时，我们先将式(8.46)重写为如下形式：

$$\mid \Psi^{(1)}\rangle = \mid \Phi_{AB}^+\rangle \mid E_+^{(1)}\rangle + \mid \Phi_{AB}^-\rangle \mid E_-^{(1)}\rangle \tag{8.47}$$

其中，$\mid E_\pm^{(1)}\rangle = (\mathcal{S}_0 \pm \mathcal{S}_1)\mid E\rangle/2$。环境的范数（平方）$\mid E_+^{(1)}\rangle$ 决定了纠缠对的保真度。

到这里，无吸收信道(absorption-free channel，AFC)的关键优势开始发挥作用，即它在传输过程中纠正了错误，同时又保持了它所作用到的状态的相干性和可能的纠缠。这就带来了一种迭代纯化协议。[394]在每一个纯化步骤中，粒子对会暂时与两个辅助原子发生纠缠，每个节点上一个，既使用了局域 CNOT 操作又使用了 AFC。在某种意义上，

这生成了一个辅助 EPR 对,用于纯化式(8.47)。图 8.13(a)系统性地展示了协议的详细内容。

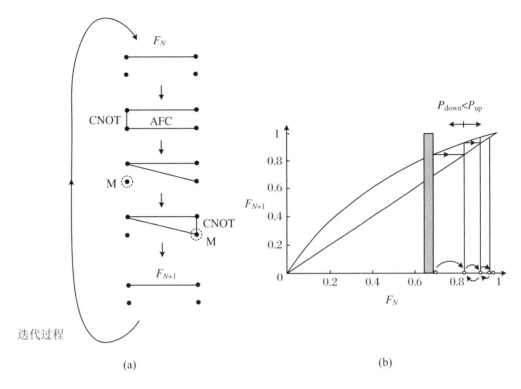

(a)   (b)

图 8.13　使用有限方式纯化 EPR 对

(a) 迭代纯化协议。在每个纯化步骤中,形如式(8.48)具有保真度 F_N 的 EPR 对暂时与两个辅助原子纠缠。这涉及两个 CNOT 操作,即无吸收通道 AFC 与测量 M。此外,还有一些在图中没有显示的 Hadamard 变换。新保真度 F_{N+1} 的值取决于测量 M 的结果,如(b)中所示。请注意,该方案的每一步都在同一个原子集合上进行操作,从而实现了一个"自纯化过程"。

(b) 保真度的单边随机行走过程。在(a)中的每一次迭代步骤之后,保真度 F_N 以一定的概率 P_{up}(P_{down})增大(减小),该概率取决于 N。如果 F_N 恰巧低于初始值 F_0,我们就通过单次使用 AFC 将纠缠对重置为这个值,如式(8.46)中一样。这相当于一个在 F_0 处从下屏障反射的单边随机行走过程,如图中所示。平均而言,保真度因此呈指数级快速趋近于单位值,即 $F_N \sim 1 - e^{-\mathrm{const} \times N}$。

此协议将式(8.47)变换为一个具有如下形式的态的序列:

$$| \Psi^{(N)} \rangle = | \Phi_{AB}^+ \rangle | E_+^{(N)} \rangle + | \Phi_{AB}^- \rangle | E_-^{(N)} \rangle \tag{8.48}$$

其中,要么

$$| E_\pm^{(N)} \rangle = \frac{1}{2}(\mathcal{S}_0 \pm \mathcal{S}_1) | E_\pm^{(N-1)} \rangle$$

要么

$$|E_\pm^{(N)}\rangle = \frac{1}{2}(\mathcal{S}_0 \mp \mathcal{S}_1)|E_\pm^{(N-1)}\rangle$$

取决于测量的结果。在第一种情况下,纠缠对的保真度增大,发生概率为 $P_\text{up} = P_\text{up}^{(N)}$。在第二种情况下,保真度减小,发生概率为 $P_\text{down} = 1 - P_\text{up}$。可以说,这创建了一个对应于图 8.13(b)所示的单边随机行走过程。平均而言,保真度 $F_N = \langle E_+^{(N)}|E_+^{(N)}\rangle$ 随着纯化步数的增加呈指数级迅速趋近于单位值。

8.7 量子中继

有了前面几节讨论的方法,我们可以通过发送单个光子穿过连接原子的耗散和噪声信道,来生成高保真度 EPR 对。然而,当通过信道的传输时间远大于其弛豫时间,即 $\kappa\tau \gg 1$ 时,该方法就会存在一个局限性。当吸收概率随 τ 呈指数级增长时,获得一次成功传输所需的重复次数也会随之增长。

吸收损耗在通过经典信道传输电信号的问题中是广为人知的,在那种情况下,我们会以均匀的间隔将中继器置于信道中。在经典(数字)通信技术中,这样的中继器被用来放大和恢复信号。如此一来,中继器之间的距离就由光纤的阻尼率和传输的比特率来决定(色散效应)。

对于量子通信,我们无法使用放大器。为了增加 EPR 关联,就需要传输单个量子比特(光子),而它们无法在不破坏量子关联的情况下被放大。[88,396] 这里,我们所能做的就是探测光子是否被吸收,一旦发生这种情况,就重复传输。

在下面的讨论中,我们假设主要的传输错误是由光子吸收引起的,而环境是稳态的。这相当于光子信道(8.40),其中 $\mathcal{T}_0 = 1$ 且 $\mathcal{T}_1 = \mathrm{e}^{-\kappa\tau} = \mathrm{e}^{-l/(2l_0)}$,这里 $l_0 = c/(2\kappa)$ 定义了光纤的半长。如图 8.14 上半部分所示,一个量子比特从 A 传输到 B 的成功概率是 $p(l) = \mathrm{e}^{-l/l_0}$,其中 l 是光纤的长度。相应地,所需重复的平均次数为

$$n(l) = \frac{1}{p(l)} = \mathrm{e}^{l/l_0} \tag{8.49}$$

很明显,一旦光纤比几个半长 l_0 长得多,就会带来高得不切实际的实验次数。

在传统通信里中继器概念的指导下,我们将信道分成一定数量的 N 段,段与段之间

有连接点(节点),用于测量是否发生了传输错误,如图 8.14 下半部分所示。这可以通过如第 5.2 节中解释的方法,在腔中加入一些额外的离子来做到。如果探测到一个吸收错误,就重复那一段的传输。接着,一个光子被发送通过后续的光纤段,以此类推。因此理想情况下,A 处原子的状态可以从一个连接点交换到另一个连接点,直到到达原子 B。每段的平均重复总次数是 $n\,(l/N) = \mathrm{e}^{l/(Nl_0)}$。相应地,成功通过复合光纤(compound fibre)发送量子比特所需的传输总次数为

$$n_{\mathrm{com}} = \frac{N}{p\,(l/N)} = N\mathrm{e}^{l/(Nl_0)} \tag{8.50}$$

将其与式(8.49)作对比可以得出,如果

$$N\mathrm{e}^{l/(Nl_0)} < \mathrm{e}^{l/l_0} \tag{8.51}$$

复合光纤就比简单光纤更有优势。最优段数由 N 的值给出,它使上式左边最小化,即 $N_{\min} = l/l_0$。因此,沿复合光纤的最小传输次数由式(8.50)给出,其中 $N = N_{\min}$,即为

$$n_{\min} = N_{\min}\mathrm{e}^{l/(N_{\min}l_0)} = l/l_0\mathrm{e}^1 \tag{8.52}$$

当沿光纤以对应于半长 l_0 的间距放置连接点时,上述情况就得以实现。

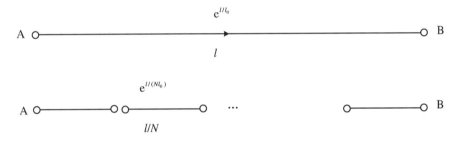

图 8.14　从 A 到 B 传输单个量子比特的简单光纤与复合光纤
与使用经典中继器一样,要长距离传输单个量子比特,我们将光纤(信道)分为若干段,在每段的末端测量传输错误。

　　到目前为止,我们一直假定局域操作可以在没有错误的情况下执行。事实上,有一些方案[397]能够对局域两比特操作进行错误探测和纠正。然而,即使使用了这些方法,也有可能存在无法探测到的错误,因为探测机制本身使用的一比特操作和测量可能并不完美。这产生了两种效应:① 在图 8.14(下半部分)每个检查点的局域操作会在传输过程中产生一些噪声;② 每段传输的保真度已经被限制在某个最大值 $F_{\max}$。从以下事实也看出这一点:无吸收信道(8.45)和图 8.13(a)所示的纯化协议都涉及一些局域操作,这些操

作引入了噪声,从而限制了最大可达到的保真度。上述两种效应都随检查点的数量呈指数级增长累积,并最终完全破坏传输的保真度。

为了更清楚地说明这一点,我们来看下面这个等价的问题。首先,我们在节点 A 与 C_1,C_1 与 C_2,$\cdots$,C_{N-1} 与 B 之间,生成 N 个保真度 $F_1 < F_{\max}$ 的基础 EPR 对,如图 8.15 所示。接着,如隐形传态[74]和纠缠交换[74,398]方案一样,我们通过在节点 C_i 处进行贝尔测量,并在节点之间利用经典通信沟通结果,来连接这些 EPR 对。这将在图 8.15 中 A 端和 B 端之间共享一个单一的 EPR 对。不幸的是,随着每一个连接,生成对的保真度将会降低,这是因为连接过程涉及引入噪声的不完美操作。此外,即使对于完美的连接,保真度也会下降:比如通过贝尔态测量连接两个保真度为 F_1 的维尔纳态,我们会获得一个新的维尔纳态,其保真度为

$$F_2 = \frac{1}{4}\left\{ 1 + 3\left(\frac{4F-1}{3}\right)^2 \right\} \tag{8.53}$$

所以对于 $F_1 \sim 1$,有 $F_2 \sim F_1^2$。这两种效应都随着每一个连接而不断累积,从而导致 A 和 B 之间共享的最终纠缠对的保真度 F_N 随 N 呈指数级下降。最后,F_N 的值降至某一阈值 $F_{\min} \geqslant 1/2$ 以下,无法再继续纯化。这意味着,不可能通过纯化来提高保真度。[47,49]

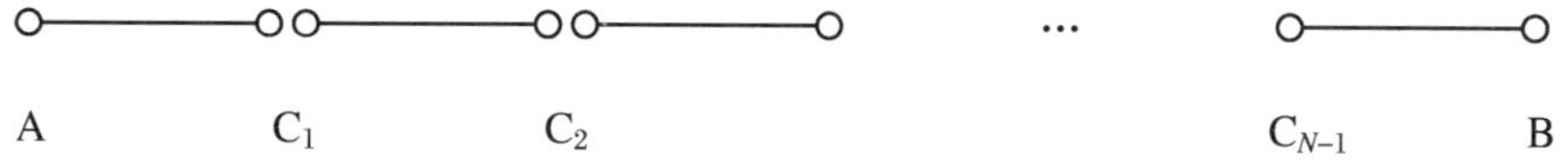

图 8.15　N 个 EPR 对所组成序列的连接

通过将信道分成许多小段,我们似乎已经消除了所需传输次数呈指数级增长的影响,然而代价却是保真度呈指数级降低!

规避这一限制的一种可能,是连接较小数量 $L \ll N$ 的纠缠对,从而使 $F_L > F_{\min}$ 并使纯化成为可能。我们的想法是将生成对连接起来,再次纯化,并以相同的方式继续下去。运行这种连接与纯化的交替序列的方式必须精心设计,以便使所需资源的数量不会随 N(因此也不会随 l)呈指数级增长。

在本节的剩余部分中,我们将描述一种嵌套纯化协议(nested purification protocol)[381],该协议包括同时连接并纯化纠缠对,其形式如图 8.16 所示。为简单起见,假设对于某些整数 n,有 $N = L^n$。在第一层,我们在所有连接点同时连接纠缠对(初始保真度 F_1),除了在 C_L、C_{2L}、$\cdots$、C_{N-L}。因此,我们在 A 与 C_L、C_L 与 C_{2L} 等之间有长度为 L(保真度 F_L)的 N/L 个纠缠对。为了纯化这些纠缠对,我们需要以并行方式构建一定数量的 M 个拷贝。为了追踪资源的使用情况,方便的做法是将它们排列成一个基础对的

数组,如图 8.16 所示,其中 $L=3, M=4$。然后我们在 A 与 C_L、C_L 与 C_{2L} 等段上使用这些拷贝,从而在每段上分别纯化并(重新)获取保真度为 F_1 的对。最后一个条件决定了我们需要的(平均)拷贝数量 M,它取决于初始保真度、连接下保真度的退化,以及纯化协议的效率。到目前为止,我们用到的基础对的总数是 LM。(在图 8.16 中,这意味着每组共 $L \times M = 3 \times 4$ 对现在已被初始保真度的单个纠缠对所取代。)在第二层,我们在每个连接点 $C_{kL}(k=1,2,\cdots)$ 连接 L 个这些较大的纠缠对,除了在 $C_{L^2}, C_{2L^2}, \cdots, C_{N-L^2}$。因此,我们在 A 与 C_{L^2}、C_{L^2} 与 C_{2L^2} 等之间有长度 L^2(保真度 F_L)的 N/L^2 对。同样,我们需要 M 个这些长对的并行拷贝,以重新纯化至保真度大于或等于 F_1。到这一步为止,涉及的基础对总数为 $(LM)^2$。(现在,图 8.16 中 $3^2 \times 4^2$ 对的整个阵列已经被保真度为 F_1 的单个纠缠对所取代。)我们将这个过程迭代到越来越高的层级,直至达到第 n 层。如此一来,我们在 A 与 B 之间得到了长度为 N、保真度 F_1 的一个最终对。这样,基础对的总数 R 为 $(LM)^n$,其中,M^n 就独自给出了图 8.16 中所需"并行信道"的数量。我们将这个结果重新表示为如下形式:

$$R = N^{\log_L M + 1} \tag{8.54}$$

它表明,资源随距离 N 呈多项式级增长。

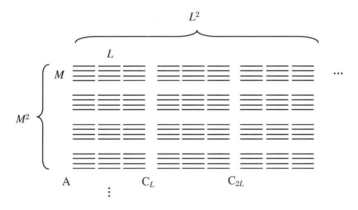

图 8.16 使用基础 EPR 对阵列的嵌套纯化

嵌套纯化的思想与链接码(concatenated code)的思想[399]有关,后者已经用于容错量子计算[400]。那种方案原则上允许我们在任意长的距离上传输一个量子比特,而使用的资源为多项式级别。然而,它需要我们将单个量子比特编码为通过信道发送的大量量子比特的纠缠态,并在传输过程中反复在该编码上进行操作。与之相反,在嵌套纯化方案中,我们不是通过信道发送任意的量子比特,而是同时在整个信道中生成 EPR 关联。在生成关联时,并没有处理真正的量子信息(尽管 EPR 对随后可能会通过隐形传态被用于通信)。因此,我们满足了局域操作的保真度要求,在百分之几的区间。在容错量子计算的情况下,这个数在 10^{-5} 量级。[399]

图 8.16 中的阵列表示了用于执行纯化的相同(基础)EPR 对的系综。或者,我们可以借助在每个层级的单个辅助对来进行纯化(参见文献[381,387])。在某种意义上,示意图 8.16 中垂直维度因此被转换为时间轴(重复次数)。在这种情况下,是 A 和 B 之间生成 EPR 对所需的总时间,在式(8.54)中呈多项式变化,而每个连接点所需的备用原子数仅随 $N = l/l_0$ 以对数方式增长。因而,得到的量子中继方案如图 8.17 所示。信道中的每个连接点都包含一个简单的"量子处理器",它存储少量原子,用于执行纯化所需的门操作和测量。其中一部分原子被用于在相邻连接点之间反复累积 EPR 对(这里 $L = 2$),比如通过使用第 8.6 节中描述的方法。这些反复生成的纠缠对用于纠缠纯化。然后,相距更远的纠缠对则通过纠缠交换生成。为了(重新)纯化这些相距更远的纠缠对,每个层级都需要一个辅助原子用于存储。因此,每个处理器需要存储的总数仅随 l 呈对数增长。[381,387]

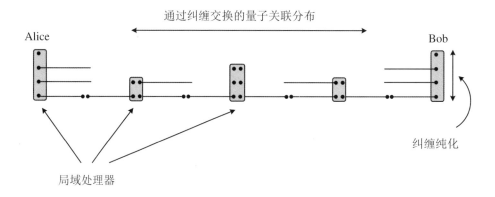

图 8.17   量子中继方案
在每个连接点,一个小型"量子处理器"(仅由几个量子比特组成)用于执行纠缠纯化和纠缠交换协议。然后通过称为嵌套纠缠纯化的全局协议,来协调复合信道中高保真度纠缠的分发[381]。

与经典通信中的情况相反,量子中继不是局域放大器,但它既涉及局域检查点,又涉及全局(嵌套)纯化协议。前文提到,我们的方案可以容许百分之几区间的局域操作与测量的错误。如果想要了解更多细节,读者可以参阅文献[381,387]。

参考文献

［1］ R. P. Feynman, R. B. Leighton, and M. Sands, The Feynman Lectures of Physics, Vol. Ⅲ, Quantum Mechanics, Addison-Wesley, Reading(1965).

［2］ G. I. Taylor, Proc. Camb. Phil. Soc. 15,114(1909).

［3］ G. Möllenstedt and C. Jönsson, Z. Phys. 155,472(1959); A. Tonomura, J. Endo, T. Matsuda, and T. Kawasaki, Am. J. Phys. 57,117(1989).

［4］   A. Zeilinger, R. Gähler, C. G. Shull, W. Treimer, and W. Mampe, Rev. Mod. Phys. 60,1067 (1988).

［5］ O. Carnal and J. Mlynek, Phys. Rev. Lett. 66,2689(1991).

［6］ S. L. Braunstein, A. Mann, and M. Revzen, Phys. Rev. Lett. 68,3259(1992).

［7］ A. Zeilinger, Am. J. Phys. 49,882(1981).

［8］ M. P. Silverman, More than One Mystery: Explorations in Quantum Interference, Springer, Berlin(1995).

［9］ E. Schrödinger, "Die gegenwärtige Situation in der Quantenmechanik", Naturwissenchaften, 23, 807;823;844(1935). English translation, "The Present Situation in Quantum Mechanics", Proc. of the American Philosophical Society, 124, 323 (1980); reprinted in Quantum Theory and Measurement edited by J. A. Wheeler and W. H. Zurek, Princeton, 152(1983).

[10] M. A. Horne and A. Zeilinger, in: Proceedings of the Symposium Foundations of Modern Physics, P. Lahti, P. Mittelstaedt(Eds.), World Scientific, Singapore 435(1985); M. A. Horne and A. Zeilinger, in: Microphysical Reality and Quantum Formalism, A. van der Merwe, et al. (Eds.), Kluwer, Dordrecht, 401(1988).

[11] J. S. Bell, Phys. World 3, 33(1990).

[12] J. F. Clauser, M. A. Horne, A. Shimony, and R. A. Holt, Phys. Rev. Lett. 23, 880(1969).

[13] D. Greenberger, M. A. Horne, A. Zeilinger, Going beyond Bell's Theorem, in "Bell's Theorem, Quantum Theory, and Conceptions of the Universe", M. Kafatos(Ed.), Kluwer, Dordrecht, 69 (1989).

[14] N. D. Mermin, Phys. Today 43, No. 6, 9(1990); D. M. Greenberger, M. A. Horne, A. Shimony, and A. Zeilinger, Am. J. Phys. 58, 1131(1990).

[15] D. Bohm, Quantum Theory, Prentice-Hall, Englewood Cliffis, 614(1951).

[16] P. G. Kwiat, H. Weinfurter, T. Herzog, and A. Zeilinger. Phys. Rev. Lett. 74, 4763(1995).

[17] K. F. Weizsäcker, Z. Phys. 40, 114(1931).

[18] D. Bouwmeester, J-W. Pan, M. Daniell, H. Weinfurter, and A. Zeilinger, Phys. Rev. Lett. 82, 1345 (1999).

[19] D. Bruss, A. Ekert, F. Huelga, J.-W. Pan, and A. Zeilinger, Phil. Trans. R. Soc. (London) A 355, 2259(1997).

[20] N. Bohr, "Discussions with Einstein on Epistemological Problems in Atomic Physics" in Albert Einstein: Philosopher-Scientist, Edited by P. A. Schilpp, The Library of Living Philosophers, Evanston, 200(1949).

[21] A. Einstein, B. Podolsky, and N. Rosen, Phys. Rev. 47, 777(1935).

[22] N. Bohr, Phys. Rev. 48, 696(1935).

[23] J. S. Bell, On the Einstein-Podolsky-Rosen paradox, Physics 1, 195(1964), reprinted in J. S. Bell, Speakable and Unspeakable in Quantum Mechanics, Cambridge U. P., Cambridge (1987).

[24] S. J. Freedman and J. S. Clauser, Phys. Rev. Lett. 28, 938(1972); A. Aspect, J. Dalibard, and G. Roger, Phys. Rev. Lett. 47, 1804(1982); W. Tittel, J. Brendel, H. Zbinden, and N. Gisin, Phys. Rev. Lett. 81, 3563(1998); G. Weihs, T. Jennewein, C. Simon, H. Weinfurter, and A. Zeilinger, Phys. Rev. Lett. 81, 5039(1998).

[25] A. Aspect, P. Grangier, and G. Roger, Phys. Rev. Lett. 47, 460(1981); 49, 91(1982); A. Aspect, J. Dalibard, and G. Roger, ibid. 49, 1804(1982).

[26] P. G. Kwiat, K. Mattle, H. Weinfurter, A. Zeilinger, A. V. Sergienko, and Y. H. Shih, Phys. Rev. Lett. 75, 4337(1995).

[27] P. M. Pearle, Phys. Rev. D 2, 1418(1970); J. F. Clauser, A. Shimony, Rep. Prag. Phys. 41, 1881 (1978).

[28] E. P. Wigner, Am. J. Phys. 38,1005(1970).

[29] D. Kahn, The Codebreakers: The Story of Secret Writing, Macmillan, New York(1967).

[30] A. J. Menezes, P. C. van Oorschot, and S. A. Vanstone, Handbook of Applied Cryptography, CRC Press(1996).

[31] B. Schneier, Applied cryptography: protocols, algorithms, and source code in C, John Wiley & Sons(1994).

[32] D. Welsh, Codes and Cryptography, Clarendon Press, Oxford, (1988).

[33] C. E. Shannon, Bell Syst. Tech. J, 28,656(1949).

[34] W. Diffie, and M. E. Hellman, IEEE Trans. Inf. Theory, IT-22,644(1976).

[35] R. Rivest, A. Shamir, and L. Adleman, On Digital Signatures and PublicKey Cryptosystems, MIT Laboratory for Computer Science, Technical Report, MIT/LCS/TR-212(January 1979).

[36] P. Shor, (1994) Proc. of 35th Annual Symposium on the Foundations of Computer Science, (IEEE Computer Society, Los Alamitos), p. 124(Extended Abstract). Full version of this paper appears in S. I. A. M. Journal on Computing, 26(1997), 1484 and is also available at quant-ph/9508027.

[37] S. Wiesner, SIGACT News, 15,78(1983); original manuscript written circa 1970.

[38] C. H. Bennett and G. Brassard, in "Proc. IEEE Int. Conference on Computers, Systems and Signal Processing", IEEE, New York, (1984).

[39] J. F. Clauser and M. A. Horne, Phys. Rev. D10,526(1974).

[40] B. Huttner and A. Ekert, J. Mod. Opt. ,41,2455(1994).

[41] P. D. Townsend, Nature 385,47(1997).

[42] C. H. Bennett, F. Bessette, G. Brassard, L. Salvail, and J. Smolin, J. Cryptol. 5,3(1992).

[43] A. Muller, J. Breguet, and N. Gisin, Europhys. Lett. 23,383(1993).

[44] A. K. Ekert, J. G. Rarity, P. R. Tapster, and G. M. Palma, Phys. Rev. Lett. 691293(1992).

[45] C. H. Bennett, Phys. Rev. Lett. 68,3121(1992).

[46] A. K. Ekert, Phys. Rev. Lett. 67,661(1991).

[47] D. Deutsch, A. Ekert, R. Jozsa, C. Macchiavello, S. Popescu, and A. Sanpera, Phys. Rev. Lett. 77, 2818(1996); C. Macchiavello, Phys. Lett. A 246,385(1998).

[48] Q. A. Turchette, C. J. Hood, W. Lange, H. Mabuchi, and H. J. Kimble, Phys. Rev. Lett. 75,4710 (1995).

[49] Bennett, C. H. , Brassard, G. , Popescu, S. , Schumacher, B. , Smolin, J. A. , Wootters, W. K. Purification of noisy entanglement and faithful teleportation via noisy channels. Phys. Rev. Lett. 76,722-725(1996).

[50] M. Horodecki, P. Horodecki, and R. Horodecki, Phys. Rev. Lett. 78574(1997).

[51] G. Brassard and L. Salvail, Eurocrypt '93, Lofthus, Norway (1993).

[52] B. A. Slutsky, R. Rao, P.-C. Sun and Y. Fainman, Phys. Rev. A 57, 2383(1998).

[53] J. I. Cirac and N. Gisin, Phys. Lett. A 229, 1(1997).

[54] C. A. Fuchs, N. Gisin, R. B. Griffiths, C.-S. Niu, and A. Peres, Phys. Rev. A 56, 1163(1997).

[55] H. Bechmann-Pasquinucci and N. Gisin, Phys. Rev. A 59, 4238(1999).

[56] N. Lükenhaus, Phys. Rev. A 59, 3301(1999).

[57] C. H. Bennett, G. Brassard, C. Crépeau, and U. Maurer, 1994 IEEE International Symposium on Information Theory, Trondheim, Norway, June(1994).

[58] A. Peres, Quantum Theory: Concepts and Methods, Kluwer Academic Publishers, (1995).

[59] E. Biham, M. Boyer, G. Brassard, J. van de Graaf, and T. Mor, Security of Quantum Key Distribution against all Collective attacks, quant-ph/9801022(1998).

[60] D. Mayer, Unconditional security in Quantum Cryptography, quantph/9802025(1998).

[61] M. N. Wegman, J. L. Carter, Journal of Computer and System Sciences 22, 265-279(1981).

[62] G. Ribordy, J. D. Gautier, H. Zbinden, and N. Gisin, Applied Optics 37, 2272(1998).

[63] R. Y. Chiao and Y. S. Wu, Phys. Rev. Lett. 57, 933(1986).

[64] B. C. Jacobs and J. D. Franson, Opt. Lett. 21, 1854(1996).

[65] W. T. Buttler, R. J. Hughes, P. G. Kwiat, S. K. Lamoreaux, G. G. Luther, G. L. Morgan, J. E. Nordholt, C. G. Peterson, and C. M. Simmons, Los Alamos preprint, quant-ph/9805071.

[66] P. D. Townsend, C. Marand, S. J. D. Phoenix, K. J. Blow, and S. M. Barnett, Phil. Trans. Roy. Soc. London A 354, 805(1996).

[67] R. J. Hughes, G. G. Luther, G. L. Morgan, C. G. Peterson, C. G. and C. Simmons, C. Quantum cryptography over underground optical fibres, Advances in Cryptology-Proceedings of Crypto'96, Springer, Berlin, Heidelberg(1996).

[68] G. Ribordy, J.-D. Gautier, N. Gisin, O. Guinnard, and H. Zbinden, Electronics Letters 34, 2116-2117(1998).

[69] J. D. Franson, Phys. Rev. Lett. 62, 2205(1989).

[70] J. G. Rarity, P. C. M. Owens, and P. R. Tapster, Phys. Rev. Lett. 73, 1923(1994).

[71] W. Tittel, J. Brendel, B. Gisin, T. Herzog, H. Zbinden and N. Gisin, Phys. Rev. A 57, 3229(1998); W. Tittel, J. Brendel, H. Zbinden and N. Gisin, Phys. Rev. Lett. 81, 3563(1998).

[72] G. Weihs, T. Jennewein, C. Simon, H. Weinfurter, and A. Zeilinger, Phys. Rev. Lett. 81, 5039(1998).

[73] C. H. Bennett and S. J. Wiesner, Phys. Rev. Lett. , 69, 2881(1992).

[74] C. H. Bennett, G. Brassard, C. Crépeau, R. Jozsa, A. Peres, and W. K. Wootters, Phys. Rev. Lett. 70, 1895(1993).

[75] K. Mattie, H. Weinfurter, P. G. Kwiat, and A. Zeilinger, Phys. Rev. Lett. 76, 4656(1996).

[76] D. Bouwmeester, J.-W. Pan, K. Mattie, M. Eible, H. Weinfurter, and A. Zeilinger, Experimental

quantum teleportation. Nature 390,575-579(1997).

[77] S. Popescu,LANL E-print quant-ph 9501020.

[78] D. Boschi,S. Branca,F. De Martini,L. Hardy,and S. Popescu,Phys. Rev. Lett. 80,1121(1998).

[79] L. Vaidman,Phys. Rev. A 49,1473(1994).

[80] S. L. Braunstein and H. J. Kimble,Phys. Rev. Lett. 80,869(1998).

[81] A. Furusawa,J. L. Sørensen,S. L. Braunstein,C. A. Fuchs,H. J. Kimble,and E. S. Polzik,Science Oct23 1998 pp 706-709.

[82] Comment by F. De Martini, and Reply by A. Zeilinger, Physics World 11, nr. 3, 23-24 (March 1998).

[83] Comment by S. L. Braunstein and H. J. Kimble, and Reply by D. Bouwmeester, J-W. Pan, M. Daniell,H. Weinfurter,M. Zukowski,and A. Zeilinger,Nature(London)394,840-841(1998).

[84] D. Bouwmeester, J.-W. Pan, H. Weinfurter, and A. Zeilinger, High-fidelity teleportation of qubits,J. Mod. Opt. 47,279(2000).

[85] M. Zukowski,A. Zeilinger,M. A. Horne,and A. Ekert,Phys. Rev. Lett. 71,4287(1993).

[86] J.-W. Pan, D. Bouwmeester, H. Weinfurter, and A. Zeilinger, Experimental entanglement swapping:Entangling photons that never interacted. Phys. Rev. Lett. 80,3891-3894(1998).

[87] S. Bose, V. Vedral, and P. L. Knight, A multiparticle generalisation of entanglement swapping Phys. Rev. A 57,822(1998).

[88] W. K. Wootters and W. H. Zurek,Nature(London)299,802,(1982).

[89] D. N. Klyshko,Sov. Phys. JETP 28,522(1969).

[90] D. C. Burnham and D. L. Weinberg,Phys. Rev. Lett. 25,84(1970).

[91] J. D. Franson and K. A. Potocki,Phys. Rev. A 37,2511(1988).

[92] J. Brendel,E. Mohler, and W. Martiennsen,Europhys. Lett. 20,575(1992);P. G. Kwiat,A. M. Steinberg and R. Y. Chiao,Phys. Rev. A 47,R2472(1993).

[93] J. Brendel,N. Gisin,W. Tittel and H. Zbinden,Phys. Rev. Lett. 82,2594(1999).

[94] J. G. Rarity and P. R. Tapster,Phys. Rev. Lett. 64,2495(1990).

[95] R. Loudon,Coherence and Quantum Optics VI,ed. Eberly,J. H. and Mandel,L. Plenum New York,703(1990).

[96] A. Zeilinger,H. J. Bernstein,and M. A. Horne,J. Mod. Optics,41,2375,(1994).

[97] H. Weinfurter,Europhys. Lett. 25,559(1994).

[98] S. L. Braunstein and A. Mann,Phys. Rev. A 51,Rl727(1995).

[99] M. Michler,K. Mattle,H. Weinfurter,and A. Zeilinger,Phys. Rev. A 53,R1209(1996).

[100] A. Zeilinger,Proc. of the Nobel Symp. 104 "Modern Studies of Basic Quantum Concepts and Phenomena" E. B. Karlsson and E. Brändes(Eds.),Physica Scripta,T76,203(1998).

[101] M. Zukowski,A. Zeilinger and H. Weinfurter in Fundamental Problems in Quantum Theory

vol. 755 Annals of the New York Academy of Sciences(Greeberger and Zeilinger Eds.)p. 91 (1995).

[102] J. Kim, S. Takeuchi, Y. Yamamoto, and H. H. Hogue, Appl. Phys. Lett, 74, 902(1999).

[103] E. Hagley, X. Maître, G. Nogues, C. Wunderlich, M. Brune, J. M. Raimond, and S. Haroche, Generation of Einstein-Podolsky-Rosen pairs of atoms. Phys. Rev. Lett. 79, 1-5(1997).

[104] H-J. Briegel, W. Dür, J. I. Cirac, and P. Zoller, Phys. Rev. Lett. 81, 5932(1998).

[105] M. Zukowski, Phys. Lett. A 157, 198(1991).

[106] R. Loudon, The Quantum Theory of Light, second edition. Clarendon Press, Oxford, (1983).

[107] A. Yariv, Quantum Electronics, third edition. John Wiley & Sons(1989).

[108] D. F. Walls and G. J. Milburn, Quantum Optics, second edition. Springer, Berlin, Heidelberg (1994).

[109] P. W. Milonni, The Quantum Vacuum Academic Press, San Diego, 1994.

[110] Z. Y. Ou, S. F. Pereira, H. J. Kimble, and K. C. Peng, Rhys. Rev. Lett. 68, 3663(1992).

[111] Z. Y. Ou, S. F. Pereira, and H. J. Kimble, Appl. Phys. B 55, 265(1992).

[112] H. J. Kimble, in Fundamental Systems in Quantum Optics, Les Houches, 1990, eds. J. Dalibard, J. M. Raimond, J. Zinn-Justin(Elsevier Science Publishers, Amsterdam, 1992), pp, 549-674.

[113] Ling-An Wu, H. J. Kimble, J. L. Hall, and Huifa Wu, Phys. Rev. Lett. 57, 2520(1986).

[114] See, for example, S. J. Freedman and J. S. Clauser, Phys. Rev. Lett 28, 938(1972).

[115] M. Lamehi-Rachti and W. Mittig, Phys. Rev. D 14, 2543(1976).

[116] E. Biham, B. Huttner and T. Mor, Phys. Rev. A 54, 2651(1996).

[117] C. H Bennett, H. J. Bernstein, S. Popescu, and B. Schumacher, Phys. Rev. A 53, 2046(1996).

[118] S. Bose, V. Vedral, and P. L. Knight, Phys. Rev. A 60, 194(1999).

[119] A. Zeilinger, M. A. Horne, H. Weinfurter, and M. Zukowski, Phys. Rev. Lett 78, 3031(1997).

[120] L. Grover, Proc. 28 Annual ACM Symposium on the Theory of Computing, ACM Press New York, 212(1996).

[121] G. Brassard, Science 275, 627(1997).

[122] R. Rivest, A. Shamir, and L. Adleman, On Digital Signatures and Public-Key Cryptosystems, MIT Laboratory for Computer Science, Technical Report, MIT/LCS/TR-212(January 1979).

[123] R. Feynman, Int. J. Theor. Phys. 21, 467(1982).

[124] D. Deutsch, Proc. R. Soc. London A 400, 97(1985).

[125] D. Deutsch, Proc. R. Soc. London A 425, 73(1989).

[126] S. F. Huelga, C. Macchiavello, T. Pellizzari, A. K. Ekert, M. B. Plenio, and J. I. Cirac, Phys. Rev. Lett. 79, 3865(1997).

[127] D. Deutsch, The Fabric of Reality(Allen Lane, Penguin Press, London).

[128] D. Deutsch and A. Ekert, Phys. World 11, 47(March 1998).

[129] A. Barenco, C. H. Bennett, R. Cleve, D. DiVincenzo, N. Margolus, P. Shor, T. Sleator, J. Smolin, and H. Weinfurter, Phys. Rev. A 52, 3457(1995).

[130] D. Deutsch, A. Barenco, and A. Ekert, Proc. Roy. Soc. Lond. A 449, 669(1995).

[131] C. H. Papadimitriou, Computational Complexity(Addison-Wesley, Reading, MA, 1994).

[132] M. Garey, and D. Johnson, Computers and Intractability: A Guide to the Theory of NP Completeness(W. H. Freeman and Co., 1979).

[133] R. Jozsa, Entanglement and Quantum Computation in The Geometric Universe, 369, eds. S. Huggett, L. Mason, K. P. Tod, S. T. Tsou and N. M. J. Wood-house(Oxford University Press, 1998).

[134] A. Ekert and R. Jozsa, Phil. Trans. Roy. Soc. London Ser A, 356, 1769(1998).

[135] A. S. Holevo, Probl. Inf. Transm 9, 177(1973).

[136] C. Fuchs and A. Peres, Phys. Rev. A. 53, 2038(1996).

[137] T. Cover and J. Thomas, Elements of Information Theory, John Wiley and Sons(1991).

[138] D. Deutsch and R. Jozsa, Proc. Roy. Soc. Lond. A 439, 553(1992).

[139] R. Cleve, A. Ekert, C. Macchiavello, and M. Mosca, Proc. Roy. Soc. London Ser A, 454, 339 (1998).

[140] E. Bernstein and U. Vazirani, Proc. 25th Annual ACM Symposium on the Theory of Computing, (ACM Press, New York), p. 11-20(1993)(Extended Abstract). Full version of this paper appears in S. I. A. M. Journal on Computing, 26, 1411(1997).

[141] D. Simon, (1994) Proc. of 35th Annual Symposium on the Foundations of Computer Science, (IEEE Computer Society, Los Alamitos), p. 116(Extended Abstract). Full version of this paper appears in S. I. A. M. Journal on Computing, 26, 1474(1997).

[142] G. H. Hardy and E. M. Wright An Introduction to the Theory of Numbers(4th edition, Clarendon, Oxford, 1965).

[143] M. R. Schroeder, Number Theory in Science and Communication(2nd enlarged edition, Springer, New York, 1990).

[144] A. Ekert and R. Jozsa, Rev. Mod. Phys. 68, 733(1996).

[145] D. K. Maslen and D. N. Rockmore, "Generalised FFT's A Survey of Some Recent Results", in Proc. DIMACS Workshop on Groups and Computation-II(1995).

[146] R. Jozsa, Proc. Roy. Soc. London Ser A, 454, 323(1998).

[147] G. Brassard and P. Hoyer, "An exact polynomial-time algorithm for Simon's problem", Proc. 5th Israeli Symposium on Theory of Computing and Systems(ISTCS 97, 12(1997), also available at quant-ph/9704027.

[148] A. Kitaev, Russian Math. Surveys 52, 1191(1997), also available at quant-ph/9511026.

[149] R. Beals, Proc. 29th Annual ACM Symposium on the Theory of Computing STOC(ACM

Press,New York),48(1997).

[150] L. Grover,Phys. Rev. Lett. 78,325(1997).

[151] M. Boyer, G. Brassard, P. Hoyer, and A. Tapp, Proc. of fourth workshop on Physics and Computation-PhysComp'96,36-43(1996).

[152] L. Grover, "A Framework for Fast Quantum Algorithms", Proc. 30th ACM Symposium on Theory of Computation (STOC'98),53(1998),also available at quant-ph/9711043.

[153] G. Brassard, P. Hoyer, and A. Tapp, "Quantum Counting", Proc. 25th ICALP, Vol 1443, Lecture Notes in Computer Science,820(Springer,1998),also available at quant-ph/9805082.

[154] L. Grover,Phys. Rev. Lett. 80,4325(1997).

[155] C. H. Bennett,E. Bernstein,G. Brassard,and U. Vazirani,S. I. A. M. Journal on Computing,26, 1510(1997).

[156] J. I. Cirac and P. Zoller,Phys. Rev. Lett. 74,4091(1995).

[157] J. F. Poyatos,J. I. Cirac,and P. Zoller,Phys. Rev. Lett. 81,1322(1998).

[158] C. Monroe,D. M. Meekhof, B. E. King, W. M. Itano, and D. J. Wineland, Phys. Rev. Lett. 75, 4714(1995).

[159] E. T. Jaynes and F. W. Cummings,Proc. IEEE 51,89(1963).

[160] Cavity Quantum Electrodynamics, Advances in atomic, molecular and optical physics, Supplement 2,P. Berman editor,Academic Press(1994).

[161] S. Haroche,in Fundamental systems inquantum optics,les Houches summer school session LIII, J. Dalibard,J. M. Raimond and J. Zinn-Justin eds,North Holland,Amsterdam(1992).

[162] D. G. Hulet and D. Kleppner,Phys. Rev. Lett. 51,1430(1983).

[163] P. Nussenzvzeig, F. Bernardot, M. Brune, J. Hare, J. M. Raimond, S. Haroche and W. Gawlik, Phys. Rev. A 48,3991(1993).

[164] M. Brune, P. Nussenzveig, F. Schmidt-Kaler, F. Bernardot, A. Maali, J. M. Raimond, and S. Haroche,Phys. Rev. Lett,72,3339(1994)

[165] M. Brune, F. Schmidt-Kaler, A. Maali, J. Dreyer, E. Hagley, J. M. Raimond, and S. Haroche, Phys. Rev. Lett. 76,1800(1996).

[166] M. Brune, E. Hagley, J. Dreyer, X. Maître, A. Maali, C. Wunderlich, J. M. Raimond, and S. Haroche,Phys. Rev. Lett. ,77,4887(1996).

[167] X. Maître, E. Hagley, G. Nogues, C. Wunderlich, P. Goy, M. Brune, J. M. Raimond and S. Haroche,Phys. Rev. Lett. 79,769(1997).

[168] E. Hagley, X. Maître, G. Nogues, C. Wunderlich, M. Brune, J. M. Raimond and S. Haroche, Phys. Rev. Lett. 79,1(1997).

[169] G. Nogues, A. Rauschenbeutel, S. Osnaghi, M. Brune, J. M. Raimond and S. Haroche, Nature 400,239(1999).

[170] G. Raithel, C. Wagner, H. Walther, L. M. Narducci and M. O. Scully, in Cavity Quantum Electrodynamics, P. Bermaned. 57, Academic, New York(1994).

[171] J. H. Eberly, N. B. Narozhny and J. J. Sanchez-Mondragon, Phys. Rev. Lett. 44, 1323(1980).

[172] R. J. Thompson, G. Rempe and H. J. Kimble, Phys. Rev. Lett. 68, 1132(1992).

[173] F. Bernardot, P. Nussenzveig, M. Brune, J. M. Raimond and S. Haroche, Euro. Phys. Lett. 17, 33 (1992).

[174] P. Domokos, J. M. Raimond, M. Brune and S. Haroche, Phys. Rev. A52, 3554(1995).

[175] J. I. Cirac and P. Zoller, Phys. Rev. A 50, R2799(1994).

[176] D. M. Greenberger, M. A. Home, A. Shimony, and A. Zeilinger, Am. J. Phys 58, 1131(1990). N. D. Mermin, Physics Today(June9, 1990).

[177] S. Haroche in Fundamental problems inquantum theory, D. Greenberger and A. Zeilinger Eds, Ann. N. Y. Acad. Sci. 755, 73(1995).

[178] E. Schrödinger, Naturwissenschaften 23, 807, 823, 844 (1935). Reprinted in english in J. A. Wheeler and W. R. Zurek, Quantum theoty of measurement, Princeton University Press (1983).

[179] W. H. Zurek, Phys. Rev. D 24, 1516(1981).

[180] W. H. Zurek, Phys. Rev. D 26, 1862(1982).

[181] A. O. Caldeira and A. J. Leggett Physica A, 121, 587(1983).

[182] E. Joos and H. D. Zeh, Z. Phys. B 59, 223(1985).

[183] W. H. Zurek, Physics Today 44, 10 p. 36(1991).

[184] R. Omnès, The Interpretation of Quantum Mechanics, Princeton University Press(1994).

[185] D. F. Walls and G. J. Milburn, Phys. Rev. A31, 2403.

[186] L. Davidovich, M. Brune, J. M. Raimond and S. Haroche, Phys. Rev. A 53, 1295(1996).

[187] M. O. Scully and H. Walther, Phys. Rev. A 39, 5299(1989).

[188] J. M Raimond, M Brune and S. Haroche, Phys. Rev. Lett. 79, 1964(1997).

[189] C. A. Blockey, D. F. Walls, and H. Risken, Europhys. Lett. 17, 509(1992).

[190] J. I. Cirac, R. Blatt, A. S. Parkins, and P. Zoller, Phys. Rev. Lett. 70, 762(1993).

[191] J. I. Cirac, R. Blatt, A. S. Parkins, and P. Zoller, Phys. Rev. A 49, 1202(1994).

[192] J. I. Cirac, R. Blatt, and P. Zoller, Phys. Rev. A 49, R3174(1994).

[193] Proc. 5th Symp. Freq. Standards and Metrology, ed. J. C. Bergquist, (World Scientific, 1996).

[194] D. J. Berkeland, J. D. Miller, J. C. Bergquist, W. M. Itano, and D. J. Wineland, Phys. Rev. Lett. 80, 2089(1998).

[195] R. Blatt, in Atomic Physics 14, 219, ed. D. J. Wineland, C. Wieman, S. J. Smith, AIP New York (1995).

[196] W. Paul, O. Osberghaus, and E. Fischer, Forschungsberichte des Wirtschaftsund

Verkehrsministerium Nordrhein-Westfalen 415(1958).

[197] P. K. Ghosh, Ion traps, Clarendon, Oxford(1995).

[198] D. J. Wineland, and H. Dehmelt, Bull. Am. Phys. Soc. 20, 637(1975).

[199] D. J. Wineland, R. E. Drullinger, and F. L. Walls, Phys. Rev. Lett. 40, 1639(1978).

[200] A. Steane, Appl. Phys. B 64, 623(1997), see Table 1 in which a list of candidate ions is given together with relevant experimental parameters.

[201] http//www. bldrdoc. gov/timefreq/ion/index. htm.

[202] http://horology. jpl. nasa. gov/research. html.

[203] http//mste. laser. physik. uni-muenchen. de/lg/worktop. html.

[204] http//p23. lanl. gov/Quantum/quantum. html.

[205] http://dipmza. physik. uni-mainz. de/www_erth/calcium/calcium. html.

[206] http://www-phys. rrz. uni-hamburg. de/home/vms/groupa/index. html.

[207] http://heart-c704. uibk. ac. at/.

[208] D. J. Wineland, W. M. Itano, J. C. Bergquist, and R. G. Hulet, Phys. Rev. A 36, 2220(1987).

[209] J. I. Cirac, A. S. Parkins, R. Blatt, and P. Zoller, Phys. Rev. Lett. 70, 556(1993).

[210] S. Stenholm, Rev. Mod. Phys. 58, 699(1986).

[211] C. Monroe, D. M. Meekhof, B. E. King, S. R. Jeffers, W. M. Itano, D. J. Wineland, and P. Gould, Phys. Rev. Lett. 74, 4011(1995).

[212] H. C. Nägerl, W. Bechter, J. Eschner, F. Schmidt-Kaler, and R. Blatt, Appl. Phys. B 66, 603 (1998).

[213] H. C. Nägerl, D. Leibfried, H. Rohde, G. Thalhammer, J. Eschner, F. SchmidtKaler, and R. Blatt, Phys. Rev. A. 60, 145(1999).

[214] F. Diedrich, J. C. Bergquist, W. M. Itano, and D. J. Wineland, Phys. Rev. Lett. 62, 403(1989).

[215] Ch. Roos, Th. Zeiger, H. Rohde, H. C. Nägerl, J. Eschner, D. Leibfried, F. Schmidt-Kaler, and R. Blatt, Phys. Rev. Lett. 83, 4713(1999).

[216] B. E. King, C. S. Wood, C. J. Myatt, Q. A. Turchette, D. Leibfried, W. M. Itano, C. Monroe, and D. J. Wineland, Phys. Rev. Lett. 81, 1525(1998).

[217] H. Dehmelt, Bull. Am. Phys. Soc. 2060(1975).

[218] D. J. Wineland, C. Monroe, W. M. Itano, D. Leibfried, B. King, and D. M. Meekhof, Journal of Research of the National Institute of Standards and Technology 103, 259(1998).

[219] D. Leibfried, D. M. Meekhof, B. E. King, C. Monroe, W. M. Itano, and D. J. Wineland, Phys. Rev. Lett 77, 4281(1996).

[220] D. M. Meekhof, C. Monroe, B. E. King, W. M. Itano, and D. J. Wineland, Phys. Rev. Lett. 76, 1796(1996).

[221] C. Monroe, D. M. Meekhof, B. E. King, and D. J. Wineland, Science 272, 1131(1996)

[222] J. F. Poyatos, J. I. Cira, and P. Zoller, Phys. Rev. Lett. 77, 4728(1996).

[223] C. Monroe, D. M. Meekhof, B. E. King, W. M. Itano, and D. J. Wineland, Phys. Rev. Lett. 75, 4714(1995).

[224] L. G. Lutterbach and L. Davidovich, Phys. Rev. Lett. 78, 2547(1997).

[225] M. B. Plenio and P. L. Knight Phys. Rev. A 53, 2986(1996).

[226] J. I. Cirac, A. S. Parkins, R. Blatt, and P. Zoller, Adv. At. Molec. Opt. Physics 37, 238(1996).

[227] D. P. DiVincenzo, Phys. Rev. A 51, 1015(1995).

[228] D. J. Wineland, C. Monroe, W. M. Itano, D. Leibfried, B. King, and D. M. Meekhof, Rev. Mod. Phys. (1998).

[229] G. Morigi, J. Eschner, J. I. Cirac, and P. Zoller, Phys. Rev. A. 59, 3797(1999).

[230] E. Peik, J. Abel, T. Becker, J. von Zanthier, and H. Walther, Phys. Rev. A 60, 439(1999).

[231] I. Waki, S. Kassner, G. Birkl, and H. Walther, Phys. Rev. Lett. 68, 2007(1992); G. Birkl, S. Kassner, H. Walther, Nature 357, 310(1992).

[232] D. F. V. James, Appl. Phys. B 66 181(1998).

[233] C. Monroe, D. Leibfried, B. E. King, D. M. Meekhof, W. M. Itano, and D. J. Wineland, Phys. Rev. A 55, R2489(1997)

[234] W. Nagourney, J. Sandberg, and H. Dehmelt, Phys. Rev. Lett. 56, 2797(1986); Th. Sauter, W. Neuhauser, R. Blatt, and P. E. Toschek, Phys. Rev. Lett. 57, 1696(1986); J. C. Bergquist, R. Hulet, W. M. Itano, and D. J. Wineland, Phys. Rev. Lett. 57, 1699(1986).

[235] P. J. Hore, Nuclear Magnetic Resonance, Oxford University Press, Oxford(1995).

[236] R. R. Ernst, G. Bodenhausen, and A. Wokaun, Principles of Nuclear Magnetic Resonance in One and Two Dimensions, Oxford University Press, Oxford(1987).

[237] D. G. Cory, A. F. Fahmy, andT. F. Havel, Proceedings of the Fourth Workshop on Physics and Computation, Nov. 22-24, 1996, New England Complex Systems Institute, Cambridge, MA (1996).

[238] D. G. Cory, A. F. Fahmy, and T. F. Havel, Proc. Natl. Acad. Sci. USA 94, 1634(1997).

[239] N. A. Gershenfeld and I. L. Chuang, Science 275, 350(1997).

[240] A. Abragam, Principles of Nuclear Magnetism, Clarendon Press, Oxford(1961).

[241] C. P. Slichter, Principles of Magnetic Resonance 3rd ed. Springer, Berlin, Heidelberg(1990).

[242] M. Goldman, Quantum Description of High-Resolution NMR in Liquids, Clarendon Press, Oxford(1988).

[243] J. A. Jones and M. Mosca, J. Chem. Phys. 109, 1648(1998).

[244] A. Barenco. C. H. Bennett, R. Cleve, D. P. DiVincenzo, N. Margolus, P. Shor, T. Sleator, J. A. Smolin, andH. Weinfurter, Phys. Rev. A, 52, 3457(1995).

[245] J. A. Jones, R. H. Hansen, and M. Mosca, J. Magn. Reson. 135, 353(1998).

[246] L. M. K. Vandersypen, C. S. Yannoni, M. H. Sherwood, and I. L. Chuang, Phys. Rev. Lett. 83, 3085(1999).

[247] E. Knill, I. Chuang, and R. Laflamme, Phys. Rev. A, 57, 3348(1998).

[248] T. F. Havel, S. S. Somaroo, C. -H. Tseng, and D. G. Cory, LANL E-print quant-ph/9812026.

[249] R. Cleve, A. Ekert, C. Macchiavello, and M. Mosca, Proc. R. Soc. Lond. A454, 339(1998).

[250] I. L. Chuang, L. M. K. Vandersypen, X. L. Zhou, D. W. Leung, and S. Lloyd, Nature, 393, 143 (1998).

[251] I. L. Chuang, N. Gershenfeld, and M. Kubinec, Phys. Rev. Lett. 80, 3408(1998).

[252] J. A. Jones, M. Mosca, and R. H. Hansen, Nature, 393, 344(1998).

[253] L. K. Grover, Science, 280, 228(1998).

[254] J. A. Jones and M. Mosca, Phys. Rev. Lett. 83, 1050(1999).

[255] R. Laflamme, E. Knill, W. H. Zurek, P. Catasti, andS. V. S. Mariappan, Phil. Trans. Roy. Soc. Lond A, 356, 1941(1998).

[256] R. J. Nelson, D. G. Cory, S. Lloyd, LANL E-print quant-ph/9905028.

[257] D. G. Cory, M. D. Price, W. Maas, E. Knill, R. Laflamme, W. H. Zurek, T. F. Havel, and S. S. Somaroo, Phys. Rev. Lett. 81, 2152(1998).

[258] D. Leung, L. Vandersypen, X. Zhou, M. Sherwood, C. Yannoni, M. Kubinec, and I. Chuang, Phys. Rev. A 60, 1924(1999).

[259] M. A. Nielsen, E. Knill, and R. Laflamme, Nature, 396, 52(1998).

[260] N. Linden, H. Barjat, and R. Freeman, Chem. Phys. Lett. 296, 61(1998).

[261] R. Marx, A. F. Fahmy, J. M. Myers, W. Bermel, and S. J. Glaser, LANL E-print quant-ph/9905087.

[262] W. S. Warren, Science, 277, 1688(1997).

[263] G. Navon, Y. -Q. Song, T. Rõõm, S. Appelt, R. E. Taylor, and A. Pines, Science, 271, 1848 (1996).

[264] L. J. Schulman and U. Vazirani, LANL E-print quant-ph/9804060.

[265] R. Freeman, Spin Choreography, Spektrum, Oxford, (1997).

[266] N. Linden, H. Barjat, R. J. Carbajo, and R. Freeman, Chem. Phys. Lett. 305, 28(1999).

[267] D. W. Leung, I. L. Chuang, F. Yamaguchi, and Y. Yamamoto, LANL E-print quant-ph/9904100.

[268] J. A. Jones and E. Knill, J. Magn. Reson. in press, LANL E-print quant-ph/9905008.

[269] N. Linden, Ē. Kupče, and R. Freeman, LANL E-print quant-ph/9907003.

[270] P. T. Callaghan, Principles of Nuclear Magnetic Resonance Microscopy, Clarendon Press, Oxford(1991).

[271] B. E. Kane, Nature 393, 133(1998).

[272] S. L. Braunstein, C. M. Caves, R. Jozsa, N. Linden, S. Popescu, and R. Schack, Phys. Rev. Lett. 83,1054(1999).

[273] R. Schack and C. M. Caves, LANL E-print quant-ph/9903101.

[274] T. Pellizzari et al, Phys. Rev. Lett. 75,3788(1995).

[275] C. Monroe et al. , Phys. Rev. Lett. 75,4714(1995).

[276] Q. Turchette et al. , Phys. Rev. Lett. 75,4710(1995).

[277] K. Mattle at al. , Phys. Rev. Lett. 76,4656(1996).

[278] J. I. Cirac, P. Zoller, H. J. Kimble, and H. Mabuchi, Phys. Rev. Lett. 78,3221(1997).

[279] C. H. Bennett, Physics Today 24, (October 1995) and references cited; A. K. Ekert, Phys. Rev. Lett. 67, 661 (1991); W. Tittel et al. , quant-ph/9707042; W. T. Buttler et al. , quant-ph/9801006.

[280] C. H. Bennett et al, Phys. Rev. Lett. 70,1895(1993); D. Bouwmeester et al. , Nature 390,575 (1997); D. Boschi et al. , Phys. Rev. Lett. 80,1121(1998).

[281] L. K. Grover, quant-ph/9704012.

[282] A. K. Ekert et al. , quant-ph/9803017.

[283] C. K. Law and J. H. Eberly, Phys. Rev. Lett. 76,1055(1996).

[284] H. J. Carmichael, Phys. Rev. Lett. 70,2273(1993).

[285] For a review see P. Zoller and C. W. Gardiner in Quantum Fluctuations, Les Houches, ed. E. Giacobino et al. , Elsevier, NY, in press.

[286] C. W. Gardiner, Phys. Rev. Lett. 70,2269(1993).

[287] P. W. Shor, Phys. Rev. A 52, R2493(1995); A. M. Steane, Phys. Rev. Lett. 77,793(1996); J. I. Cirac, T. Pellizzari and P. Zoller, Science 273, 1207 (1996); P. Shor, Fault-tolerant quantum computation, quant-ph/9605011; D. DiVin-cenzo and P. W. Shor, Phys. Rev. Lett. 77, 3260 (1996).

[288] C. H. Bennett et al, Phys. Rev. Lett. 76,722(1996); D. Deutsch et al. , Phys. Rev. Lett. 77,2818 (1996); N. Gisin, Phys. Lett. A 210,151(1996).

[289] D. M. Greenberger, M. A. Horne, A. Zeilinger, A. Going beyond Bell's theorem, in Bell's Theorem, Quantum Theory, and Conceptions of the Universe, edited by M. Kafatos, (Kluwer, Dordrecht, 1989) pp. 73-76.

[290] D. M. Greenberger, M. A. Horne, A. Shimony, A. Zeilinger, Bell's theorem without inequalities. Am. J. Phys. 58,1131(1990).

[291] D. Bouwmeester, J.-W.. Pan, M. Daniell, H. Weinfurter, and A. Zeilinger, Observation of three-photon Greenberger-Horn-Zeilinger entanglement. Phys. Rev. Lett. 82,1345(1999).

[292] D. M. Greenberger, M. A. Horne, A. Zeilinger, Multiparticle interferometry and the superposition principle. PhysicsToday, 22, August 1993.

[293] N. D. Mermin, Am. J. Phys. 58, 731(1990).

[294] N. D. Mermin, What's wrong with these elements of reality? Physics Today, 9, June 1990.

[295] S. J. Freedman and J. S. Clauser, Experimental test of local hidden-variable theories. Phys. Rev. Lett. 28, 938-941(1972).

[296] A. Aspect, J. Dalibard, and G. Roger, Experimental test of Bell's inequalities using time-varying analysers. Phys. Rev. Lett. 47, 1804-1807(1982).

[297] G. Weihs, T. Jennewein, C. Simon, H. Weinfurter, and A. Zeilinger, Violation of Bell's inequality under strict Einstein locality conditions. Phys. Rev. Lett. 81, 5039-5043(1998).

[298] L. Hardy, Nonlocality for two particles without inequalities for almost all entagled states. Phys. Rev. Lett. 71, 1665-1668(1993).

[299] D. Boschi, S. Branca, F. De Martini, and L. Hardy, Ladder proof of nonlocality without inequalities: Theoretical and experimental results. Phys. Rev. Lett. 79, 2755(1997).

[300] A. Zeilinger, M. A. Horne, H. Weinfurter, and M. Zukowski, Three particle entanglements from two entangled pairs. Phys. Rev. Lett. 78, 3031-3034(1997).

[301] S. Haroche, Ann. N. Y. Acad. Sci. 755, 73(1995); J. I. Cirac, P. Zoller, Phys. Rev. A50, R2799 (1994).

[302] S. Lloyd, Phys. Rev. A 57, R1473(1998); R. Lafiamme, E. Knill, W. H. Zurek, P. Catasti, S. V. S. Mariappan, Phil. Trans. R. Soc. Lond. A 356, 1941(1998).

[303] S. Bose, V. Vedral, P. L. Knight, Phys. Rev. A 57, 822(1998).

[304] M. Zukowski, A. Zeilinger, H. Weinfurter, Entangling photons radiated by independent pulsed source. Ann. NY Acad. Sci. 755, 91-102(1995).

[305] M. A. Horne, Fortschr. Phys. 46, 6(1998).

[306] G. Krenn, A. Zeilinger, Phys. Rev. A. 54, 1793(1996).

[307] Z. Y. Ou and L. Mandel, Violation of Bell's inequality andc lassical probability in a two-photon correlation experiment. Phys. Rev. Lett. 61, 50-53(1988).

[308] Y. H. Shih and C. O. Alley, New type of Einstein-Podolsky-Rosen-Bohm experiment using pairs of light quanta produced by optical parametric down conversion. Phys. Rev. Lett. 61, 2921-2924 (1988).

[309] P. Kwiat, P. E. Eberhard, A. M. Steinberger, and R. Y. Chiao, Proposal for a loophole-free Bell inequality experiment. Phys. Rev. A49, 3209-3220(1994).

[310] L. De Caro and A. Garuccio, Reliability of Bell-inequality measurements using polarisation correlations inparametric-down-conversionphotons. Phys. Rev. A 50, R2803-R2805(1994).

[311] S. Popescu, L. Hardy, and M. Zukowski, Revisiting Bell's theorem for a class of down-conversion experiments. Phys. Rev. A. 56, R4353-4357(1997).

[312] M. Zukowski, Violations of local realism in multiphoton interference experi ments. quant-

ph/9811013

[313] J. W. Pan, D. Bouwmeester, M. Daniell, H. Weinfurter, and A. Zeilinger, Experimental test of quantum nonlocality in three-photn Greenberger-Horne-Zeilinger entanglement, Nature 403, 515(2000).

[314] N. D. Mermin, Extreme quantum entanglement in a superposition of macroscopically distinct states. Phys. Rev. Lett. 65, 1838-1841(1990).

[315] S. M. Roy and V. Singh, Tests of signal locality and Einstein-Bell locality for multiparticle systems. Phys. Rev. Lett. 67, 2761-2764(1991).

[316] M. Zukowski and D. Kaszlikowski, Critical visibility for N-particle Greenberger-Horne-Zeilinger correlations to violate local realism. Phys. Rev. A 56, R1682-1685(1997).

[317] The original reference is E. Schmidt, Zur Theorie der linearen und nicht linearen Integralgleichungen, Math. Annalen 63, 433(1907), in the context of quantum theory see H. Everett Ⅲ, in The Many-World Interpretation of Quantum Mechanics, ed. B. S. DeWitt and N. Graham, Princeton University Press, Princeton, 3(1973), and H. Everett, Rev. Mod. Phys. 29, 454(1957). A graduate level textbook by A. Peres, Quantum Theory: Concepts and Methods, Kluwer, Dordrecht, (1993), Chapt. 5 includes a brief description of the Schmidt decomposition; A. Ekert and P. L. Knight, Am. J. Phys., 63, 415(1995).

[318] A. Peres, "Higher order Schmidt Decompositions", lanl-gov e-print server no. 9504006, 1995.

[319] J. von Neumann, "Mathematische Grundlagen der Quantenmechanik"(Springer, Berlin, 1932; English Translation, Princeton University Press, Princeton, 1955).

[320] M. Horodecki, P. Horodecki, and R. Horodecki, Mixed-state entanglement and distillation: is there a"bound"entanglement in nature?, lanl gov e-print quant-ph/9801069.

[321] V. Vedral, M. B. Plenio, M. A. Rippin, and P. L. Knight, Phys. Rev. Lett. 78, 2275(1997).

[322] V. Vedral and M. B. Plenio, Phys. Rev. A 57, 1619(1998).

[323] C. H. Bennett, D. P. DiVincenzo, J. A. Smolin, and W. K. Wootters, Phys. Rev. A 54, 3824 (1996).

[324] W. K. Wootters, Entanglement of Formation of an Arbitrary State of Two Qubits, lanl e-print server quant-ph/9709029, (1997); S. Hill and W. K. Wootters, Phys. Rev. Lett. 78, 5022(1997).

[325] T. Rockafeller, Convex Analysis, Princeton University Press, New Jersey, (1970).

[326] N. Gisin, Phys. Lett. A 210, 151(1996), and references therein; A. Peres, Phys. Rev. A 54, 2685 (1996); M. Horodecki, P. Horodecki, R. Horodecki, Phys. Lett. A 223, 1(1996).

[327] V. Vedral, M. B. Plenio, K. Jacobs, and P. L. Knight, Phys. Rev. A 56, 4452(1997).

[328] W. K. Wootters, Phys. Rev. D 23, 357(1981).

[329] T. M. Cover and J. A. Thomas, Elements of Information Theory, Wiley Interscience, (1991).

[330] F. Hiai and D. Petz, Comm. Math. Phys. 143, 99(1991).

[331] M. Hayashi, Asymptotic Attainment for Quantum Relative Entropy, lanl eprint server: quant-ph/9704040(1997).

[332] W. H. Zurek, Physics Today, 36(October 1991).

[333] G. M. Palma, K.-A. Suominen, and A. K. Ekert, Proc. R. Soc. London A. 452, 567(1996).

[334] D. DiVincenzo, Phys. Rev. A, 51, 1015(1995).

[335] W. Unruh, Phys. Rev. A, 51, 992(1995).

[336] D. Loss and D. DiVicenzo, Phys. Rev. A, 57, 120(1998).

[337] A. Barenco et. al, Phys. Rev. Lett. 74, 4083(1995).

[338] C. Cohen-Tannoudji, J. Dupont-Roc, and Grynberg, Atom Photon Interaction, John Wiley (1992).

[339] M. Gross and S. Haroche, Phys. Rep. 93, 301(1982).

[340] A. Crubellier, S. Liberman, D. Pavolini, and A. Pillet, J. Phys. B, 18, 3811(1985).

[341] P. Zanardi and M. Rasetti, Phys. Rev. Lett. 79, 3306(1997).

[342] D. G. Cory, M. D. Price, T. F. Havel, Physica D 120, 82(1998).

[343] N. A. Gershenfeld and I. L. Chuang, Science, 275, 350(1997).

[344] P. L. Knight, M. B. Plenio and V. Vedral, Phil. Trans. Roc. Soc. Lond. A, 355, 2381(1997).

[345] M. B. Plenio and P. L. Knight, Phys. Rev. A, 53, 2986(1996).

[346] M. B. Plenio and P. L. Knight, Proc. R. Soc. Lond. A, 453, 2017(1997).

[347] M. B. Plenio and P. L. Knight, New Developments on Fundamental Problems in Quantum Physics, edited by M. Ferrero and A. van der Merwe, Kluwer, Dordrecht, 311(1997).

[348] A. Garg, Phys. Rev. Lett. 77, 964(1996).

[349] R. J. Hughes, D. F. V. James, E. H. Knill, R. Laflamme, and A. G. Petschek, Phys. Rev. Lett. 77, 3240(1996).

[350] P. W. Shor, in Proceedings of the 35th Annual Symposium on the Foundations of Computer Science, Los Alamitos, CA IEEE Computer Society Press, New York, 124(1994).

[351] V. Vedral, A. Barenco, and A. Ekert, Phys. Rev. A, 54, 147(1996).

[352] D. Deutsch, (1993) talk presented at the Rank Prize Funds Mini-Symposium on Quantum Communication and Cryptography, Broadway, England; A. Berthiaume, D. Deutsch and R. Jozsa, in Proceedings of Workshop on Physics and Computation-PhysComp94, IEEE Computer Society Press, Dallas, Texas, (1994).

[353] A. Barenco, A. Berthiaume, D. Deutsch, A. Ekert, R. Jozsa and C. Macchiavello, SIAM J. Comput. 26, 1541(1997).

[354] Ash, Information Theory, Dover(1996).

[355] A. Ekert and C. Macchiavello, Phys. Rev. Lett. 77, 2585(1996).

[356] R. Laflamme, C. Miquel, J. P. Paz and W. H. Zurek, Phys. Rev. Lett. 77, 198(1996).

[357] A. Steane,Error correcting codes in quantum theory,Phys. Rev. Lett. 77,793(1995).

[358] A. Steane,Multiple particle interference and quantum error correction,Proc. R. Soc. Lond. A,452,2551(1995).

[359] J. Preskill,Reliable quantum computers,Proc. Roy. Soc. Lond. A,454,469(1998).

[360] D. Gottesman, Class of quantum error-correcting codes saturating the quantum Hamming bound,Phys. Rev. A,54,1862(1996).

[361] A. R. Calderbank,E. M. Rains,N. J. A. Sloane and P. W. Shor,Quantum error correction and orthogonal geometry,Phys. Rev. Lett. 78405(1997).

[362] A. R. Calderbank,E. M. Rains,P. W. Shor and N. J. A. Sloane,Quantum error correction via codes over GF(4),IEEE Trans. Information Theory 44 1369(1998).

[363] P. W. Shor,Scheme for reducing decoherence in quantum computer memory,Phys. Rev. A,52,R2493(1995).

[364] A. R. Calderbank and P. W. Shor,Good quantum error-correcting codes exist,Phys. Rev. A,54,1098(1996).

[365] E. Knill and R. Laflamme,A theory of quantum error correcting codes,Phys. Rev. A,55,900 (1997).

[366] E. Knill and R. Laflamme,Concatenated quantum codes,LANL eprint quant-ph/9608012.

[367] P. W. Shor, Fault-tolerant quantum computation, in Proc. 37th Symp. on Foundations of Computer Science,(Los Alamitos,CA:IEEE Computer Society Press),pp15-65(1996).

[368] A. M. Steane,Space,time,parallelism and noise requirements for reliable quantum computing,Fortschr. Phys. 46,443(1998).(LANL eprint quant-ph/9708021).

[369] D. Aharonov and M. Ben-Or, Fault-Tolerant Quantum Computation With Constant Error Rate,LANL eprint quant-ph/9906129.

[370] E. Knill,R. Laflamme and W. H. Zurek,Resilient quantum computation:Error Models and Thresholds,Proc. Roy. Soc. Lond A 454,365(1998);Science 279,342(1998).(LANL eprint quant-ph/9702058).

[371] A. M. Steane,Active stabilisation,quantum computation and quantum state synthesis,Phys. Rev. Lett. 78,2251(1997).

[372] A. M. Steane, Efficient fault-tolerant quantum computing, Nature, vol. 399, 124-126 (May 1999).(LANL eprint quant-ph/9809054).

[373] D. Gottesman,Atheory of fault-tolerant quantum computation,Phys. Rev. A 57,127(1998).(LANL eprint quant-ph/9702029).

[374] W. H. Itano et al. ,Phys. Rev. A,47,3554(1993).

[375] W. J. Wineland et al. ,Phys. Rev. A,46,R6797(1992).

[376] D. J. Wineland et al. ,Phys. Rev. A,50,67(1994).

[377] J. J. Bollinger et al. , Phys. Rev. A, 54, R4649(1996).

[378] C. W. Gardiner, Quantum Noise, Springer-Verlag, Berlin(1991).

[379] S. F. Huelga, C. Macchiavello, T. Pellizari, A. K. Ekert, M. B. Plenio and J. I. Cirac, Phys. Rev. Lett. 79, 3865(1997).

[380] A. Barenco, A. Berthiaume, D. Deutsch, A. Ekert, R. Jozsa and C. Macchiavello, SIAM J. Comput. 26, 1541(1997).

[381] H. -J. Briegel, W. Dür, J. I. Cirac, and P. Zoller, Phys. Rev. Lett. 81, 5932(1998).

[382] N. Gisin, Phys. Lett. A 210, 151(1996).

[383] M. Horodecki, P. Horodecki, and R. Horodecki, Phys. Rev. Lett. 80, 5239(1998); Phys. Rev. Lett. 82, 1056(1999).

[384] E. M. Rains, Phys. Rev. A 60, 173(1999).

[385] A. Kent, N. Linden, and S. Massar, Los Alamos preprint quant-ph/9802022.

[386] G. Giedke, H. -J. Briegel, J. I. Cirac, and P. Zoller, Phys. Rev. A 59, 2641(1999).

[387] W. Dür, H. -J. Briegel, J. I. Cirac, and P. Zoller, Phys. Rev. A 59, 169(1999); ibid. 60, 729 (1999).

[388] B. Huttner, J. D. Gautier, A. Muller, H. Zbinden and N. Gisin, Phys. Rev. A, 54, 3783(1996).

[389] M. Horodecki P. Horodecki and M. Horodecki. Violating bell inequality by mixed spin 1/2 states: necessary and sufficient condition. Phys. Lett. A, 200, 340(1995).

[390] C. Macchiavello, Phys. Lett. A 246, 385(1998).

[391] M. Murao, M. B. Plenio, S. Popescu, V. Vedral and P. L. Knight, Phys. Rev. A 57, R4075(1998).

[392] N. Linden S. Popescu, Fortsch. Phys. 46, 567(1998).

[393] S. J. van Enk, J. I. Cirac, and P. Zoller, Phys. Rev. Lett. , 78, 4293(1997).

[394] S. J. van Enk, J. I. Cirac, and P. Zoller, Science, 279, 205(1998).

[395] J. I. Cirac, et al, Physica Scripta, Proceedings of the Nobel Symposium 104, Modern Studies of Basic Quantum Concepts and Phenomena, Uppsala, Sweden, June 13-17(1997).

[396] R. J. Glauber, In Frontiers in Quantum Optics, (eds. E. R. Pike and S. Sarkar), 534, Adam Hilger, Bristol(1986).

[397] S. J. van Enk, J. I. Cirac, and P. Zoller, Phys. Rev. Lett. 79, 5178(1997).

[398] M. Zukowski et al, Phys. Rev. Lett. 71, 4287(1993); see also S. Bose et al. , Phys. Rev. A, 57, 822 (1998); J. -W. Pan et al. , Phys. Rev. Lett. 80, 3891(1998).

[399] E. Knill and R. Laflamme, quant/ph-9608012. See also A. Yu. Kitaev, Russ. Math. Surv. 52, 1191(1997); D. Aharonov and M. Ben-Or, quant-ph/9611025; C. Zalka, quant-ph/9612028.

[400] P. Shor, quant-ph/9605011; A. M. Steane, Phys. Rev. Lett. 78, 2252(1997). D. Gottesman, Phys. Rev. A 57, 127(1998); For a review see, for exampie, J. Preskill, in Introduction to Quantum Computation, ed. by H. K. Lo, S. Popescu and T. P. Spiller.